JOE SCHWARCZ

UMA MAÇÃ POR DIA

Mitos e verdades sobre os alimentos que comemos

Tradução:
Maria Luiza X. de A. Borges

ZAHAR
Jorge Zahar Editor
Rio de Janeiro

Título original:
An Apple a Day
(The Myths, Misconceptions and Truths about the Foods We Eat)

Tradução autorizada da primeira edição canadense,
publicada em 2007 por HarperCollins Publishers Ltd.,
de Toronto, Canadá

Jorge Zahar Editor Ltda.
rua México 31 sobreloja
20031-144 Rio de Janeiro, RJ
tel.: (21) 2108-0808 / fax: (21) 2108-0800
e-mail: jze@zahar.com.br
site: www.zahar.com.br

Projeto gráfico: Mari Taboada
Foto de capa: Tibor Fazakas

CIP-Brasil. Catalogação-na-fonte
Sindicato Nacional dos Editores de Livros, RJ.

Schwarcz, Joseph A.
S426m Uma maçã por dia: mitos e verdades sobre os alimentos que comemos / Joe Schwarcz; tradução Maria Luiza X. de A. Borges. — Rio de Janeiro: Jorge Zahar Ed., 2008.

Tradução de: An apple a day: the myths, misconceptions, and truths about the foods we eat
ISBN 978-85-378-0102-4

1. Nutrição – Obras populares. 2. Alimentos – Obras populares. 3. Alimentos – Aditivos. I. Título. II. Título: Mitos e verdades sobre os alimentos que comemos.

CDD: 613.2
08-3570 CDU: 613.2

"É um erro capital teorizar antes de ter os dados. Sem se perceber, começa-se a distorcer os fatos para ajustá-los às teorias, em vez de mudar as teorias para que se ajustem aos fatos."

SHERLOCK HOLMES

"Quase todos os aspectos da vida são engendrados no nível molecular, e sem compreender moléculas só podemos ter uma compreensão muito superficial da própria vida."

FRANCIS CRICK

SUMÁRIO

Introdução

Comer costumava ser simples. Contanto que a comida fosse gostosa, parecesse razoavelmente apetecível e fosse abundante, estávamos satisfeitos. Mas depois a ciência entrou em cena, e de repente sentar-se à mesa tornou-se uma experiência de laboratório – e, aliás, das mais desnorteantes. Coma peixes, disseram-nos, estão repletos de gorduras ômega-3. Cuidado, advertiu outra notícia, peixes podem abrigar gorduras "boas", mas estão também cheios de PCBs e mercúrio. Trocamos a manteiga por margarina porque tinha menos gorduras saturadas. Mas depois vieram acusações de que os ácidos graxos trans que a margarina continha entupiam as artérias exatamente como as gorduras saturadas. Coma soja, disseram-nos, ela baixa seu colesterol. Não coma soja, ela afeta a função tireoidiana. Tome leite, você precisa do cálcio. Não tome leite, ele forma muco. Tome café, está cheio de antioxidantes. Não tome café, ele eleva a pressão sanguínea. Depois há aquelas pequenas pérolas que "eles" dizem. Fique longe do MSG, o glutamato monossódico. Não toque em alimentos preservados com nitritos. Ou com sulfitos. Cuidado com resíduos de pesticidas. Elimine alimentos que tenham sido geneticamente modificados. Não cozinhe em panelas de Teflon. Ou em fornos de microondas. Fique longe do açúcar. E nem pense em adoçantes artificiais, advertem "eles". Mas quem são "eles", exatamente? Fomos aconselhados a nos fartar de alimentos como aveia, linhaça, suco de mangostão, alho e orégano porque pesquisadores mostraram que cada um deles proporciona algum benefício. Pão integral pode ser *in* num dia – muitas fibras e vitaminas úteis –, mas *out* no dia seguinte, porque se detectou acrilamida, um suposto carcinógeno, na crosta.

Muita gente desiste, em total perplexidade, diante de toda essa informação nutricional desnorteante e volta a seus antigos regimes. E isso é péssimo. A nutrição *é* importante. O desafio é separar o joio do trigo, e chegar a algumas conclusões práticas sobre o que comer com base não no que ouvimos dizer, mas em ciência segura.

Não é fácil fazer isso, especialmente quando consideramos que o corpo humano é a máquina mais complexa na face da Terra. A diversidade de seus componentes moleculares é tão estarrecedora que, por comparação, computadores, scanners médicos e veículos espaciais são engenhos simples. O que chamamos de vida é realmente o resultado de uma atividade molecular assombrosamente complexa que tem lugar em cada célula de nosso corpo a cada segundo do dia. E de onde vêm as moléculas que se envolvem nessa intricada ginástica? De uma maneira ou de outra, elas vêm da comida que ingerimos.

Parece óbvio, portanto, que a composição da dieta pode afetar nossa composição molecular, e conseqüentemente nossa saúde. Mas a relação entre dieta e saúde não é simples. O alimento é quimicamente muito complexo. Uma maçã, por exemplo, é constituída por mais de 300 compostos diferentes. Uma única refeição pode inundar o sangue com milhares de compostos, muitos dos quais nunca foram isolados ou identificados. Embora a nutrição seja obviamente um determinante importante da saúde, é loucura pensar que podemos introduzir algo tão complicado quanto alimento em algo tão complexo quanto o corpo humano e fazer previsões fáceis sobre o resultado. O tratamento de doenças com base em alterações na dieta deve portanto ser encarado com um saudável grau de ceticismo. Mas *prevenir* doenças modificando nossa dieta é viável. A questão é: como?

Separar o que faz sentido do que não faz foi o foco de minhas atividades pedagógicas desde que comecei a lecionar química nos idos de 1973. Este livro não pretende ser uma enciclopédia de nutrição ou um guia abrangente da alimentação saudável. Ele fornece, no entanto, uma estrutura para o pensamento nutricional bem fundamentado, juntamente com uma perspectiva sobre aquilo com o que vale a pena nos preocuparmos quando nos ocupamos da combinação de moléculas que chamamos de alimento.

As pessoas têm diferentes apetites quando se trata de julgar questões alimentares. Algumas estão interessadas nos méritos de alimentos específicos, algumas estão fascinadas pela ação dos antioxidantes, e outras se preocupam com a segurança dos aditivos. É provável que a maioria de vocês vá ser tão exigente com este livro quanto é com sua comida. Cada um dos capítulos deste volume foi planejado para ser auto-suficiente e lhe fornecer informação atualizada sobre uma questão específica relacionada à alimentação. Na Parte I, examinamos o papel desempenhado pelos componentes naturais dos alimentos. O que há no tomate, na soja ou nos brócolis que pode contribuir para a boa saúde? Por que a presença de glúten no trigo causa problemas para algumas pessoas? A Parte II investiga as conseqüências da intervenção humana em nossos alimentos. Quais são os riscos e benefícios dos aditivos alimentares e da modificação genética? Que promessa reside na adição de bactérias específicas aos alimentos? A Parte III trata de substâncias – como resíduos de pesticidas, restos de antibióticos, gorduras trans e produtos químicos procedentes dos plásticos – que terminam em nossos alimentos de maneira não intencional, como resultado do seu processamento. E de quebra, depois que você tiver avançado penosamente através da ciência, na Parte IV inserimos uma discussão sobre algumas idéias nutricionais duvidosas.

Todas essas questões são fascinantes. Agora passemos à parte divertida: vamos tentar digeri-las.

PARTE I

Substâncias que ocorrem naturalmente em nossos alimentos

Uma maçã por dia

Haveria assunto melhor com que iniciar uma discussão sobre a relação entre alimento e saúde que maçãs? Afinal, não é verdade que "uma maçã por dia mantém o médico longe"? Talvez funcione, se você jogar a maçã nele! Nenhum alimento isolado possui propriedades salutares mágicas. Há boas dietas e há dietas ruins. É certamente possível ter uma boa dieta e nunca comer maçã, assim como é possível empanturrar-se de maçã e ter uma péssima dieta. O que realmente importa em termos de nutrição é o efeito líquido produzido por todas as substâncias químicas que penetram em nosso corpo a partir dos alimentos que comemos. Sim, substâncias químicas. Posso imaginar as sobrancelhas se erguendo. Parece incomum ver a expressão "substância química" sem um adjetivo como "venenosa" depois. Na realidade, sem contexto apropriado, "substância química tóxica" é uma expressão sem sentido.

Tome o ácido salicílico como exemplo. Ele ocorre naturalmente numa variedade de frutas e plantas, inclusive maçãs. É também formado em nosso corpo quando a Aspirina é metabolizada. De fato, o ácido salicílico é responsável pelos efeitos fisiológicos do medicamento, que incluem a redução do risco de formação de coágulos no sangue. É por isso que ele é usado para tratar ataques cardíacos e é comumente tomado em pequenas doses para preveni-los. Numa dose excessiva, porém, o ácido salicílico pode matar. Antes que embalagens especiais fossem introduzidas, o envenenamento por Aspirina era uma causa comum de morte em crianças. Assim, como devemos reagir se um teste detectar ácido salicílico em nosso sangue? Com pânico por causa da presença de uma "substância química tóxica" ou com alívio por causa da possível proteção contra doenças cardíacas? É claro que sem o contexto próprio não pode haver reação adequada. Para decidir se devemos rir ou chorar, precisamos saber que níveis de ácido salicílico foram associados ao risco e que níveis, à proteção contra doenças. A mera presença da substância química não diz nada. Como Paracelso observou com grande discernimento e sabedoria há 500 anos: "Somente a dose faz o veneno." E a isto poderíamos acrescentar: "E somente a dose faz o remédio!"

Portanto, não fiquemos paranóicos com relação à presença de substâncias químicas em nossos alimentos. Tudo no mundo é feito de substâncias químicas, e se você se restringisse a uma dieta livre delas, estaria jantando um vácuo! Com isto em mente, vamos investigar as substâncias químicas presentes numa maçã. Então me diga, você gostaria de um pouco de removedor de esmalte em sua dieta? Ou de álcool para limpeza de componentes eletrônicos? Então coma uma maçã! Sim, toda maçã contém acetona e isopropanol. E se eles não parecerem tóxicos o bastante, pode inserir um pouco de cianeto. Ele está lá também! Adicionado pela natureza, não por seres humanos! Seria então o caso de você ter medo de comer maçã? Claro que não! As quantidades dessas substâncias químicas são pequenas demais para ter alguma importância. As maçãs, como já mencionado, contêm mais de 300 compostos que ocorrem naturalmente, e o efeito que têm sobre nossa saúde, seja qual for, é um reflexo de todos eles. Os pesquisadores estão particularmente entusiasmados com uma classe de compostos, os polifenóis. Por quê? Porque eles têm poderosas propriedades antioxidantes.

Se você não ouviu os antioxidantes serem decantados em prosa e verso nos últimos anos, talvez esteja passando tempo demais no açougue. Essas substâncias extremamente alardeadas estão presentes nas frutas e hortaliças e são capazes de neutralizar radicais livres, aqueles fragmentos moleculares traiçoeiros produzidos sempre que inalamos oxigênio. Não podemos viver sem oxigênio, é claro, mas temos de pagar um preço por viver com ele: doença e, finalmente, a morte. Cerca de 2 a 3% do oxigênio consumido por nossas células é convertido em radicais livres, tão reativos que podem romper outras moléculas. Quando as vítimas são proteínas, gorduras, ácidos nucléicos ou outras biomoléculas essenciais, o resultado pode ser doença cardíaca, câncer ou demência. Mesmo o simples envelhecimento foi vinculado a danos cumulativos por radicais livres.

Como são capazes de dar cabo do excesso de radicais livres, os antioxidantes merecem obviamente séria investigação científica. Uma das dificuldades, porém, é a grande variedade de antioxidantes presente em vegetais. As vitaminas C e E, juntamente com os carotenóides, receberam muita atenção, mas a maior parte da atividade antioxidante das frutas e hortaliças pode ser atribuída aos polifenóis. O termo "polifenol" refere-se de fato a várias famílias relacionadas de moléculas que incluem os flavonóides, as antocianinas, as calconas e os hidroxicinamatos. Para complicar ainda mais as coisas, cada família compreende por sua vez muitos compostos ligados por alguma característica comum ou por sua estrutura molecular. Como seria de esperar, esses antioxidantes, tendo diferentes estruturas moleculares, têm também diferentes graus de atividade antioxidante. Obviamente, o conhecimento sobre a distribuição de polifenóis em nossa dieta, relacionado ao conhecimento sobre quais deles têm maior atividade, seria muito útil.

Mas antes de aderirmos ao entusiasmo pelos polifenóis, precisamos fazer uma pergunta pertinente: que evidências possuímos de que polifenóis na dieta podem contribuir para a boa saúde? Demonstrar que essas substâncias químicas podem neutralizar radicais livres num tubo de ensaio é uma coisa, mostrar que podem prevenir câncer ou doença cardíaca é outra completamente diferente. O primeiro grande estudo a sugerir esse possível benefício foi publicado em *The Lancet*, em 1993. Pesquisadores holandeses mediram a quantidade de flavonóides em vários alimentos e, por meio de um questionário, avaliaram a dieta de 805 homens de 65 a 84 anos de idade que foram depois acompanhados durante cinco anos. Mesmo quando considerados fatores como fumo, peso corporal, níveis de colesterol, pressão sanguínea, atividade física e consumo de vitaminas e fibras, o conteúdo de polifenóis da dieta foi inversamente associado à morte por doença cardíaca. As principais fontes de polifenóis nesse estudo foram chá, cebola e maçã. Uma única maçã por dia fazia diferença!

Há também indícios de efeitos anticâncer dos polifenóis. Pesquisadores da *Universidade de Cornell* descobriram que tratar células de câncer de cólon ou de fígado em laboratório com extrato de maçã inibia a sua proliferação, com extratos da casca tendo um desempenho ainda melhor que os da polpa. A mesma equipe mostrou também que maçãs podem desempenhar um papel na redução do risco de câncer de mama. Ratos expostos a uma substância que reconhecidamente desencadeia a doença receberam extrato de maçã em quantidades equivalentes ao consumo, por um ser humano, de uma, três ou seis maçãs por dia. Veja! A chance de desenvolver o câncer foi reduzida em 17, 39 e 44%, respectivamente. Mesmo quando a doença se iniciava, a manutenção da dieta de maçã bloqueava sua expansão, e após seis meses reduzia o número de tumores em 25%. E isso com apenas uma maçã por dia! Esses pesquisadores não se detiveram na investigação do câncer. Quando expuseram células cerebrais de ratos a um polifenol específico, a quercetina, descobriram que elas resistiam mais ao dano oxidativo, sugerindo uma redução potencial no risco de desenvolver o mal de Alzheimer e outras doenças neurológicas semelhantes. De fato, um grupo da Universidade do Sul da Flórida encontrou um risco bastante reduzido de mal de Alzheimer em pessoas idosas que tomavam sucos de frutas ou hortaliças pelo menos três vezes por semana, se comparadas com os que tomavam menos de uma vez por semana.

Outros estudos descobriram que a quercetina reduz o crescimento das células do câncer de próstata humano em laboratório e que sua presença na dieta está inversamente associada com o risco de câncer de pulmão. Isso não é tão surpreendente, uma vez que a substância tem uma atividade antioxidante muito poderosa. E ela é encontrada na maçã, juntamente, é claro, com muitos outros polifenóis. Mas antes de começarmos a atribuir propriedades mágicas às maçãs, devemos nos dar conta de que há alimentos com potencial antioxidante maior. Feijão-vermelho, mirtilo e oxicoco têm todos maior capacidade antioxidante por porção. E o orégano tem 40 vezes mais atividade antioxidante que maçãs. O que importa, contudo, é o consumo total de polifenóis. Reconheçamos, comer maçã todo dia é fácil. Feijão-vermelho é mais problemático.

Mas a verdadeira chave para o consumo de antioxidantes é a variedade. Quanto mais consumimos frutas e vegetais diversos, maior a chance de nos equiparmos com a complexa série de antioxidantes que podem ser necessários para a boa saúde. Estudos indicam que deveríamos procurar consumir cerca de um grama de polifenóis por dia. As maçãs, dependendo do tipo, podem contribuir com algo entre 100 e 300 miligramas. Comer duas por dia certamente é uma boa idéia. E se alguém tentar amedrontá-lo mostrando que maçãs contêm fluido para embalsamar, você pode responder que, sejam quais forem os prejuízos dos traços de formaldeído que ocorrem naturalmente, eles são mais do que contrabalançados pelos benefícios dos polifenóis. Coma maçãs, e faça o agente funerário esperar mais tempo.

Tomates e licopeno

Os pesquisadores estão realmente entusiasmados com o licopeno, o composto responsável pela cor vermelha dos tomates. Os consumidores também. Sugeridos por anúncios em revistas e promoções sedutoras nas lojas de alimentos naturais, os suplementos de licopeno têm excelente saída, comprados especialmente por homens preocupados com câncer de próstata.

Por que teria o licopeno algum efeito sobre o câncer de próstata? Porque estudos mostraram que homens que consomem grandes quantidades de produtos derivados do tomate têm menor incidência da doença. Um estudo feito pela Escola de Saúde Pública de Harvard mostrou que homens que consumiam dez ou mais porções de alimentos à base de tomate por semana tinham uma redução de 45% na taxa de câncer de próstata. Molho de tomate era o mais comum deles, e tomates cozidos pareciam ser mais protetores que tomates crus ou suco de tomate, talvez porque o calor libera o licopeno e outros nutrientes das células. Além disso, o molho é comumente feito com azeite de oliva, que aumenta a absorção do licopeno solúvel em gordura. E, sendo um produto concentrado, fornece mais nutrientes por grama que tomates frescos.

O licopeno é um bom candidato à atividade biológica porque o tomate realmente usa o composto para manter sua própria saúde. Ele protege as sementes no fruto dos danos causados pelo oxigênio e pela luz. O licopeno pode absorver a luz ultravioleta, e sua atividade antioxidante lhe permite neutralizar radicais livres gerados por exposição ao oxigênio. Há mais do que licopeno nos tomates, é claro. Como outros produtos vegetais, eles são muito complexos quimicamente e contêm centenas de diferentes compostos. Seria o licopeno o mais importante? Pesquisadores da Universidade do Estado de Ohio decidiram verificar.

Como provocar câncer em seres humanos está fora de cogitação, os pesquisadores concentraram-se em ratos, que são realmente modelos muito bons para o câncer de próstata humano. Eles desencadearam a doença em cerca de 200 ratos tratando-os com uma mistura indutora feita de testosterona e N-metil-N-nitrosuréia. Alguns ratos foram depois submetidos a dietas que continham pó de tomate integral, enquanto outros foram tratados com ração fortificada com licopeno. Estes últimos recebiam mais licopeno que os que consumiam pó de tomate. Foi isso que tornou os resultados do ensaio tão surpreendentes. O risco de morte por câncer de próstata foi significativamente maior nos ratos que receberam o extrato de licopeno puro! Isto pareceria sugerir que outros componentes do fruto têm um efeito protetor e que o alimento integral é benéfico, ao passo que componentes isolados podem não o ser. É verdade que o estudo foi feito com ratos, mas ele nos transmite uma mensagem. Tenha uma dieta equilibrada, com muitas hortaliças e frutas, porque atalhos talvez não funcionem.

Houve outro achado significativo nesse estudo. Os pesquisadores submeteram alguns ratos de cada grupo a uma dieta com restrição de calorias. Enquanto seus colegas tinham permissão para comer tanto quanto queriam, esses indivíduos recebiam 20% menos calorias do que os ratos usualmente consomem. Sabe o que aconteceu? Esses animais famintos viveram mais – sem desenvolver câncer de próstata – que os que comiam livremente. Assim, simplesmente comer menos reduz o risco de câncer de próstata. Qual é a mensagem para os seres humanos? Deveríamos reduzir nosso consumo de calorias e comer muitos derivados de tomate. E comer esses produtos pode até ter um papel na proteção do coração. Pelo menos essa é uma conclusão que pode ser tirada de um intrigante estudo italiano.

Imagine dar entrada num hospital tendo um ataque cardíaco e ser recebido por um médico que lhe pergunta quantas vezes você come pizza por semana. Não estamos falando de uma situação hipotética, mas sim de uma pergunta real que foi feita a 507 vítimas de ataque cardíaco e 478 outras que foram internadas num hospital em Milão, Itália, entre 1995 e 1999. Por quê? Para verificar se a maioria das comidas italianas desempenhava algum papel na doença cardíaca. Todos ouvimos falar sobre os benefícios da tão alardeada dieta mediterrânea, e os pesquisadores italianos decidiram verificar se a pizza, especificamente, desempenhava algum papel na proteção contra a doença cardiovascular.

Após darem entrada no hospital, os pacientes eram entrevistados sobre seus hábitos de vida e suas dietas. Preenchiam um questionário de 78 itens sobre freqüência de alimentos, com base no qual eram divididos em não-consumidores, consumidores ocasionais (uma a três porções por mês) e consumidores regulares de pizza (mais de uma porção por semana). As vítimas de ataque cardíaco relataram que faziam menos exercícios físicos que os membros do grupo de controle, fumavam com mais freqüência, consumiam mais café e tomavam menos álcool. Até aí, nenhuma surpresa. Tinham também mais história de pressão sanguínea alta, consumiam mais calorias e comiam menos frutas e hortaliças. Ainda nenhuma surpresa. Mas esta veio quando os consumidores de pizza foram considerados. Os consumidores regulares tinham 40% menos risco de sofrer um ataque cardíaco que aqueles que nunca comiam pizza! A razão disso é um tanto misteriosa. Talvez o consumo de pizza seja apenas um indicador da adoção da dieta mediterrânea, que tende a ser muito menos gordurosa que a norte-americana.

Temos de lembrar que estamos falando sobre a pizza tal como é servida na Itália, não a versão norte-americana. Nada de dupla camada de queijo, nada de massa recheada, nada de montes de *pepperoni* ou porções de óleo carregadas de gordura trans. A massa é fina e coberta com azeite de oliva, queijo e abundante molho de tomate fresco. A resposta ao mistério dessa pizza talvez esteja não no que as pessoas estão comendo, mas no que elas *não* estão comendo. Talvez a pizza esteja tomando o lugar de hambúrgueres e batatas fritas com alto teor de gordura. Observemos que uma porção de pizza no estudo italiano foi definida como 200 gramas, e mesmo o chamado consumidor regular consumia em média apenas 500 gramas por semana. De fato, a pizza pode estar tomando o lugar de alimentos mais calóricos na dieta. Ou talvez o que importa seja aquela substância amarela em volta das sementes de tomate. Esse fluido contém flavonóides que possuem propriedades anticoagulantes, e poderia, pelo menos em teoria, reduzir o risco de ataques cardíacos.

Os produtores de Fruitflow certamente pensam que esse é o caso. Esse produto patenteado de extrato de tomate está sendo acrescentado a várias bebidas com a esperança de que melhore a saúde cardiovascular. Num estudo, a "viscosidade" do sangue foi reduzida numa média de 70% em 220 voluntários que tomaram suco contendo Fruitflow, e os efeitos chegaram a durar 18 horas. O próprio suco de tomate talvez proporcione benefício similar. E pode ser especialmente útil em vôos de longa distância, em que os passageiros estão sujeitos a uma afecção que envolve potencial risco de vida, a chamada trombose venosa profunda. Ficar sentado numa única posição, como num assento de avião, sem se mexer por longos períodos torna mais provável a formação de coágulos sanguíneos nas pernas. Esses coágulos podem viajar até o coração ou os pulmões e causar uma catástrofe. Assim, fartar-se de suco de tomate (sem a vodca) em vôos longos é uma boa idéia. O Fruitflow não é o único extrato de tomate sob investigação. Pesquisadores israelenses descobriram que um suplemento vendido como Lyc-O-Mato – cápsulas que contêm nutrientes equivalentes aos encontrados em quatro tomates (juntamente com alguma gordura para ajudar a absorção) – reduzia de maneira significativa a pressão sanguínea moderadamente elevada. Hum... tomate e gordura... tragam a pizza! E cubram-na com brócolis!

John Erdman, professor de nutrição da Universidade de Illinois, submeteu ratos implantados com células do câncer de próstata humano a uma dieta contendo 10% de pó de tomate desidratado, ou 10% de pó de brócolis, ou uma combinação de ambos. Outro grupo foi tratado com licopeno suplementar, e outro ainda foi castrado, um tratamento possível para o câncer de próstata. Após 22 semanas, a equipe de Erdman descobriu que a combinação tomate–brócolis era a mais eficaz na redução do tamanho dos tumores. Esse foi um estudo animal, portanto mais significativo que um teste de tubo de ensaio; o mais importante, porém, é que a quantidade de brócolis e tomate necessária para conseguir a redução dos tumores está dentro dos padrões da dieta humana. A conversão das quantidades ministradas aos animais para uma porção humana sugere que uma xícara e meia de brócolis combinada com duas xícaras e meia de tomate fresco ou uma xícara de suco de tomate pode ser eficaz na diminuição do crescimento de tumores de próstata e provavelmente também na redução de sua ocorrência. Não se sabe por que uma combinação de brócolis e tomate funciona melhor que os alimentos isolados, mas compostos nos alimentos podem inibir o câncer de várias maneiras, que variam desde a estimulação de enzimas desintoxicantes até o desencadeamento da morte celular. Talvez exista um mercado por aí para ketchup sabor brócolis.

Comer tomate talvez não o torne apenas mais saudável, é possível que melhore também sua aparência. O licopeno é solúvel em gordura e se concentra em tecido adiposo, como a camada logo abaixo da pele. Por ser um eficiente absorvedor de luz ultravioleta, a molécula oferece alguma proteção contra os danos à pele induzidos pelo sol. Em conjunção com a série da BBC *The Truth About Food*, dois dermatologistas da Grã-Bretanha puseram isso à prova. Recrutaram 23 mulheres com idades entre 20 e 50 anos dispostas a desnudar seus traseiros e expô-los à luz ultravioleta por amor à ciência.

Metade das voluntárias consumiu 16 miligramas de licopeno por dia, a quantidade contida em três colheres de chá de massa de tomate, juntamente com dez gramas de azeite de oliva para ajudar na absorção do licopeno solúvel em gordura. As outras voluntárias receberam somente azeite de oliva. Quanto ao mais, ambos os grupos tiveram dietas idênticas. Os resultados? Menos avermelhamento da pele e menos dano do DNA no grupo do licopeno. E se você não gosta de massa de tomate, um copo de suco de tomate ou uma xícara de sopa de tomate bastarão. Mas quanto a tomates frescos, bem, você precisaria comer pelo menos meia dúzia para obter os mesmos efeitos.

Todos esses intrigantes estudos inspiraram produtores americanos a pedir autorização à Food and Drug Administration (FDA) para fazer asserções sobre benefícios para a saúde nos rótulos dos derivados de tomate. Afinal, se alimentos que contêm soja e aveia podem ter rótulos que afirmam seu poder de reduzir o colesterol, e se rótulos de suplementos de cálcio podem afirmar que eles reduzem o risco de osteoporose, por que os rótulos dos produtos de tomate não poderiam ser autorizados a fazer afirmações sobre a redução do risco de câncer? A FDA responde que simplesmente não há evidências suficientes para corroborar a pretensão de redução do câncer. Mas concorda que pode haver alguns benefícios para a saúde no consumo de tomates. Assim, permite que os produtos de tomate incluam afirmações do seguinte tipo: "Pesquisas científicas muito limitadas e preliminares sugerem que o consumo de meia a uma xícara de tomates e/ou suco de tomate por semana pode reduzir o risco de câncer de próstata. A FDA conclui que há poucas evidências científicas que corroborem esta afirmação." Os produtores de tomate, é claro, crêem que a FDA é demasiado rigorosa em suas exigências e que há evidências suficientes com relação ao licopeno para justificar uma afirmação mais vigorosa de benefício à saúde.

Pesquisadores do National Cancer Institute e do Fred Hutchinson Cancer Research Centre partilham o ceticismo da FDA quanto ao licopeno. Se ele realmente oferece proteção contra o câncer, pessoas que têm níveis mais altos desse composto no sangue deveriam estar menos sujeitas à doença. Mas esse não parece ser o caso. Pesquisadores acompanharam 28 mil homens de

55 a 74 anos de idade sem histórico de câncer de próstata. Durante oito anos de acompanhamento, 1.320 desses homens foram diagnosticados com a doença, mas não foi encontrada nenhuma relação entre sua ocorrência e os níveis sanguíneos de licopeno.

Essa pesquisa, evidentemente, não indica o fim do debate. Não podemos simplesmente rejeitar os estudos que mostraram uma associação entre o consumo de tomates e a proteção contra o câncer. Lembremos que os tomates são quimicamente complexos e contêm muitos compostos além do licopeno que podem – sozinhos ou em combinação com ele – atuar como agentes anticâncer. Talvez o ponto mais importante seja que as evidências científicas não corroboram o conceito de um "superalimento" ou de um "superingrediente". Hortaliças, frutas e grãos integrais estão repletos de compostos que demonstraram um potencial de proteção contra o câncer. Fartar-se de um único alimento ou suplemento não é a solução. A chave é comer uma variedade de alimentos que contêm essas substâncias químicas benéficas, inclusive, é claro, tomate.

Suplementos de licopeno poderão ser úteis no futuro; até agora, porém, não há nenhuma evidência de que sejam tão eficazes quanto produtos derivados do tomate.

Oxicocos e procianidinas

O oxicoco com peru é uma excelente combinação, mas igualmente boa é a combinação de oxicoco com gente. Não se preocupe, não estou propondo canibalismo. Estou apenas propondo uma avaliação científica dos possíveis benefícios do oxicoco para a saúde.

Quando se menciona suco de oxicoco, "infecção do trato urinário" logo vem à mente. A maioria das mulheres e muitos homens conhecem bem a micção freqüente e a sensação concomitante de ardência que indicam uma invasão bacteriana no trato urinário. Atualmente os antibióticos resolvem o problema, mas que faziam as pessoas antes? "Lavar o sistema" parecia uma abordagem lógica. Suponho que bebidas de toda espécie foram tentadas, mas em meados do século XIX os livros de medicina popular sugeriam suco de oxicoco. Com base em indícios anedóticos, a bebida desenvolveu uma sólida reputação de tratar e prevenir infecções do trato urinário.

Depois que bactérias foram identificadas como a causa das ITUs, os cientistas começaram a explorar possíveis mecanismos pelos quais o suco de oxicoco poderia proporcionar alívio. A acidificação da urina a fim de torná-la mais inóspita para bactérias era uma possibilidade, assim como a ação antibacteriana do ácido hipúrico, um componente do oxicoco. Mas tentar explicar como o suco funcionava antes de comprovar claramente o que ele fazia era pôr a carroça na frente dos bois. Finalmente, em 1994, pesquisadores de Harvard decidiram montar um estudo clínico apropriado dos supostos benefícios. Recrutaram 153 mulheres de mais idade, metade das quais recebeu 285 mililitros de suco de oxicoco diariamente, enquanto as outras receberam uma bebida de aspecto semelhante que não continha oxicoco. As mulheres que tomaram suco de oxicoco ficaram 58% menos propensas a ter concentrações de bactéria na urina causadoras de infecções. Como acabaríamos por aprender, o efeito não se devia à acidez da urina, nem ao efeito antibacteriano do ácido hipúrico. Ele estava relacionado a compostos que evitavam que as bactérias aderissem ao revestimento do trato urinário.

As bactérias produzem adesivos que lhes permitem se grudar a tecidos, de modo que possam recolher nutrientes mais facilmente. Essas moléculas se encaixam em sítios receptores específicos nas células epiteliais que forram o trato urinário. Como foi engenhosamente mostrado por pesquisadores da Universidade Yale em 1994, compostos presentes nos oxicocos bloqueiam esses receptores. Amostras de urina foram colhidas de voluntárias, que tomavam então 115 mililitros de suco de oxicoco. Quatro a seis horas depois, a urina era novamente colhida e incubada com bactérias *E. coli*, o tipo normalmente responsável por infecções do trato urinário. Em seguida, o ensaio foi repetido com 230 mililitros de suco. Separadamente, os cientistas cultivaram células retiradas do revestimento da bexiga humana e depois as misturaram com as amostras de urina. Surpresa! As bactérias não aderiam tão eficazmente às células quando as amostras de urina vinham de mulheres que haviam tomado suco de oxicoco! Além disso, quanto maior a quantidade consumida, menos as bactérias aderiam às células. Embora os ingredientes no suco especificamente responsáveis por esse efeito não tenham sido conclusivamente identificados, especula-se que eles sejam as substâncias conhecidas como procianidinas triméricas.

Essas procianidinas talvez façam mais que prevenir problemas do trato urinário. A maioria das úlceras é causada por infecção com *Helicobacter pylori*. Bem, parece que as procianidinas podem também evitar que essas bactérias infeccionem o estômago. Pesquisadores na China escolheram uma população com elevada taxa de infecção por *Helicobacter* e, num estudo duplo-cego controlado por placebo, deram a 97 pessoas 500 mililitros (pouco mais de duas xícaras) de suco de oxicoco por 90 dias, enquanto outras 92 receberam um placebo. Constataram que *H. pylori* foi erradicada em 14 pessoas no grupo oxicoco, mas em apenas cinco no grupo placebo. Uma diferença não sensacional, mas ainda assim significativa, especialmente em face dos problemas de resistência que estamos encontrando agora com antibióticos.

Oxicocos podem até ajudar a reduzir cáries, evitando que bactérias *Streptococcus mutans* se grudem nos dentes. São elas que digerem os açúcares e os convertem em ácidos que corroem o esmalte. Quando pesquisadores na Universidade de Rochester usaram suco de oxicoco para revestir uma amostra de hidroxiapatita, o material de que esse esmalte é feito, encontraram proteção significativa contra a adesão bacteriana. Ninguém está sugerindo, porém, bochechos com suco de oxicoco. As variedades comerciais têm grande adição de açúcar, e não são a melhor coisa para os dentes – ou de fato para o resto do corpo –, e não se consegue tomar suco de oxicoco puro: é azedo demais. Por isso, pesquisadores estão tentando isolar os ingredientes ativos na fruta e torná-los disponíveis em cápsulas.

Oxicocos podem ter outras virtudes além de seu efeito sobre as bactérias. Na Universidade de Ontário Ocidental, 24 fêmeas de camundongos receberam uma dieta normal por 12 semanas, outras 24 tomaram suco de oxicoco em vez de água, e mais 24 tiveram sua dieta complementada com sólidos de oxicoco (o bagaço que resta depois que o suco é espremido) para compor 1% de sua comida. Uma semana depois, um milhão de células de tumor de mama humano foram injetadas nas glândulas mamárias dos animais. Como eles eram de uma linhagem especial de camundongos, modificados por engenharia genética para ter um sistema imunológico comprometido, todos desenvolveram câncer. Mas aqueles que tomaram o suco levaram duas semanas a mais para ser infectados, e os que comeram os sólidos de oxicoco levaram quatro semanas a mais para desenvolver tumores do que as cobaias alimentadas com a comida regular de laboratório. As autópsias mostraram que a ingestão de oxicoco reduziu em mais da metade o número de tumores que se espalharam para os pulmões e os nódulos linfáticos. Quer notícias ainda melhores? Pesquisadores da Universidade de Prince Edward Island mostraram que oxicocos podem até proteger contra danos cerebrais causados por derrame.

Portanto, você está indo agora mesmo tomar um copo de suco de oxicoco. Pronto para o contra? Oxicocos contêm compostos que podem inibir enzimas usadas para decompor certos medicamentos. Há relatos sobre pessoas que tomavam Coumadin (que "afina" o sangue) e desenvolveram desordens hemorrágicas após consumir suco de oxicoco. Por segurança, para alguém que tome Coumadin, parece uma boa idéia limitar a quantidade dessa bebida. E mais uma coisa. Quando pesquisadores estudaram a capacidade de certos odores de estimular sexualmente os homens, descobriram que o cheiro mais sedutor era uma combinação de alfazema com torta de abóbora. O menos sedutor? Oxicoco!

Toranjas e furanocumarinas

Os produtores de toranja não sabem se riem ou se choram. Há algumas evidências de que a ingestão do fruto ou de seu suco pode reduzir o colesterol sanguíneo. Mas há também estudos perturbadores sobre a interferência da toranja na eficácia de certos medicamentos, inclusive algumas das estatinas usadas para combater o colesterol elevado. Que quebra-cabeça! Devemos desistir do suco ou do remédio? Como seria de esperar, a situação é mais complicada do que parece à primeira vista.

"Uma constatação casual de nosso estudo sobre interações etanol–remédio foi que sucos de frutas cítricas podem aumentar a biodisponibilidade de certos remédios." Assim se iniciava um artigo publicado em 1991 em *The Lancet*, uma das mais respeitadas revistas médicas do mundo. O dr. David Bailey e colegas da Universidade de Ontário Ocidental vinham estudando a felodipina, um remédio redutor da pressão sanguínea, e quiseram saber se ela interagia com álcool. Decidiram-se por um ensaio duplo-cego em que alguns sujeitos tomariam a droga com álcool e outros, sem. Isso significava que o gosto do álcool tinha de ser mascarado, e após alguns experimentos, o dr. Bailey concluiu que suco de toranja daria conta do recado. Para surpresa dos pesquisadores o álcool não teve nenhum efeito, mas em ambos os grupos os níveis sanguíneos de felodipina foram três vezes mais altos que o esperado. Bailey percebeu que estava num caminho promissor. E ele certamente gostava de um desafio. Afinal, fora o primeiro canadense a correr a milha em menos de quatro minutos!

Nessa altura, o inquieto cientista decidiu tornar-se sua própria cobaia. Um dia tomou felodipina com água; no dia seguinte, com suco de toranja. A cada vez, colheu sangue e o enviou ao laboratório para que a concentação de remédio fosse avaliada. Não precisou esperar pelos resultados para confirmar o "efeito toranja". Após tomar a medicação com o suco, ele começou a se sentir fraco e tonto, sintomas clássicos de baixa pressão sanguínea. Claramente, quando tomada com suco de toranja, a felodipina abaixava a pressão mais do que o esperado. Muitas questões surgiram de imediato. Por que mecanismo estava a bebida aumentando a eficácia do remédio? Outros sucos teriam o mesmo efeito? E quanto a interações com outros medicamentos? Que aconteceria se o suco fosse consumido não junto com o remédio, mas em algum outro momento do dia? Teria esse contratempo um aspecto positivo? Seria possível reduzir as dosagens de remédios se eles fossem tomados com suco de toranja?

Previsivelmente, o artigo de *The Lancet* desencadeou uma sucessão de pesquisas. Não demorou para que os estudos mostrassem que apenas o suco de toranja tinha esse efeito incomum. Alguns compostos específicos da fruta inibiam a ação de CYP_3A_4, uma enzima encontrada na parede intestinal. Essa enzima é parte do sistema de desintoxicação do organismo e ataca invasores, como remédios. Se sua ação for prejudicada, pode-se esperar que o nível dessas substâncias estranhas no sangue se eleve. Como se sabe que CYP_3A_4 está envolvida no metabolismo de vários remédios, os pesquisadores suspeitaram que a felodipina não seria o único a mostrar um "efeito toranja". De fato não era. Vários medicamentos orais – variando desde reguladores do ritmo cardíaco e imunossupressores a suplementos de estrógeno e tratamentos para a aids – interagem com suco de toranja. E o efeito pode durar até 24 horas, significando que ingerir a bebida a qualquer hora é contra-indicado quando se está tomando remédios metabolizados por CYP_3A_4. Como não está inteiramente determinado quais remédios se enquadram nessa categoria, e em razão da conhecida variação dos níveis de CYP_3A_4 em diferentes indivíduos, alguns especialistas sugerem que se deve evitar suco de toranja quando se toma qualquer medicamento. Conseqüentemente, muitos hospitais retiraram-no do cardápio.

A indústria da toranja queixa-se de estar sendo injustamente discriminada. Porta-vozes sustentam, corretamente, que há numerosas interações remédios–alimentos. Laticínios podem interferir na ação de alguns antibióticos, brócolis podem reduzir o efeito de anticoagulantes, alimentos com alto teor de tiramina (queijo curtido, vinho tinto, molho de soja, chucrute, salame) podem causar elevações da pressão sanguínea quando associados a antidepressivos inibidores da monoamino oxidase (MAO), e a absorção da digoxina (tomada para doença cardíaca congestiva) é prejudicada por cereais como farinha de aveia. Embora toda essa informação seja factual, a existência de tais efeitos não inocenta a toranja.

Assim, se suco de toranja baixa o colesterol, como mencionado antes, por que não esquecer a estatina e simplesmente tomar essa bebida? Isso é exatamente o que algumas pessoas estão perguntando após ler sobre o estudo da pesquisadora israelense Shela Gorinstein, que mostra que apenas uma toranja vermelha por dia pode reduzir o LDL, o "mau colesterol", em até 20%, e ainda reduz os triglicerídeos significativamente. Mas espere um minuto. Os sujeitos do experimento de Gorinstein haviam todos passado recentemente por cirurgia de revascularização, haviam se mostrado resistentes a estatinas e estavam numa dieta em que apenas 9% das calorias provinham de gordura. Por conseguinte, esses resultados não podem ser facilmente extrapolados para o norte-americano médio que é diagnosticado com colesterol alto. Que pode ele fazer? Em primeiro lugar, manter uma dieta com poucas gorduras saturadas e trans, mas com muitas frutas, hortaliças e farelo de aveia. E, sim, toranja também! Introduza alguns caquis, alguns *pomelits* (um híbrido de toranja e pomelo) e cerveja *lager* clara – Gorinstein mostrou que todos eles reduzem o risco de doença cardíaca. E se isso não funcionar, bem, recorra às estatinas. Por enquanto, porém, não combinando-as com suco de toranja. Essa restrição poderá mudar no futuro, graças a pesquisadores da Universidade da Carolina do Norte. Eles identificaram as furanocumarinas como os componentes perturbadores no suco de toranja, e mostraram que elas podem ser removidas. O suco resultante não teve nenhum efeito sobre níveis de medicamentos no sangue. Essa pesquisa poderá ter ainda outro benefício. Talvez as furanocumarinas possam ser adicionadas a medicamentos, reduzindo a dose necessária e o risco de efeitos colaterais. Esses estudos deveriam deixar os produtores de toranja menos azedos.

Mirtilos, antocianinas e pterostilbeno

A vida é mais ou menos como andar na corda bamba. Tentamos manter o equilíbrio enquanto lutamos contra doenças e o envelhecimento, mas sabemos que, não importa o que façamos, acabaremos por cair. Obviamente, tudo que nos ajude a permanecer mais tempo nessa corda é bem-vindo. E as antocianinas presentes nos mirtilos podem fazer exatamente isso. Elas funcionam com ratos. Pelo menos foi o que pesquisadores da Universidade Tufts, em Boston, descobriram.

Por que, para início de conversa, esses cientistas estavam interessados na improvável combinação de ratos e mirtilos? Porque as antocianinas, os compostos responsáveis pela cor azul das bagas, são poderosos antioxidantes. De fato, quando diferentes frutas e hortaliças são testadas como antioxidantes, os mirtilos se colocam invariavelmente no topo da tabela. E sabemos que antioxidantes foram associados a inibição da formação de coágulos sanguíneos, melhora da visão noturna, retardamento da degeneração macular e, de modo geral, redução do risco de doença cardíaca e câncer, bem como à proteção das células cerebrais contra o envelhecimento. Foi esse efeito antienvelhecimento que empolgou a imaginação dos pesquisadores na Universidade Tufts. Primeiro, um grupo de ratos idosos foi submetido a uma dieta rica em mirtilo, enquanto outro foi tratado com a comida usual do laboratório. Ambos os grupos foram depois expostos a altos níveis de oxigênio por 48 horas. A inalação de oxigênio extra produz grande quantidade de radicais livres. A idéia era estudar os efeitos destes em ratos que tinham antocianinas correndo por todo o corpo, comparados àqueles que não as tinham.

É bem sabido que os radicais livres podem atacar moléculas de todo tipo, inclusive as que desempenham um papel no funcionamento do sistema nervoso. Assim, não causou grande surpresa que ratos que haviam recebido a comida-padrão de laboratório mostrassem um prejuízo significativo da função neurológica se comparados com os ratos tratados com mirtilo. Aparentemente, as antocianinas estavam neutralizando os radicais livres gerados pela alta dose de oxigênio. Mas houve uma descoberta prática ainda mais importante.

Ratos gostam de andar por reentrâncias e vigas estreitas, e são aparentemente muito bons nisso – pelo menos até começar a envelhecer. De fato, pesquisadores podem avaliar a idade de um rato medindo o tempo que ele leva para perder o equilíbrio numa viga estreita. Quando os ratos atingem a idade avançada de 19 meses, o equivalente a algo entre 65 e 70 anos num ser humano, o tempo médio de equilíbrio cai de 13 segundos para cinco. Ratos mais velhos são também menos aptos a transpor labirintos, o que é evidentemente um problema real para um rato de laboratório. Mas agora vem a reviravolta. Após consumir extrato de mirtilo por oito semanas, os ratos mais velhos conseguiram ficar na viga por 11 segundos. Transpuseram também melhor os labirintos! Não é nenhuma grande surpresa que a imprensa leiga tenha se apoderado desse estudo elevando o mirtilo à condição de alimento milagroso.

Claro que não há alimento milagroso. Há boas dietas e dietas ruins. E as antocianinas estão presentes também em várias outras frutas e hortaliças. De fato, as cerejas são particularmente ricas nesses compostos. Na verdade, mostrou-se que algumas antocianinas isoladas das cerejas têm propriedades antiinflamatórias, possivelmente úteis no combate à artrite. Até diabéticos podem responder favoravelmente a antocianinas na dieta. O dr. Muralee Nair, da Universidade do Estado de Michigan, mostrou que em células pancreáticas animais as antocianinas aumentavam a produção de insulina em cerca de 50%.

Os possíveis benefícios dos mirtilos não param nas antocianinas. Recentemente pesquisadores descobriram que o pterostilbeno, outro antioxidante presente nessas bagas, pode reduzir o colesterol. Interessante, mas o estudo em questão não foi feito em seres humanos, e nem mesmo em animais vivos. Foi feito com células de fígado de rato. Os pesquisadores conseguiram mostrar que o pterostilbeno ativa um receptor específico nessas células, associado à redução de colesterol e triglicerídios. Mas ninguém sabe se esse composto, quando ingerido a partir de mirtilos, atua da mesma maneira num fígado humano, ou se de fato ao menos chega lá. Ninguém sabe quantos mirtilos teríamos de comer para baixar o colesterol sanguíneo, mas com certeza comer um bolinho de mirtilo ou um *bagel* guarnecido com a fruta não terá esse efeito. Nem panquecas de mirtilo. Talvez venhamos a descobrir que suplementos de antocianina ou pterostilbeno em forma de pílula são úteis, mas por enquanto eu tento consumir meia xícara de mirtilos várias vezes por semana. Não sei ao certo quanto isso é benéfico em termos de saúde, mas de uma coisa tenho certeza: as bagas são mais gostosas que pílulas.

Frutas cítricas e "superflavonóides"

Pegue alguns hamsters e alimente-os com muita comida gordurosa para aumentar seu nível de colesterol sanguíneo. Depois acrescente alguns "superflavonóides" à sua alimentação e espere que eles atenuem os efeitos da comida rica em gordura. Por quê? Porque se os flavonóides reduzirem o colesterol, você arranjou um produto vendável. Melhor ainda, como os superflavonóides derivam da casca de laranja, você arranjou um produto "natural", com todo o apelo comercial associado a isso. Bem, ao menos em hamsters, o extrato de casca de laranja cumpre o prometido. E no futuro é certamente possível que algum tipo de versão padronizada dessas "flavonas polimetoxilatadas" (PMFs) possa ser recomendado para pessoas com colesterol sanguíneo elevado. Mas é melhor ir devagar com o andor.

Para a maioria das pessoas, colesterol é um palavrão. Se você se guiar pela mídia, pode ter a impressão de que o diagnóstico de colesterol alto leva a um rápido encontro com um agente funerário. Embora seja verdade que esse é um fator de risco para doença cardíaca, ele é somente um entre muitos. Pressão sanguínea alta, histórico familiar de doença cardíaca, diabetes, falta de atividade física e exposição ao ar poluído – todos desempenham um papel. De fato, metade das pessoas que sofrem ataques cardíacos têm níveis de colesterol normais ou abaixo do normal. Entretanto, descobrir que se está com a taxa de colesterol elevada certamente deveria desencadear esforços para reduzi-la. Mas como? Os médicos muitas vezes puxam o bloco de receituário e receitam estatina. Esses são medicamentos extremamente eficazes, mas produzem alguns efeitos colaterais. Dores musculares e problemas no fígado são alguns deles – e o custo do remédio pode ser considerável. Assim, as pessoas procuram terapias mais benévolas, mais suaves, na esperança de encontrar eficácia em produtos "naturais", percebidos como mais seguros que remédios sintéticos. A verdade, é claro, é que a segurança de uma substância não depende de sua origem, mas de sua estrutura molecular específica. Se ela é feita por um químico num laboratório ou pela natureza num arbusto não importa. O que importa são os resultados de estudos realizados sobre a sua segurança e eficácia.

Não faltam asserções de que suplementos alimentares formulados a partir de produtos naturais reduzem o colesterol. Alguns, como os "guggulipídios", extraídos da árvore *guggul*, parecem exóticos, enquanto o policosanol, da cana-de-açúcar, ou a alicina, do alho, parecem mais triviais. Os defensores de todos esses produtos citam vários estudos para apregoá-los, mas o consenso científico é de que os indícios são um tanto tênues. Mesmo assim, a procura por produtos naturais eficazes continua, e com razão. Afinal, está bastante claro que populações que consomem mais frutas e hortaliças tendem a ter níveis mais baixos de colesterol. A questão é se isso se deve ao que eles *não* estão comendo, como carnes gordurosas, ou à presença de substâncias em produtos vegetais que de fato diminuem esses níveis. A busca por tais substâncias resultou no isolamento de uma variedade de compostos naturais que foram examinados quanto aos possíveis efeitos redutores do colesterol. Entre eles estão as flavonas polimetoxilatadas (PMFs), como a tangeretina, a hesperidina e a naringina, presentes na casca dos cítricos.

Por que esses compostos são de particular interesse? Por várias razões. Antes de mais nada, as PMFs são antioxidantes e portanto têm o potencial de evitar a conversão do colesterol em sua forma oxidada mais perigosa. Além disso, estudos em células cultivadas mostram que, tal como as estatinas, as PMFs inibem a síntese de colesterol e triglicerídios (gorduras no sangue) no fígado. Acrescente a isso o fato de que apenas a Flórida produz cerca de 700 mil toneladas de resíduos de cascas de laranja a cada ano, fornecendo ampla matéria-prima para a extração de PMF, e tem-se o potencial para um produto lucrativo. A única coisa que se precisa fazer é mostrar que funciona.

Bem, certamente funciona em hamsters. Quando pesquisadores na KGK Synergize, uma companhia canadense especializada no estudo de compostos naturais com propriedades medicinais ou capazes de prevenir doenças, realizaram o teste com a alimentação de hamsters, descobriram que a incorporação de tangeretina à dieta dos animais reduzia os níveis de LDL (o famoso "mau colesterol") em nada menos que 40%. É bastante empolgante, pelo menos para os pesquisadores. E, suponho, para os hamsters. Mas que significa isso para nós? Não comemos casca de laranja, embora pudéssemos ser estimulados a tomar mais suco dessa fruta, que também contém PMFs. O problema é que teríamos de tomar 20 copos por dia para obter a quantidade de superflavonóides que os hamsters receberam. Diga-se de passagem que o termo "superflavonóide" foi cunhado pelos pesquisadores da companhia KGK Synergize, que parecem muito animados com seus resultados. De fato, tão animados que desenvolveram um produto comercial, o Sytrinol, que é uma mistura patenteada de extrato de casca de cítricos com vitamina E.

A esperança é de que o Sytrinol se prove uma maneira eficaz de tratar o colesterol sanguíneo elevado; alguns testes preliminares com seres humanos produziram resultados animadores. Num estudo realizado na Universidade de Ontário Ocidental, participantes com colesterol elevado tomaram cápsulas de 300 miligramas (270 miligramas de polimetoxiflavonas e 30 miligramas de vitamina E) de Sytrinol diariamente. Após quatro semanas, houve quedas significativas no colesterol total (20%) e no colesterol LDL (22%), acompanhadas por um aumento do HDL, o "bom colesterol". Infelizmente, somente dez pessoas foram envolvidas no estudo, o que não é suficiente para se extrair grandes conclusões, mas certamente estimula estudos maiores e melhores, e mais pesquisa. Especialmente porque se mostrou também que extratos de cascas de cítricos reduzem a resistência à insulina em hamsters, sugerindo que podem ajudar na prevenção da diabetes.

E há alguma esperança até para a prevenção do câncer. No laboratório, a tangeretina inibe o crescimento de células de câncer mamário humano, exatamente como o remédio amplamente usado, o tamoxifen. Em animais vivos, porém, o composto não só não ofereceu proteção como neutralizou o efeito inibitório do tamoxifen. Parece então que as mulheres submetidas à terapia tamoxifen não deveriam tentar baixar seu colesterol com produtos de casca de cítricos. Para outras, os flavonóides possuem potencial, embora o adjetivo "super" para descrevê-los pareça um tanto prematuro.

Açaí e "potencial antioxidante"

A cidade de Belém, no norte do Brasil, tem uma população de cerca de 2 milhões de pessoas. Seria interessante verificar se seus habitantes têm uma baixa incidência de doenças como câncer, arteriosclerose ou mal de Alzheimer. Por quê? Porque a cidade tem cerca de 3 mil "pontos de açaí" onde as pessoas fazem fila para comprar uma pasta feita da polpa desse fruto, da palmeira do mesmo nome. Mais de 200 mil litros da espessa papa roxa são consumidos todos os dias, o que é mais que a quantidade de leite tomada na cidade. E, ao menos segundo alguns dos anunciantes norte-americanos que começaram a importar o produto, ele tem fantásticas propriedades antiinflamatórias, antibacterianas, antimutagênicas e, acima de tudo, antioxidantes! "O fruto perfeito da natureza", gaba um distribuidor. "O Viagra da Amazônia", alardeia outro. Não é de espantar, portanto, que norte-americanos, em constante busca pelo próximo milagre que os ajudará a enganar o relógio, estejam pagando mais de 40 dólares por uma garrafa de suco de açaí, que tem "mais antioxidantes que qualquer outra baga comestível no planeta".

Uma coisa que podemos dizer com certeza sobre antioxidantes é que eles ajudam a vender produtos. Basta pespegar a inscrição "fonte de antioxidantes" num rótulo e o alimento, bebida ou suplemento alimentar desaparece das prateleiras. Isso ocorre porque pesquisadores mostraram que antioxidantes podem neutralizar aqueles detestáveis radicais livres que se formam em nosso corpo em conseqüência de respirarmos oxigênio. E os radicais livres foram associados a muitas doenças. É lógico, portanto, que se pudermos restringir sua atividade estaremos em melhor situação. Frutas e hortaliças são as principais fontes de antioxidantes em nossa dieta, e a opinião dominante é que seu conteúdo é o responsável pelos benefícios à saúde vistos em populações com elevado consumo de produtos vegetais. Mas estudos com suplementos antioxidantes têm sido sistematicamente incapazes de mostrar os resultados positivos esperados. Frutas e hortaliças contêm dúzias de compostos que têm atividade fisiológica potencial, e parece que uma mistura delas é requerida para resultar em benefícios à saúde. Em outras palavras, o todo é de alguma maneira maior que a soma das partes.

Não há dúvida de que antioxidantes de frutas e hortaliças são uma parte importante de nossa dieta, mas a relevância de um único alimento ou bebida que possua mais ou menos desses compostos é questionável. O que importa é nosso consumo total de antioxidantes. Com base no peso, as bagas de açaí podem ter uma concentração maior deles que maçãs, mas é certamente mais fácil fartar-se de maçãs. No entanto, há outra questão importante. O potencial antioxidante de um alimento é determinado por uma medição de laboratório. Um método comum baseia-se na geração de radicais livres por meio de uma reação química na presença de ácido alfa-ceto-gama-metiolbutírico (KMBA) – que tal como trava-língua? Radicais livres atacam o KMBA, decompondo-o e liberando gás etileno no processo. O etileno pode então ser identificado e quantificado através de uma técnica instrumental conhecida como cromatografia de gás. A adição de um extrato de alimento contendo antioxidantes neutraliza radicais livres e portanto reduz a quantidade de gás etileno liberado, fornecendo uma medida do "potencial antioxidante".

São essas medições que alimentam a afirmação de que o açaí é uma ótima fonte de antioxidantes. No entanto, um frasco de laboratório é um sistema muito mais simples que o corpo humano. Não sabemos quão bem os antioxidantes num dado alimento são absorvidos na corrente sanguínea e não sabemos se, no ambiente complexo do corpo, eles têm o mesmo efeito neutralizante que no laboratório. E certamente não sabemos se qualquer atividade que possuam é suficiente para prevenir alguma doença específica. A única maneira de sabê-lo é por meio de um ensaio controlado: dê a um grande grupo de pessoas uma quantidade regular de suco de açaí enquanto outro grupo semelhante consome um placebo, depois acompanhe-as durante anos e monitore os padrões de doença. Ninguém fez isso; portanto, qualquer afirmação sobre o bem que o açaí faz à saúde é pura conjectura.

Isso não significa, é claro, que as possíveis propriedades salutares das bagas de açaí não devam ser mais investigadas. Qualquer alimento com alto potencial antioxidante merece investigação. Um estudo recente na Universidade da Flórida, por exemplo, mostrou que extratos dssa fruta destruíram uma elevada porcentagem de células de leucemia em lâminas de cultura. Interessante, mas não tão incomum assim. Extratos de manga e uva fazem o mesmo. De todo modo, depois disso ainda é preciso percorrer um longo caminho para demonstrar que esses extratos têm algum efeito em células de leucemia no corpo. Mas esses estudos são suficientes para fornecer a munição que alguns comerciantes sem ética usam para alardear o efeito "anticâncer" do suco de açaí. Talvez eles precisem aprender uma lição com os promovedores de Xango, um suco de mangostão que causou furor até que a companhia recebesse uma carta de advertência da Food and Drug Administration (FDA). Afirmações de benefícios antitumor, redução da pressão sanguínea e endurecimento das artérias não são corroboradas pela ciência, dizia a carta. De fato, essas afirmações só podem ser feitas em favor de um remédio, e, como tal, o produto precisaria ser aprovado pela FDA, o que depende de evidências concretas. Novamente, isso não quer dizer que compostos presentes no mangostão, como as muito propaladas xantonas, não possam afinal ser benéficos para a saúde. Mas a afirmação de que o suco pode evitar doenças não é comprovada.

A probabilidade de que o suco de mangostão ou o de açaí possam dar uma contribuição significativa para nossa capacidade antioxidante é exígua. É melhor nos concentrarmos em consumir de cinco a dez porções de frutas e hortaliças comuns todos os dias. O real potencial do açaí, no entanto, é o de ajudar a economia de Belém, onde aproximadamente 110 mil toneladas da fruta são preparadas comercialmente a cada ano, deixando para trás 100 mil toneladas de sementes. Estas, como as frutas, têm elevado potencial antioxidante, mas pouca aplicação comercial. Talvez extratos possam ser usados como conservantes em alimentos, e é até possível que concentrados revelem um potencial terapêutico. Mas se esse vier a ser o caso, você ouvirá falar nisso pelo *New England Journal of Medicine* ou alguma publicação semelhante endossada pelo meio científico, e não por um vizinho envolvido com a venda de açaí.

Peixes e gorduras ômega-3

"As sardinhas, Jeeves, coma as sardinhas!" É com essas palavras que Bertie Wooster, nas queridas histórias de P.G. Wodehouse, implora ao sagaz mordomo que revigore suas habilidades mentais para livrá-lo de mais uma enrascada romântica. Jeeves sempre se mostra à altura da situação e concebe algum plano inteligente para tirar Bertie do aperto. Se Jeeves realmente segue o conselho e se farta de sardinhas não fica claro, mas as repetidas referências de Wodehouse a consumo de peixe e capacidade cerebral provam quanto essa crença é difundida. Comer peixe pode nos tornar mais inteligentes? Talvez.

A primeira tentativa de pôr em bases científicas a antiga noção de que "peixe é alimento para o cérebro" emergiu durante o século XIX, quando cientistas descobriram que a molécula-chave na produção de energia celular, a adenosina trifosfato, ou ATP, era rica em fósforo. Como a ATP fornece a energia para o pensamento e é consumida no processo, esses cientistas proclamaram que sua regeneração era a chave para a acuidade mental. Uma vez que peixe era uma excelente fonte de fósforo, ficava evidente que era "alimento para o cérebro". Hoje, pesquisadores sabem que não existe carência alimentar de fósforo, de modo que esse não é o caso. Curiosamente, porém, outros componentes da carne de peixe podem desempenhar um papel na função cerebral. Duas gorduras particulares, o ácido docosahexaenóico (DHA) e o ácido eicosapentaenóico (EPA) merecem investigação. Eles são as célebres gorduras ômega-3, que foram também associadas a um risco menor de doença cardíaca. Embora os óleos de peixe, assim como aqueles derivados de vegetais, tenham várias ligações duplas carbono-carbono em sua estrutura molecular, uma delas sempre envolve o terceiro carbono da extremidade da molécula. Esse carbono da extremidade é chamado de "ômega", última letra do alfabeto grego; daí o nome "gorduras ômega-3".

O cérebro humano compõe-se de cerca de 60% de gordura. Parece, no entanto, que a chave para a previsão de proezas mentais é a composição do cérebro em termos de tipos específicos de gordura. A primeira pesquisa a sugerir tal conexão concentrou-se em macacos. Quando esses animais recebem uma dieta deficiente em DHA, seu cérebro e seus olhos não se desenvolvem adequadamente. Isso não é assim tão surpreendente, uma vez que o DHA é a principal gordura encontrada no cérebro e na retina. De maneira bastante interessante, a suplementação da dieta com DHA restaura a normalidade do desenvolvimento do cérebro e dos olhos nos macacos, demonstrando que a composição cerebral responde à dieta consumida.

E quanto aos seres humanos? Sempre ouvimos dizer que somos o que comemos. Será que pensamos também com o que comemos? Alguns indícios interessantes emergem quando epidemiologistas examinam as taxas de depressão em todo o mundo. A variação é surpreendente, a incidência em alguns países sendo 60 vezes maior que em outros. Lamentavelmente, o Canadá, juntamente com os Estados Unidos, está entre os que têm taxas mais elevadas, enquanto países como a Coréia e o Japão têm uma incidência muito baixa. Quando o consumo de peixe é considerado nesse contexto, aparece uma relação notável. Países com consumo elevado têm baixas taxas de depressão, e países com consumo baixo exibem taxas elevadas. Além disso, estudos demonstraram uma relação entre o aumento da depressão na América do Norte e o declínio do consumo de alimentos ricos em DHA. Obviamente essas observações não significam necessariamente que comer peixe pode reduzir o risco de depressão, mas parece haver algumas evidências que sugerem essa conclusão.

Baixas concentrações de uma substância química presente no fluido cerebrospinal, o ácido 5-hidroxi-indolacético (5-HIAA), foram associadas de maneira muito conclusiva com a depressão e o suicídio. Sabemos também que pessoas com baixos níveis de DHA em seu plasma sanguíneo têm baixos níveis de 5-HIAA. Interessante. Considere também que pesquisadores da Universidade de Surrey, bem como em Purdue, associaram baixos níveis sanguíneos de DHA a dislexia, déficit de atenção e hiperatividade, e mostraram alguma melhora nessas afecções com o uso do suplemento de DHA comercializado como Efalex. Além disso, um estudo com mais de mil pessoas idosas acompanhadas por nove anos mostrou que aquelas com altos níveis sanguíneos de DHA tinham uma probabilidade 40% menor de desenvolver demência, inclusive do tipo Alzheimer. Essa doença é causada pelo acúmulo no cérebro de uma proteína conhecida como amilóide. Quando camundongos geneticamente modificados para desenvolver mal de Alzheimer recebem comida fortificada com DHA, formam uma quantidade significativamente menor de depósitos de amilóides no cérebro.

Acrescente a isso os resultados de um estudo japonês que demonstrou melhor memória de curto prazo e visão noturna em sujeitos saudáveis que consumiam suplementos de DHA, e ainda um estudo holandês que mostrou que o prejuízo e o declínio cognitivos em homens idosos estavam inversamente associados ao consumo de peixe, e um quadro bastante consistente emerge. A função cerebral saudável requer níveis adequados de DHA dietético. Se estivermos procurando mais evidências da importância dessa gordura na dieta, não precisamos ir além de nossa primeiríssima refeição: o leite materno é uma fonte particularmente concentrada de DHA, provavelmente um reflexo evolucionário da importância dessa gordura no desenvolvimento dos olhos e do cérebro dos bebês. De fato, quanto mais informação sobre a importância do DHA se acumula, mais os fabricantes de fórmulas infantis se empenham em adicioná-la a seus produtos.

DHA e EPA talvez não lubrifiquem apenas nosso cérebro; é possível que protejam também nosso coração. Atualmente, os médicos aconselham com freqüência pacientes cardíacos a complementarem sua dieta com óleo de peixe, a Organização Mundial da Saúde recomenda comer peixe duas vezes por semana e produtos fortificados com ômega-3 proliferam nas prateleiras dos supermercados. Muitos estudos científicos justificam esse otimismo com relação a gorduras ômega-3, mas, curiosamente, há também estudos que não encontram efeitos benéficos. Foi por isso que um grupo de cientistas britânicos, liderados por Lee Hooper, da Universidade de East Anglia, foi pescar no mar profundo dos estudos científicos e deparou com uma controvérsia. Eles decidiram esquadrinhar a literatura em busca dos melhores estudos e combinar os resultados, na esperança de chegar a recomendações sólidas, baseadas em evidências, sobre o consumo de gorduras ômega-3. Após examinar mais de 15 mil artigos, concentraram-se em 89 estudos que consideraram os mais significativos. Mais da metade deles eram ensaios controlados e aleatórios, significando que os participantes haviam recebido ou um placebo ou uma dose fixa de ômega-3, enquanto outros eram estudos de coorte, em que populações com variados consumos de ômega-3 eram acompanhadas e tinham seu estado de saúde analisado. Os resultados foram surpreendentes. Por quê? Bem, para compreender isso, precisamos de alguns antecedentes.

Por volta da década de 1970, cientistas haviam reunido evidências suficientes sobre a relação entre gordura na dieta e maior risco de doença cardíaca para recomendar às pessoas uma redução dos alimentos gordurosos. Mas havia um enigma. Os inuítes que viviam no extremo norte e subsistiam quase exclusivamente de peixe gordo tinham uma incidência notavelmente baixa de doença da artéria coronária. Efeitos semelhantes eram observados em outras culturas com elevado consumo de peixe, como a japonesa. Poderia haver algo de especial no tipo de gordura presente no peixe? Certamente havia uma diferença na estrutura molecular. Talvez as gorduras ômega-3 tivessem vias metabólicas diferentes daquelas das demais gorduras, e um impacto diferente sobre a saúde. Só havia uma maneira de descobrir.

Estudos epidemiológicos deram as primeiras pistas. Muitos, mas certamente não todos, mostraram que pessoas que comem mais peixe têm menos risco de sofrer doença cardiovascular. Num caso típico, pesquisadores que acompanharam empregados da Western Electric Company em Chicago descobriram que homens que consumiam em média 35 gramas ou mais de peixe diariamente tinham um risco de sofrer doença cardíaca significativamente reduzido. Em seguida vieram os estudos de intervenção. Num deles, na Índia, pacientes admitidos num hospital após um ataque cardíaco recebiam uma dose diária de 1.800 miligramas de óleo de peixe ou de um placebo. Após um ano, 35% dos pacientes no grupo placebo sofreram algum "evento cardíaco", enquanto o grupo do óleo de peixe teve uma incidência de apenas 25%. Interessante, mas não extremamente significativo. Um estudo norueguês similar não mostrou nenhum benefício semelhante, ainda que a dose de óleo de peixe fosse mais alta. Mas os noruegueses têm normalmente consumo elevado de peixe, de modo que talvez já tivessem atingido o máximo de proteção que esse óleo pode proporcionar. Outros estudos mostraram que pacientes com artérias coronárias bloqueadas, vistas em angiogramas, exibiam melhoras quando suplementados com 3 mil miligramas de óleo de peixe por dia, mas aqueles que tinham as artérias desbloqueadas mediante angioplastia com balão não obtinham qualquer benefício, mesmo recebendo doses mais altas.

Qual é a teoria por trás dos possíveis benefícios do óleo de peixe? As gorduras ômega-3 podem atuar como anticoagulantes e reduzir a probabilidade de formação de coágulos sanguíneos, o que significa menor risco de ataque cardíaco. Elas têm também propriedades antiinflamatórias, e a inflamação está sendo cada vez mais relacionada a muitas doenças, inclusive as cardíacas.

O maior benefício, porém, vem provavelmente da capacidade do óleo de peixe de evitar a arritmia cardíaca. Em animais, os efeitos de drogas que induzem arritmia cardíaca podem ser neutralizados pela presença de gorduras ômega-3 no sangue. Essa descoberta foi corroborada também em seres humanos. Um ensaio britânico, por exemplo, mostrou que pacientes cardíacos aconselhados a consumir duas porções de óleo de peixe por semana ou a tomar cápsulas de óleo de peixe diariamente durante dois anos tiveram uma taxa de mortalidade significativamente mais baixa que pacientes instruídos a aumentar seu consumo de fibras e a reduzir o consumo de gordura. Um estudo italiano com mais de 2.800 sobreviventes de ataques cardíacos também mostrou que cápsulas de óleo de peixe fornecendo 850 miligramas de EPA e DHA cada uma reduziram expressivamente a incidência de morte nos primeiros nove meses subseqüentes ao ataque. A proteção, contudo, parece declinar com o tempo, mesmo que o consumo de óleo de peixe seja mantido.

Mas, para confundir a situação, pacientes com desfibriladores implantados não mostraram benefícios quando receberam suplementos de óleo de peixe. De fato, em um estudo mostraram risco aumentado. Há ainda o Estudo sobre a Saúde dos Médicos, que acompanhou cerca de 17 mil médicos do sexo masculino ao longo de muitos anos e descobriu que homens que comiam peixe mais de cinco vezes por semana tinham uma taxa mais alta de fibrilação atrial, um tipo de arritmia cardíaca. Certamente não se pode dizer que quanto mais peixe melhor!

Obviamente, há incoerências nos resultados de estudos que exploraram a relação entre doença cardíaca e consumo de peixe. E foi precisamente por isso que Lee Hooper e colegas tentaram examinar todos os estudos relevantes e destilar informação que pudesse formar a base de recomendações ao público. Agora a surpresa. Após sua meticulosa análise, a única conclusão a que os pesquisadores conseguiram chegar foi que as gorduras ômega-3 não têm um efeito claro sobre eventos cardiovasculares ou taxas de mortalidade.

É difícil saber o que concluir disso. Por que alguns estudos mostram fortes efeitos protetores atribuídos ao consumo de peixe enquanto outros, aparentemente tão bem-feitos quanto os primeiros, revelam-se decepcionantes? Talvez o óleo de peixe tenha efeito diferente sobre as pessoas dependendo de sua idade ou estado de saúde. Talvez os benefícios do peixe não estejam no que contêm, mas no que removem da dieta. Melhor comer peixe que hambúrgueres e batatas frias saturadas de gordura trans.

Então qual é a conclusão final? Duas refeições de peixe por semana, com ênfase em salmão, sardinhas, arenque e cavalinha provavelmente farão mais bem do que mal. Por que o mal entra em questão? Porque peixes podem estar contaminados com metilmercúrio, bifenilas policloradas (PCBs) e dioxinas, todos representando potencial risco para a saúde. É por isso que mulheres grávidas e crianças pequenas são aconselhadas a evitar tubarão, peixe-espada, atum fresco e congelado, cavala e lofolátilo – os peixes que correm mais risco de estar contaminados – e a limitar os demais a cerca de 350 gramas por semana. Comer essa quantidade é uma excelente idéia. Um estudo publicado em *The Lancet* mostrou que mulheres grávidas que consumiam cerca de 300 gramas de peixe ou frutos do mar por semana davam à luz crianças com pontuações mais altas em testes de QI.

Homens de meia-idade e mulheres pós-menopausa, para quem os benefícios do consumo de peixe superam de longe os riscos, não precisam controlar tanto o consumo, mas ainda assim deveriam limitar a quantidade de atum fresco ou congelado, tubarão e peixe-espada a 1 quilo por semana. Atum em lata tem baixo teor de mercúrio, em particular se for "*light*". Salmão, especialmente a variedade silvestre, tem também baixo teor de mercúrio e outros contaminantes. O salmão do Alasca em lata é uma boa escolha.

Pessoas que já sofrem de doença cardíaca caem numa categoria diferente e deveriam conversar com seus médicos sobre o aumento do consumo de ômega-3 para cerca de um grama por dia. Isso pode ser obtido com algo entre 60 e 90 gramas de sardinha, 60 gramas de arenque, 200 gramas de salmão ou truta ou 500 gramas de bacalhau. A taxa de gordura ômega-3 no atum é variável, e até 300 gramas desse peixe podem ser necessários para fornecer um grama da gordura. Para dias em que não é possível consumir peixe, suplementos podem ser apropriados. As cápsulas mais comuns fornecem 180 miligramas de EPA e 120 miligramas de DHA, de modo que várias podem ser necessárias. Estas, porém, podem apresentar problemas. Primeiro, há a questão da fragrância. Nosso hálito fará todos os gatos da vizinhança babarem. Há também a possibilidade de náusea e perturbações gastroitestinais. Mas os benefícios provavelmente valerão a pena. E talvez eles não se limitem ao cérebro ou ao coração. Vários estudos mostraram que comer peixe duas vezes por semana pode reduzir o risco de degeneração macular, a principal causa de cegueira relacionada à idade. Talvez comer peixe possa ajudar a nos orientarmos em meio à confusão sobre o consumo de peixe.

Linhaça, gorduras ômega-3 e lignanas

Os peixes não são a única fonte de gorduras ômega-3. Óleos derivados da semente do linho, da canola e da soja são ricos em ácido alfa-linolênico (ALA), que, embora não seja idêntico a DHA e EPA, tem atividade biológica similar. Assim, pode ter também um efeito sobre a acuidade mental e as doenças cardíacas. Além disso, um pouco de ALA é convertido em DHA e EPA no organismo. Portanto, os resultados do Estudo sobre a Saúde das Enfermeiras, monitorado por pesquisadores da Universidade Harvard, não são surpreendentes. A pesquisa acompanhou o estado de saúde de mais de 76 mil enfermeiras, que, a partir de 1984, preencheram questionários sobre alimentação a cada quatro anos. Sabemos hoje que as mulheres que consumiam mais ácido alfa-linolênico derivado de alimentos corriam um risco 46% menor de morrer repentinamente do coração que aquelas que consumiam menos. As principais fontes de ALA eram hortaliças verdes, nozes, óleos de canola e linhaça.

O óleo de linhaça é uma fonte importante de ácido alfa-linolênico, mas a semente do linho oferece muito mais que isso. Cerca de 2 mil anos atrás, Hipócrates, o famoso médico grego, já tinha consciência dos benefícios da linhaça. Sua prescrição para pacientes que sofriam de dores abdominais era simples: "Que comam linhaça!" E provavelmente não é um mau conselho – na medida em que a dor provenha da constipação. Ocorre que a linhaça, a semente da planta usada para fazer linho, é uma excelente fonte de fibra alimentar. Esse componente vegetal indigerível proporciona um efeito laxativo ao permitir que os excrementos absorvam água em seu trânsito pelo trato digestivo. E a porção solúvel da fibra proporciona um benefício adicional. Em sua viagem pelo trato intestinal, liga-se ao colesterol e evita que ele seja absorvido. Além disso, liga-se também aos ácidos biliares necessários à digestão, obrigando o organismo a produzir mais. Como a matéria-prima para a biossíntese dos ácidos biliares é o colesterol, o nível deste no sangue é reduzido.

Não precisamos sequer comer linhaça diretamente para obter alguns benefícios do ácido alfa-linolênico. Que tal alguns ovos de ômega-3? Isso soa paradoxal, porque quando ovos são mencionados, a primeira palavra que tende a vir à mente é "colesterol", que por sua vez evoca pensamentos sobre artérias entupidas e morte prematura. Na verdade, o colesterol sanguíneo está relacionado muito mais às gorduras saturadas presentes na carne e em produtos lácteos integrais que ao colesterol contido na gema do ovo. Ainda assim, os ovos sofrem preconceito. As gorduras ômega-3, por outro lado, gozam ultimamente do maior prestígio. Introduzir essas gorduras em ovos seria certamente uma saudável ajuda à sua imagem. Especialmente considerando que muitas pessoas se preocupam com poluentes como mercúrio e PCBs, que aparecem ambos em peixes.

Mas como enriquecer ovos com gorduras ômega-3? Seria possível alimentar galinhas com farinha de peixe, mas isso faria os ovos terem gosto de peixe. Ou poderíamos alimentá-las com linhaça, que é evidentemente uma boa fonte vegetal de ômega-3. Isso resulta em ovos com cerca de 35 miligramas de ALA e 13 miligramas de EPA, uma quantidade não insignificante. Comer cinco a sete desses ovos por semana seria aproximadamente equivalente a comer uma porção de peixe. É claro que para alguém que consuma poucos ovos, trocá-los pela versão ômega-3 não oferece qualquer benefício.

A linhaça faz mais do que oferecer proteção contra doenças cardíacas. Ela é uma fonte de lignanas, compostos que têm propriedades anticâncer. As lignanas não estão realmente presentes na linhaça, mas se formam em nossos cólons, onde bactérias se alimentam de secoisolaricirresinol, um precursor presente na linhaça. Fomos alertados pela primeira vez para os benefícios potenciais das lignanas por pesquisadores finlandeses que observaram níveis mais baixos dessas substâncias na urina de mulheres com câncer de mama, comparada à de mulheres saudáveis. Foi uma descoberta interessante, especialmente dado que as lignanas têm uma similaridade química com os estrógenos. (Como se originam de uma fonte vegetal, são chamadas de "fitoestrógenos".) A maior parte dos cânceres de mama são estrógeno-positivos, o que significa que a multiplicação irregular de células que caracteriza a doença é desencadeada pelo estrógeno do próprio corpo. Seria possível que as lignanas, por sua semelhança com o estrógeno, se encaixassem nos receptores dessa substância nas células e impedissem o estrógeno de estimular a atividade celular? Mais ou menos como a chave errada que se encaixa numa fechadura, incapaz de girar, mas capaz de impedir a entrada da chave certa.

Uma bela teoria, mas que requer evidências experimentais que a sustentem. E a dra. Lilian Thompson, na Universidade de Toronto, tentou fornecê-las. Ela alimentou com diferentes quantidades de linhaça animais tratados com uma substância química que sabidamente produz tumores estrógeno-sensíveis. Para sua satisfação, descobriu que os animais alimentados com linhaça produziam tumores em menor número e menos agressivos. Mas a redução de tumores não foi o único efeito observado. Em fêmeas de ratos, pequenas doses de linhaça atrasavam a puberdade, enquanto doses maiores a traziam mais depressa. Em ratos machos, 5% de linhaça na dieta reduziam a proliferação de células na próstata, mas 10% a aumentavam. Esses resultados são um tanto preocupantes, especialmente quando se considera um estudo de 1994 que associou altos níveis sanguíneos de ácido alfa-linolênico (presente na linhaça) a um maior risco de câncer de próstata. Isso foi uma surpresa, pois estudos anteriores haviam mostrado uma redução no risco de câncer de próstata com maior consumo de óleo de peixe. Seria o ALA diferente de alguma maneira de outros ácidos ômega-3 em seus efeitos sobre a próstata? A situação é confusa, porque tecido retirado da glândula prostática de pacientes com câncer não mostra níveis mais altos de ALA, ainda que estes sejam encontrados no plasma sanguíneo. De qualquer modo, a linhaça dietética não foi associada a nenhum problema de saúde humana. Muito pelo contrário.

O consumo de linhaça foi associado a um risco menor de câncer tanto de mama quanto de próstata. De fato, Lilian Thompson mostrou que mulheres que aguardam cirurgia de câncer de mama se beneficiam do consumo diário de bolinhos fortificados com 25 gramas de linhaça moída. E pesquisadores da Universidade Duke descobriram que três colheres de sopa (45 mililitros) de linhaça moída dadas diariamente a homens que esperavam cirurgia de câncer de próstata melhoraram as chances de um bom resultado. Os níveis de testosterona, um hormônio que pode estimular células de câncer, eram diminuídos, e havia uma perceptível redução na proliferação de células cancerígenas.

Vamos resumir o que sabemos sobre linhaça e ALA, a gordura ômega-3 específica presente nas sementes. O ALA protege contra doença cardíaca, talvez ao reduzir a inflamação ou ao diminuir a arritmia cardíaca. A linhaça é uma excelente fonte de fibra solúvel que aglutina ácidos biliares no intestino, obrigando o fígado a produzir mais deles. Como a matéria-prima necessária para produzir ácidos biliares é o colesterol, o resultado final é que a linhaça pode reduzir o colesterol sanguíneo. A fibra presente nela também retarda o ritmo em que a glicose dos alimentos é absorvida, e diabéticos tiveram realmente uma queda na glicose sanguínea com consumo regular de linhaça, em alguns casos de até 30% em resposta a uma ingestão diária de 50 gramas. E, é claro, temos também o efeito preventivo das lignanas contra o câncer. No lado negativo, há a conexão potencial remanescente entre o óleo de linhaça e o câncer de próstata. Mas os benefícios superam os riscos. Uma colher de sopa cheia de linhaça moída polvilhada sobre seu farelo de aveia matinal, que depois é naturalmente coroado com alguns morangos ou outro tipo de bagas, é uma boa idéia.

Canola e ácido alfa-linolênico

O que é canola? Para muitos, isso é um mistério. Eles não sabem se ela é caçada, pescada ou cultivada. Mas sabem que, seja como for, a "canola" pode ser usada para produzir óleo de cozinha. E, como muitas vezes ocorre com alimentos que têm origem um tanto desconcertante, surgem perguntas nas mentes das pessoas, em particular com relação a efeitos sobre a saúde. Vamos ao que interessa. Canola é uma planta que produz sementes que são prensadas para produzir óleo – um dos melhores, mais seguros e econômicos óleos que podem ser usados no preparo dos alimentos.

Mas isso pode não ser exatamente o que você já ouviu ou leu antes, não? Talvez você tenha ouvido dizer que o nome "canola" foi inventado para desviar os consumidores do fato de que o óleo se origina realmente da planta tóxica colza, que foi associada ao glaucoma, a problemas respiratórios, doenças neurológicas e disfunções do sistema imunológico. Para completar, talvez tenha até ouvido dizer que o óleo de canola é a fonte do famigerado agente químico de guerra, o gás mostarda. A origem de toda essa conversa fiada é um e-mail que tem circulado amplamente desde 2001 e que parece reunir mais absurdos a cada vez que é reenviado. A última pérola narra a saga de uma mulher cujo braço levou uma "pancada leve e se fendeu como se estivesse podre". Ela chamou a mãe para perguntar o que poderia ter causado seu ferimento. (Seria de esperar que a reação de alguém cujo braço se fendeu fosse ir para o hospital.) Seja como for, a astuta mãe observou: "Aposto que você está usando óleo de canola!" E de fato, somos informados, havia um pote de um galão na despensa. Será possível que algumas pessoas realmente acreditem nesses despautérios? A julgar pelas perguntas que me foram feitas a esse respeito, a resposta é sim.

Tentativas de descobrir a origem da assombrosa desinformação contida no e-mail anticanola sempre terminam no mesmo lugar: John Thomas e seu livro de 1994, *Young Again*, em que ele afirma ter invertido sua "idade bioelétrica" (seja lá o que isso possa ser) eliminando coisas como óleo de canola e de soja, usando purificadores do fígado (que ele vende), tomando água especialmente filtrada (que ele vende) e consumindo suplementos alimentares especialmente sintonizados com as "freqüências" de seu organismo. Os leitores podem conseguir tudo isso enviando para Thomas uma fotografia de si mesmos, que será analisada com uma máquina especial (que ele possui) para determinar as "freqüências pessoais" do remetente, cujos resultados poderão depois ser usados para adaptar suplementos alimentares apropriadamente sintonizados (que ele vende). E que qualificações tem esse homem extraordinário que "foi estimulado a escrever *Young Again* porque ele NÃO envelhece"? Até onde pude apurar, nenhuma! Afora uma fotografia indefinida na contracapa, não consegui encontrar nem sombra de John Thomas. É assombroso, porém, como um joão-ninguém conseguiu levar tanta gente a desconfiar da segurança do óleo de canola.

Praticamente a única coisa que Thomas disse de certo em sua tola diatribe é que "canola" é realmente um nome cunhado para uma variedade especial de colza. Ele vem de uma engenhosa combinação das palavras "Canadá", "óleo" e "pouco ácido" (em inglês, *Can*ada, *o*il, *l*ow *a*cid). O óleo de colza foi usado por muito tempo como lubrificante, mas o gosto um tanto amargo devido a compostos chamados glucosinolatos prejudicava seu uso na comida. Havia também uma questão sobre outro componente, o ácido erúcico, que em alguns estudos animais, quando incorporado à dieta em quantidades absurdas, causava depósitos adiposos em vários órgãos. No século passado, pesquisadores canadenses usando métodos tradicionais de reprodução vegetal conseguiram desenvolver colza com baixo nível de glucosinolato e um teor mínimo de ácido erúcico. O óleo prensado das sementes dessas plantas tornou-se o óleo de canola.

Como todos os óleos, o de canola é composto de três ácidos graxos ligados a uma espinha dorsal de molécula glicerol. Tanto o desempenho no cozimento de alimentos quanto as propriedades salutares de gorduras e óleos são determinados pelos tipos de ácidos graxos que contêm. Gorduras saturadas, que não contêm nenhuma ligação dupla carbono-carbono em sua estrutura, estão envolvidas nas doenças cardíacas, mas podem ser aquecidas repetidamente quando se trata de fritar. Gorduras monoinsaturadas, com uma ligação dupla, e poliinsaturadas, como o ácido alfa-linolênico (um ácido graxo ômega-3), foram especificamente associadas à proteção contra doenças cardíacas. Revela-se que, de todos os óleos comumente usados, o de canola tem o mais baixo teor de gorduras saturadas e, depois do óleo de linhaça, é o segundo com maior conteúdo de ácido alfa-linolênico. Na realidade, uma das melhores maneiras de avaliar as propriedades salutares de uma gordura, depois de verificar se tem baixo teor da variedade saturada, é considerar a razão entre ácidos graxos ômega-6 e ômega-3. (Os números referem-se a posições particulares das ligações duplas na estrutura molecular.) O óleo de canola tem a razão ideal de 2:1.

Por ser tão rico em gorduras insaturadas, o óleo de canola não suporta bem o aquecimento prolongado requerido por frituras em restaurantes e não tem as qualidades conservantes desejadas pela indústria de produção de alimentos. A hidrogenação do óleo o torna mais adequado, mas também introduz gorduras trans. De fato, é uma boa idéia minimizar o consumo de gorduras hidrogenadas, quer elas venham da soja, do milho, da canola ou de qualquer outro óleo. No que diz respeito ao consumo doméstico, porém, o óleo de canola não hidrogenado é excelente para todos os fins. Diga-se de passagem que não há verdade no rumor de que o aquecimento de óleos insaturados produz gorduras trans. O aquecimento de alimentos a uma temperatura elevada de fato produz, entretanto, alguns compostos ruins geralmente considerados carcinógenos. É por isso que todo tipo de fritura deveria ser limitado. Eu uso óleo de canola para fritar minha *Wiener schnitzel*, mas uso o óleo apenas uma vez e não me delicio com essa iguaria com muita freqüência. Quando o faço, porém, não tenho nenhum temor de estar sendo privado de minha força vital *chi*, sendo envenenado por cianeto ou tendo meu cérebro danificado *à la* mal da vaca louca, coisas que são todas, pelo menos segundo o estúpido John Thomas, conseqüências do consumo de canola. Na realidade, a julgar por seu exemplo, parece que evitar o óleo de canola é que causa danos ao cérebro.

Azeite de oliva e ácido oléico

Em algum momento por volta de 1500 a.C., a ilha de Creta foi abalada por um enorme terremoto. Tentando apaziguar os deuses do inferno que sacudiam a terra, os nativos baixaram uma provisão de seu mais precioso alimento num profundo poço. Foi assim que, em 1960, arqueólogos vieram a descobrir uma enorme tigela de azeitonas, bem preservadas pelas baixas temperaturas, no fundo de um antigo poço cretense. Saberiam os habitantes de Creta, naquele tempo, alguma coisa sobre os benefícios das azeitonas para a saúde? É difícil dizer, mas seus descendentes parecem certamente um povo saudável. Pelo menos foi o que o famoso epidemiologista Ancel Keys descobriu nos anos 1960, quando examinou padrões de doenças em diferentes países e tentou relacioná-los a fatores de estilo de vida. Creta provou-se especialmente interessante porque as pessoas ali pareciam ter vidas longas, com baixa incidência de câncer e doenças cardíacas, e em geral envelheciam bem. Keys apurou que a dieta cretense havia sido essencialmente a mesma durante séculos, seu elemento mais básico sendo o azeite de oliva virgem. Isso por si só não significava muito, como Keys compreendeu, mas ele ficou mais intrigado ao descobrir que cretenses que haviam emigrado para os Estados Unidos tinham os mesmos índices de doença cardíaca e câncer que o resto da população americana. Podia a dieta ser um fator relevante?

Quando Keys aprofundou a análise desses dados, um padrão começou a emergir. Países onde se consumia grande quantidade de gordura saturada, como a da carne e de laticínios, tinham taxas elevadas de doenças cardíacas, enquanto países onde óleos vegetais líquidos serviam como a principal fonte de gordura tinham indubitavelmente incidência mais baixa da doença. Uma explicação para essa observação surgiu quando pesquisadores descobriram que as doenças cardíacas estavam relacionadas ao nível de colesterol na corrente sanguínea, e que este, por sua vez, era determinado pelo teor de gordura da dieta. A característica decisiva parecia ser o fato de as moléculas de gordura conterem ou não ligações duplas carbono-carbono em sua estrutura. As que continham – as gorduras insaturadas presentes nos óleos vegetais – baixavam o colesterol, enquanto as gorduras saturadas, desprovidas dessas ligações, o elevavam.

À medida que tomaram conhecimento dessa relação, os médicos passaram a aconselhar o público a alterar seus hábitos alimentares. Manteiga e banha de porco eram *out*, óleos vegetais eram *in*. E as taxas de doença cardíaca começaram a cair rapidamente. Mas como não podemos passar óleo vegetal no pão nem fazer massa folhada com ele, era preciso encontrar uma solução de compromisso. E a indústria alimentícia soube exatamente o que fazer. Os produtores se prepararam para promover a reação de gorduras poliinsaturadas com gás hidrogênio a fim de produzir gorduras sólidas "parcialmente saturadas", que deveriam ser mais benignas para nossas artérias coronárias que as famigeradas gorduras saturadas. Margarina e gordura vegetal, amplamente promovidas como contendo menos gordura saturada que manteiga, tornaram-se itens básicos. Só mais tarde ficaríamos sabendo que a hidrogenação introduz os temidos ácidos graxos trans, os quais, embora ainda insaturados, podem ser piores para nós que as gorduras saturadas. Dessa maneira, a hidrogenação obscureceu a relação entre consumo de gorduras insaturadas e benefícios para a saúde. Foi pena, porque esses benefícios são reais, contanto que estejamos falando de gorduras insaturadas sem ácidos graxos trans. Como azeite de oliva.

O azeite de oliva é em sua maior parte gordura monoinsaturada, o que, quimicamente falando, significa que tem uma ligação dupla carbono-carbono em sua estrutura molecular. As gorduras saturadas, como vimos, estão associadas a doenças cardíacas, e há também alguma preocupação com uma dieta muito rica em poliinsaturados, uma vez que em estudos animais elas promovem o crescimento de tumores de cólon e de mama. Há uma razão para isso: gorduras poliinsaturadas são mais propícias a gerar radicais livres, que foram associados a todo tipo de coisa, do câncer ao envelhecimento. No que diz respeito às gorduras monoinsaturadas, porém, a notícia é boa, especialmente com relação ao azeite de oliva. Embora ele não baixe o colesterol tanto quanto poliinsaturados como óleo de milho ou soja, pode oferecer benefícios que estes não proporcionam, como proteção contra o câncer.

Em 1995, a imprensa leiga ficou alvoroçada com um estudo realizado na Grécia que sugeria que mulheres que consumiam azeite de oliva mais de uma vez por dia eram capazes de reduzir significativamente o risco de câncer de mama. Na verdade, o estudo foi mal conduzido e se baseava num único questionário para avaliar o consumo dietético ao longo do ano anterior, uma técnica notoriamente não fidedigna. Mas ele teve um efeito significativo. Estimulou mais pesquisas sobre a possibilidade de o azeite de oliva oferecer proteção contra o câncer. Na Universidade Northwestern, por exemplo, pesquisadores trataram células de câncer de mama humano com ácido oléico, a principal gordura monoinsaturada das azeitonas. A dose usada foi semelhante àquela encontrada na corrente sanguínea de pessoas cujas dietas são ricas em azeite de oliva. Curiosamente, o ácido reduziu à metade a produção de uma proteína conhecida como $HER_{2/neu}$ – que desempenha um papel em cerca de 1/5 de todos os cânceres de mama. Mas o ácido oléico talvez não seja a única substância anticâncer presente no azeite. Um estudo da Universidade de Ulster revelou que fenóis específicos encontrados no azeite de oliva virgem reduzem o dano ao DNA das células colorretais. Claro que essa é apenas uma descoberta de laboratório, mas está de acordo com a observação de taxas mais baixas de câncer colorretal em países mediterrâneos, onde o azeite é amplamente consumido. Acrescente a isso a descoberta recente de que o azeite extravirgem contém oleocantal – uma substância antiinflamatória com atividade farmacológica semelhante à do ibuprofeno (Advil) – e ele começa a parecer ainda mais atraente.

Muitos restaurantes reconhecem agora o apelo do azeite de oliva e o oferecem em pratinhos, em lugar da manteiga. A expressão-chave é "em lugar de". Acrescentar algumas colheradas de azeite por dia à dieta não é um bom caminho; usá-lo para substituir gorduras saturadas é. E se você quiser mais um atestado, basta perguntar a madame Jeanne Calment. Na verdade, você não pode. Isso porque ela morreu em 1997, aos 122 anos, a única pessoa que chegou a essa idade. Ela atribuía sua longevidade a vinho do Porto e azeite de oliva. Madame Calment também friccionava o azeite em sua pele, e uma vez gracejou: "Nunca tive senão uma ruga, e estou sentada nela."

Proteína de soja e isoflavonas de soja

Nunca pensei que iria me entusiasmar com tofu. Francamente, o gosto não me empolga. Mas estou intrigado com alguns estudos científicos que associaram o consumo de produtos de soja a proteção contra doenças. As japonesas, por exemplo, têm 1/4 da taxa de câncer de mama das norte-americanas. E comem muitos produtos de soja. Isso não significa necessariamente que uma coisa tenha a ver com a outra. No entanto, é bem possível que a conexão seja mais que uma associação casual. Antes de explorar os possíveis benefícios da soja, porém, lembremos que o câncer de mama é uma doença complexa, ligada a muitos fatores. É relacionada à idade, tem um componente genético e está também associada ao consumo excessivo de álcool. Pode haver uma conexão com níveis elevados de certos pesticidas solúveis em gordura, e os tipos de gordura presentes na dieta talvez também desempenhem um papel.

Nossa saga da soja começa nos anos 1940, quando fazendeiros australianos notaram que ovelhas que pastavam um certo tipo de trevo não se reproduziam normalmente. Veterinários descobriram que a urina desses animais continha níveis elevados de equol, um composto previamente encontrado na urina de éguas grávidas. Descobriu-se que as bactérias nos intestinos das ovelhas eram capazes de converter em equol um composto naturalmente presente no trevo. Sabia-se que o equol tem uma atividade biológica semelhante à do estrógeno, portanto não causou grande surpresa que interferisse na fertilidade; afinal, o estrógeno desempenha um papel importante na reprodução humana. Os cientistas começaram então a se perguntar se outras plantas poderiam também produzir compostos com atividade estrogênica. Entra em cena a soja. Esse item básico da dieta asiática revelou-se rico em fitoestrógenos (estrógenos derivados de plantas) conhecidos como isoflavonas. As isoflavonas genistein e daidzein, em particular, foram de interesse porque eram parcialmente excretadas na urina e podiam ser correlacionadas com a quantidade de soja na dieta.

A descoberta dos fitoestrógenos despertou desconfianças, pois os cientistas já suspeitavam que estrógenos e câncer de mama estavam relacionados de alguma maneira. Sabia-se que mulheres expostas a mais estrógeno durante a vida correm risco mais alto de contrair a doença. Isso inclui mulheres que chegam cedo à puberdade, alcançam a menopausa tarde ou têm poucos ou nenhum filho. Em outras palavras, parece que qualquer fator que reduza o número total de ciclos menstruais ao longo da vida reduz o risco.

Agora voltemos às nossas japonesas. Elas têm ciclos menstruais mais longos, com 32 dias em média comparados com os 29 das norte-americanas. Têm também até mil vezes mais fitoestrógenos na urina que as norte-americanas. Mas a trama fica realmente mais densa quando observamos que as japonesas consomem 30 vezes mais produtos de soja que nós, e que os japoneses que emigram para a América do Norte e adotam a dieta e o estilo de vida locais apresentam taxas de câncer comparáveis às dos demais norte-americanos.

Podemos até postular um possível mecanismo para a conexão isoflavona–câncer de mama. Algumas células no tecido da mama são conhecidas como estrógeno-responsivas, o que significa que contêm certas proteínas receptoras a que o estrógeno pode se ligar, mais ou menos como uma chave se encaixa numa fechadura. Essa ligação desencadeia uma seqüência de eventos no núcleo da célula, e esta conduz finalmente à fabricação de certas proteínas responsáveis pela proliferação celular. É essa multiplicação celular anormal que conduz ao câncer. As isoflavonas, ao que parece, são realmente estrógenos "fracos". Elas se encaixam nos receptores de estrógeno, mas não estimulam muita atividade celular. Ao mesmo tempo, impedem o estrógeno de se ligar ao receptor. Como se a chave errada tivesse sido introduzida na fechadura. A chave não pode ser girada, mas impede eficazmente que outra chave seja introduzida.

Isso no tocante às associações e à teoria. Que evidências práticas podemos reunir para mostrar que a soja pode realmente evitar o câncer de mama? Muitos estudos com animais demonstraram que o consumo de soja ou de isoflavonas isoladas reduz o desenvolvimento de tumores. Pesquisadores de Harvard descobriram que ratos alimentados com isoflavonas por duas semanas antes de receberem células de câncer de mama ou de próstata desenvolveram muito menos tumores que ratos de controle. Animais que tomavam chá em adição às isoflavonas se saíam ainda melhor. Os dados humanos são menos diretos, mas existem alguns. O dr. David Jenkins, da Universidade de Toronto, examinou a urina de voluntárias submetidas a uma dieta pobre em gorduras que incluía 33 gramas de proteína de soja por dia. A dieta resultou em atividade hormonal reduzida na urina, medida pelo efeito sobre linhagens de células de câncer de mama humano. Jenkins sugere que isso corresponde a um ligeiro efeito protetor contra câncer de mama.

Pesquisadores compararam também grupos de pacientes com câncer de mama e controles emparelhados, e notaram um risco até 50% menor em mulheres pré-menopáusicas que consumiam soja diariamente. Um estudo clássico em Cingapura mostrou que taxas de câncer de mama têm correlação inversa com a quantidade de proteína de soja consumida em base regular. Mais de 20 estudos com mulheres asiáticas mostraram que mesmo uma xícara (250 mililitros) de leite de soja ou meia xícara de tofu por dia estão associadas a menor risco de câncer. Além disso, alguns estudos constataram que mulheres que começam a consumir 20 gramas de pó de proteína de soja diariamente (o equivalente aproximado a um hambúrguer de soja, uma xícara de leite de soja ou uma porção de tofu) mostram uma redução na severidade dos sintomas da menopausa. Um benefício adicional é a maior densidade óssea na espinha. No que diz respeito a mulheres pré-menopáusicas, o mesmo tipo de dieta aumenta a duração de seus ciclos menstruais em 2,5 dias, enquanto o teor de isoflavonas de sua urina também aumenta. É evidente que a soja tem uma atividade semelhante à do estrógeno.

O genistein, a principal isoflavona, pode ter ainda outro efeito: reduzir a taxa de crescimento de vasos sanguíneos que alimentam tumores. Essa inibição da chamada "angiogênese" pode vir a se revelar um importante efeito anticâncer. Talvez até explique por que homens com níveis elevados de genistein na urina parecem protegidos contra o câncer de próstata. Embora as isoflavonas pareçam ser os mais interessantes compostos anticâncer da soja, há outros. Já se demonstrou que o acido fólico, por exemplo, evita mutações no DNA.

Há, contudo, algumas incoerências na saga da soja. Um estudo japonês mostrou que mulheres com câncer de mama não haviam consumido menos soja que um grupo de controle não afetado pela doença. As chinesas, que consomem apenas cerca de 1/3 dos alimentos de soja consumidos pelas japonesas, têm a mesma taxa baixa de câncer de mama. Claro que é possível que certa quantidade de soja seja protetora e que comer mais não acarrete qualquer benefício adicional, podendo até oferecer risco. No tubo de ensaio, em concentrações muito baixas o genistein aumenta a proliferação da célula de câncer de mama humano, enquanto em concentrações mais altas ele a inibe. O momento do consumo de soja também pode ser importante. As ratas, por exemplo, ficam protegidas contra câncer de mama induzido por carcinógeno se a soja for dada antes da puberdade, mas não se for dada mais tarde. Em seres humanos, as isoflavonas podem atuar de maneira diferente após a menopausa, quando os níveis de estrógeno natural são mais baixos, e mais cedo na vida, quando quantidades copiosas de estrógeno são produzidas. Estudos epidemiológicos asiáticos mostram realmente que é esse consumo precoce que é protetor. Mais tarde, pelo menos em teoria, quando há menos estrógeno natural concorrente, a soja pode ter outro efeito.

Após a menopausa, as mulheres produzem quantidades variadas de estrógeno, e mesmo pequenas variações podem ser importantes. Se os níveis forem baixos, quantidades elevadas de soja podem ter um efeito adverso semelhante ao do estrógeno; mas as isoflavonas podem bloquear os efeitos negativos de estrógenos naturais se estes estiverem presentes em alto nível. Isso é mais que uma mera possibilidade teórica. Charles Wood, da Universidade Wake Forest, tratou macacas pós-menopáusicas com uma dose alta ou baixa de estrógeno e depois lhes forneceu dietas com quantidades variadas de isoflavonas. Estas não tiveram qualquer efeito nos animais com baixo estrógeno, sugerindo que o consumo de soja após a menopausa não aumenta o risco de câncer. Ainda mais encorajadores foram os resultados vistos nos animais que receberam dose alta de estrógeno. Quando submetidos a uma dieta contendo 240 miligramas de isoflavonas por dia, eles mostraram uma suscetibilidade menor ao câncer de mama! É difícil saber o que fazer com essa informação, porque tal quantidade de isoflavonas só pode ser obtida com suplementos, mas pelo menos ela reduz o temor de que fitoestrógenos possam imitar o estrógeno quando ele não está presente. Ao que parece, mulheres pós-menopáusicas que desejam experimentar produtos de soja ou suplementos de isoflavona para reduzir sintomas da menopausa não precisam temer maior risco de desenvolver câncer de mama. Embora muitos estudos tenham sido inconclusivos, alguns mostraram que o consumo diário de cerca de 160 miligramas de isoflavonas pode proporcionar uma redução nas ondas de calor e nos suores noturnos.

Embora a informação disponível sugira que a soja, particularmente se consumida cedo na vida, pode proteger contra o câncer de mama, ela não lança luz sobre os efeitos desse alimento quando a doença já está presente. Simplesmente não há dados suficientes para se fazer recomendações nesse caso, mas a abordagem prudente seria evitar excesso de entusiasmo com o consumo de soja.

Todos se preocupam com o câncer, é claro, mas as doenças cardíacas matam mais. E também com relação a elas fala-se muito sobre os efeitos protetores da soja. De fato, há mais do que simples especulação. Em 1999, os produtores de alimentos à base de soja já haviam reunido evidências científicas suficientes para pedir à Food and Drug Administration autorização para introduzir a afirmação "bom para o coração" em suas embalagens. Após rever as evidências disponíveis na época, a FDA concordou que dietas ricas em proteína de soja, como a encontrada no tofu e no leite de soja, por exemplo, eram capazes de reduzir os níveis sanguíneos de LDL, o "mau colesterol". Atualmente os produtos americanos estão autorizados a afirmar que o consumo diário de 25 gramas de proteína de soja, associado a uma dieta com pouco colesterol e gordura saturada, *talvez possa* reduzir o risco de doença cardíaca. Essa afirmação é permitida contanto que uma porção do alimento em questão contenha pelo menos 6,25 gramas de proteína de soja, menos de três gramas de gordura com não mais de um grama do tipo saturada e menos de três miligramas de colesterol.

Nem todos ficaram satisfeitos com a aprovação dessa frase no rótulo, inclusive alguns cientistas da própria FDA. Detratores sustentaram que o consumo excessivo de soja podia causar bócio, um aumento da glândula tireóide visível como uma protuberância no pescoço. Afirmaram que genistein e daidzein, aquelas famosas isoflavonas da soja, inibiam a síntese do hormônio tireoidiano ao inativar a peroxídase tireoidiana, uma enzima vital. Quando os níveis do hormônio tireoidiano caem, a glândula pituitária secreta mais hormônio estimulante da tireóide (TSH), fazendo a glândula tireoidiana crescer e tornar-se bojuda. Embora possa haver algumas evidências de laboratório para o efeito das isoflavonas sobre a tireóide, não há nenhuma indicação de que populações com alto consumo de soja mostrem maior risco de bócio ou de qualquer outra doença tireoidiana. Tampouco há evidência, como foi sugerido, de que bebês alimentados com soja mostrem desenvolvimento anormal ou que os altos níveis de fitoestrógenos possam causar feminização nos meninos. Três décadas de uso de leite de soja como alimento para bebês não revelaram qualquer correlação entre seu consumo e anormalidades relativas ao crescimento ou a hormônios.

O que suscita uma preocupação mais realística é o fato de que os primeiros estudos sobre os benefícios da soja não foram corroborados por testes melhores e mais recentes. Cerca de 22 investigações clínicas foram realizadas desde 1999, examinando o efeito que grandes quantidades de proteína de soja tinham sobre os níveis de colesterol. Os resultados foram medíocres: o colesterol baixou em média, mas apenas 3%. Suplementos contendo isoflavonas não tiveram nenhum efeito sobre o colesterol, e não se encontrou qualquer evidência clara no tocante à prevenção do câncer. Isso não significa, é claro, que alimentos à base de soja não sejam escolhas saudáveis. São. Mas não são uma panacéia nutricional. Substituir proteína animal por proteína vegetal é certamente útil porque reduz o consumo de gorduras saturadas e colesterol. Além disso, a soja contém um ácido graxo específico, o ácido alfa-linolênico, que, como já vimos, foi associado à redução de doenças cardíacas, independentemente da redução do colesterol. Uma salada de tofu ainda leva a melhor sobre um sanduíche de carne defumada quando se trata de saúde – infelizmente, porém, para a maioria das pessoas, não quando se trata de gosto...

Grãos integrais e fibra insolúvel

Imagine que eu lhe diga que acaba de chegar ao mercado um novo suplemento alimentar que reduz comprovadamente o risco de doenças cardíacas, câncer, diabetes e diverticulite. E, ainda por cima, evita o ganho de peso. Desconfio que muitos de vocês correriam para uma loja de alimentos naturais, carteira na mão. Infelizmente, esse suplemento não existe. Mas há uma simples modificação alimentar que pode conduzir a esses benefícios. É só comer pelo menos três porções de grãos integrais todos os dias! Então como explicar que pessoas que estariam prontas a engolir pílulas para manter sua saúde sejam reticentes quanto a modificar sua dieta com o mesmo fim? Talvez seja porque a maioria dos paladares norte-americanos esteja acostumada ao gosto de pães, massas e cereais feitos com farinha refinada. E somos dominados por hábitos. Este, contudo, merece ser quebrado.

Em palavras simples, as sementes são as estruturas vegetais capazes de criar uma outra planta, e aquelas da família das gramíneas são conhecidas como grãos. Cada grão é composto de três partes: o germe, o endosperma e o pericarpo, ou casca. O germe é o componente que pode ser fertilizado por pólen, o endosperma é sobretudo amido e fornece a energia necessária para o crescimento do germe, e o pericarpo é a camada externa fibrosa e dura que protege a semente. Os grãos podem ser cozidos e comidos inteiros ou moídos para produzir farinha integral. Como nossos ancestrais descobriram, porém, a farinha integral não se conserva muito bem. As gorduras no germe ficam rançosas relativamente rápido. Por outro lado, a farinha feita com o endosperma, que pode ser separado da casca e do germe por um processo de peneiração, se conserva por um tempo maior e tem textura e gosto mais agradáveis. Mas se você quiser fazer uma comparação nutricional entre a farinha do grão integral e a farinha refinada – bem, não há comparação.

Quando se fala em grãos integrais, a maioria das pessoas pensa imediatamente em fibra, a parte do grão encontrada sobretudo na casca e que resiste à digestão no estômago e no intestino delgado. Mas falta de digestão não se traduz em falta de benefício. O dr. Dennis Burkitt, um cirurgião britânico que trabalhou como médico missionário em Uganda, foi o primeiro a sugerir uma relação entre falta de fibra na dieta e doença, nos idos da década de 1960. Ele notou que os ugandenses nativos raramente sofriam de câncer de cólon, doenças cardíacas ou divertículos nos cólons. Britânicos residentes em Uganda, por outro lado, tinham alta incidência dessas doenças. Qual era a diferença? A alimentação. Os britânicos estavam acostumados a uma dieta pobre em fibras com grande quantidade de pão branco refinado e carne, enquanto os nativos se banqueteavam sobretudo com alimentos vegetais ricos em fibras. Com o tempo, surgiu uma profusão de teorias para explicar o efeito protetor da fibra; ela absorvia ou diluía carcinógenos no cólon, reduzia o tempo de trânsito através do cólon, era digerida por bactérias colônicas para gerar ácidos graxos de cadeia curta que tinham um efeito anticâncer. Ela também absorvia ácidos biliares no intestino. Estes são sintetizados no fígado para intensificar a digestão e são normalmente reabsorvidos através da parede intestinal, mas não quando a fibra está presente. O fígado tem então de produzir mais, e a matéria-prima que usa para isso é o colesterol. O resultado final é que o nível de colesterol no sangue cai, bem como o risco de doença cardíaca.

Desde as observações originais de Burkitt, as ligações entre o consumo de grãos integrais e a saúde se fortaleceram, embora tenha havido alguns percalços no caminho, inclusive o enorme Estudo sobre a Saúde das Enfermeiras, que não encontrou qualquer relação entre consumo de fibra e menor risco de câncer de cólon. Mas isso pode ter ocorrido porque mesmo as grandes consumidoras de fibra não estavam consumindo o suficiente. A maioria dos estudos, porém, encontrou uma relação. Um grande levantamento europeu feito com meio milhão de pessoas em dez países mostrou que o câncer colorretal podia ser reduzido em cerca de 40% se o consumo de fibra fosse aumentado.

Além disso, há o paradoxo finlandês. Em geral, em países onde os ataques cardíacos são comuns, o câncer de cólon também é. Mas não na Finlândia. O país ocupa o segundo lugar em doenças cardíacas entre as nações industrializadas, mas um notável 33º lugar em incidência de câncer de cólon. A taxa de doenças cardíacas é explicada pelo altíssimo teor de gordura da dieta finlandesa. Mas por que a baixa incidência de câncer de cólon? Ela se deve provavelmente à enorme quantidade de fibra, principalmente da variedade insolúvel, presente no pão de trigo integral que os finlandeses tanto apreciam. Esse pão é excelente para o cólon, mas a redução do colesterol exige fibra solúvel, como a presente na aveia. É também interessante notar que, apesar de consumo muito elevado de gordura, as finlandesas têm baixa incidência de câncer de mama. Parece que a fibra reduz os níveis de estrógeno circulante, que está associado à doença. Os finlandeses comem de 25 a 30 gramas de fibra por dia, o que seria um desafio para a maioria dos norte-americanos.

Mas há mais do que fibra nos grãos integrais. Eles se comparam às frutas e hortaliças como fontes de antioxidantes e contêm vários minerais e vitaminas. Adicionalmente, fornecem lignanas, que têm efeitos anticâncer comprovados; rutina, que pode reduzir o risco de coágulos sanguíneos; e quem sabe quantos outros fitoquímicos que podem contribuir para os benefícios de uma dieta rica em grãos integrais. Eu poderia soterrá-los com numerosos estudos que atestam esses benefícios: estudos sobre como três ou mais porções de grãos integrais podem reduzir a resistência à insulina, sobre como o consumo de 40 gramas de grãos integrais por dia reduz de maneira significativa o ganho de peso na meia-idade, sobre a capacidade dos grãos integrais de baixar a pressão sanguínea, ou sobre a redução do risco cardiovascular em 30% com um par de tigelas de cereais integrais. Mas vamos ao que interessa. Como obter três porções de grãos integrais por dia? Fácil. Uma porção é definida como 30 gramas de cereais integrais quentes ou frios, uma fatia de pão integral ou meia xícara (125 mililitros) de arroz ou massa integrais cozidos. Quase tão fácil quanto engolir uma pílula, não é?

Aveia e fibra solúvel

Seria interessante dar uma olhada no exame de sangue do Papai Urso. Seus triglicerídios provavelmente são elevados, com toda aquela quantidade de mel que come, mas seu colesterol talvez seja ótimo, graças a seu apreço por mingau. De fato, toda a família de ursos da história de Cachinhos Dourados, com seu fraco por mingau de aveia, pode servir de modelo nutricional.

Os escoceses compreendem isto muito bem. Mingau de aveia é um dos itens básicos de sua dieta. A aveia é embebida não só de água e leite, mas de uma boa dose de tradição também. Pelo que sei, deve-se mexer o mingau no sentido horário, com a mão direita e usando uma *spurtle*, que é uma espécie de colher de madeira sem concavidade, e deve-se comê-lo numa tigela de bétula. "O mingau gruda no estômago e limpa as tripas", sustentam os escoceses. É verdade. A aveia realmente tem um alto valor de saciedade. Essencialmente, isso significa que leva um longo tempo para ser digerida e por isso o mantém saciado por mais tempo. De fato, num estudo que comparou mingau de aveia com flocos de milho para o café-da-manhã, pesquisadores descobriram que os sujeitos que comiam mingau de aveia consumiam 1/3 a menos de calorias no almoço. Basicamente, a aveia pode ajudá-lo a perder peso.

A "limpeza das tripas" também faz sentido. De várias maneiras. A aveia contém fibras tanto solúveis quanto insolúveis. A fibra é a parte estrutural das plantas, grãos, frutas e hortaliças que não pode ser decomposta por enzimas em nosso trato digestivo e portanto não pode fornecer nutrientes. Em outras palavras, a maior parte do que você come se transforma em você, mas a fibra simplesmente passa. Existem dois tipos de fibra, a solúvel e a insolúvel. A celulose é a fibra insolúvel clássica, enquanto a pectina, encontrada nas frutas, é um exemplo da variedade solúvel. A primeira nos mantém regulares, reduz o risco de diverticulite e ajuda a eliminar substâncias que podem desempenhar um papel no câncer de cólon. Mas é a betaglucana, a fibra solúvel da aveia, que está causando um verdadeiro furor. Pesquisas confiáveis mostraram que, embora a aveia não produza nenhum milagre nutricional (nenhum alimento o faz), consumi-la regularmente pode baixar o colesterol sanguíneo, reduzir a pressão sanguínea, manter nossas artérias saudáveis e ajudar a controlar a diabetes.

Parte dessa informação sobre a aveia não é nova. Lembre-se da moda de farelo de aveia alguns anos atrás. Nas lojas, o produto simplesmente sumia das prateleiras. Por que houve um interesse tão exaltado por algo que tradicionalmente era dado como alimento para animais? Porque alguns estudos sedutores mostraram que o farelo de aveia, feito da casca do grão, era uma excelente fonte de fibra solúvel, com capacidade de reduzir o colesterol. Havia até uma teoria que explicava como isso acontecia. A betaglucana absorve água no intestino e forma uma pasta viscosa que captura o colesterol dos alimentos, bem como alguns dos ácidos biliares necessários para a digestão. Como esses compostos são feitos no corpo a partir de colesterol, sua remoção do trato digestivo faz com que mais deles tenham de ser sintetizados. O resultado é uma depleção do colesterol no sangue. Mas havia um problema. O público nunca assimilou realmente a informação sobre a quantidade de farelo de aveia que tinha de ser consumida para haver um impacto sobre o colesterol. E esta não era nada trivial.

Para reduzir o colesterol sanguíneo em aproximadamente 5%, uma pessoa precisa comer de três a quatro gramas de betaglucana por dia. Mais do que isso não é bom! Em doses maiores, experimenta-se uma sensação de repleção, inchaço e produção de gases. Ora, uma redução de 5% não parece muito, mas ela pode baixar o risco de um ataque cardíaco em nada menos que 10%! Essa quantidade de betaglucana é encontrada em uma xícara (250 mililitros) de farelo de aveia cozido ou em uma xícara e meia de mingau de aveia. Três pacotes de mingau de aveia instantâneo são suficientes também. Mas biscoitos de farelo de aveia, *chips* de farelo de aveia e goma de farelo de aveia não servem. No entanto, esses produtos tolos inundaram as lojas, na esperança de tirar partido da mania de farelo de aveia. Além de não ter nenhum efeito sobre o colesterol, seu gosto era muito desagradável. Não é de admirar, portanto, que essa moda logo tenha desaparecido. É pena. Porque, quando consumida nas quantidades certas, a aveia pode realmente cumprir o prometido. Ela pode fazer mais que apenas baixar o colesterol; pode reduzir a pressão sanguínea.

Um estudo piloto em Minnesota concentrou-se num grupo de pacientes que tomava pelo menos uma medicação para hipertensão. Metade deles foi solicitada a consumir cerca de cinco gramas de fibra solúvel por dia na forma de uma xícara e meia de farelo de aveia e um lanchinho à base do mesmo ingrediente, enquanto a outra consumia cereais com pouca fibra solúvel. O consumo de aveia reduziu a pressão sanguínea significativamente. De fato, cerca de 50% dos pacientes puderam abandonar sua medicação. Não está claro como a aveia reduz a pressão sanguínea, mas isso provavelmente tem a ver com a modificação da resposta à insulina. O pâncreas secreta insulina, necessária para permitir às células absorver glicose da corrente sanguínea após uma refeição. Um aumento súbito da glicose provoca uma rápida resposta de insulina, mas se esses aumentos súbitos forem freqüentes, a insulina torna-se menos eficaz, e uma quantidade cada vez maior precisa ser produzida. Isso leva a uma doença conhecida como resistência à insulina. Pesquisadores suspeitam que essa resistência pode desempenhar um papel significativo na elevação da pressão sanguínea ao constringir vasos sanguíneos. A fibra solúvel retarda a absorção de nutrientes a partir do intestino e suaviza a resposta de insulina. Isso explica também por que a aveia pode ajudar diabéticos a controlar o nível de açúcar no sangue.

E se isso não for o bastante para aumentar seu apetite por aveia, considere o fato de que ela contém uma mistura incomparável de antioxidantes, incluindo as avenantramidas, que impedem que o colesterol LDL seja convertido nas formas oxidadas que prejudicam as artérias. Diante de tudo isso, não é de surpreender que os primeiros alimentos a obter autorização da Food and Drug Administration para afirmar seus benefícios para a saúde tenham sido à base de aveia. Em 1997, a FDA decidiu que os produtores podiam afirmar que "fibra solúvel de aveia integral, farelo de aveia ou farinha de aveia como parte de uma dieta com baixo teor de gorduras saturadas e colesterol pode reduzir o risco de doença cardíaca". Mas houve uma restrição. A afirmação só podia ser feita se uma única porção do alimento contivesse pelo menos 0,75 grama de betaglucana, não mais que três gramas de gordura e não mais que um grama de gordura saturada.

A aveia não é o único grão a conter betaglucana. A cevada também é rica nessa fibra solúvel. De fato, ela é encontrada em todo o grão da cevada, e não apenas na casca, como na aveia. Assim, o processamento não a remove.

Isso significa que mesmo produtos refinados, como farinha de cevada, flocos de cevada ou farelo de cevada contêm betaglucana. Justificadamente, então, os produtores de cevada não quiseram ser deixados para trás no que dizia respeito a usar nos rótulos a afirmação de benefícios para a saúde. Eles também solicitaram permissão à FDA para fazê-lo, e inundaram a agência com estudos que atestavam os benefícios de seu produto. Foram examinados cinco ensaios clínicos que haviam investigado o impacto do consumo de cevada integral e de produtos de cevada moída e concluído que havia uma redução constante de níveis de colesterol sanguíneo. Para sua alegria, agora os produtores podem também afirmar que a fibra solúvel contida na cevada, em conjunto com uma dieta com baixo teor de gordura saturada e colesterol, pode reduzir o risco de doença cardíaca. Que tal farelo de aveia no café-da-manhã, polvilhado com linhaça e coroado com bagas, evidentemente, e sopa de feijão e cevada no jantar?

Feijão e inositol pentaquisfosfato

Ah, o feijão... Ele pode causar gases, e não precisamos realizar estudos para provar isso. Mas pode também reduzir o risco de doença cardíaca e câncer. Essa afirmação, porém, precisa ser corroborada por ensaios científicos. Idealmente, gostaríamos de ver o que é chamado de "estudo de intervenção", em que sujeitos são organizados em dois grupos com estilos de vida praticamente idênticos exceto por um aspecto da dieta. O grupo experimental, mas não o de controle, receberia uma quantidade prescrita de feijão. Depois ambos seriam acompanhados por muitos anos. Suspeito que acompanhar o grupo que come feijão não seria uma tarefa difícil. Infelizmente, esses estudos de intervenção são de realização muito complexa, e os pesquisadores tendem a preferir os chamados ensaios caso-controle.

Nesse tipo de experimento, um conjunto de pacientes que sofrem de certa doença é comparado com um número aproximadamente igual de pessoas saudáveis, emparelhadas por idade, estilo de vida, local de residência, nível de atividade física, fumo, peso corporal e status socioeconômico. Foi exatamente isso que pesquisadores de Harvard fizeram para tentar discernir fatores responsáveis por ataques cardíacos em 2.118 indivíduos na Costa Rica. Para sua grande surpresa, descobriram que comer 1/3 de xícara de feijão por dia reduzia a probabilidade de ataque cardíaco em quase 40%! Não está claro o que exatamente no feijão é responsável por isso, mas ele é rico em ácido fólico, magnésio, vitamina B_6, ácido alfa-linolênico e fibra, cada um dos quais, em teoria, pode ter um efeito sobre a função cardíaca.

Estudos populacionais são outra maneira de investigar causas de doenças. O estado de saúde de um grande número de sujeitos inicialmente saudáveis é monitorado continuamente, assim como seu estilo de vida. Os sujeitos preenchem periodicamente questionários sobre freqüência de alimentos, e estes são depois analisados em termos de componentes dietéticos específicos. Um dos melhores exemplos é o já mencionado Estudo sobre a Saúde das Enfermeiras, que acompanhou milhares de enfermeiras durante muitos anos, algumas das quais, como seria de esperar, desenvolveram câncer de mama. Os pesquisadores especularam que a doença podia estar associada a um consumo reduzido de antioxidantes, particularmente flavonóides. Portanto, investigaram as quantidades de chá, cebola, maçã, brócolis, pimentão verde e mirtilo, todos ricos em flavonóides, nas dietas das enfermeiras. Os resultados foram inesperados. Não havia nenhuma associação entre o consumo total de flavonóides e o câncer de mama. Mas mulheres que consumiam feijão ou lentilha duas vezes por semana tinham cerca de 25% menos de probabilidade de desenvolver câncer de mama que mulheres que os consumiam menos de uma vez por mês. Apenas mais um exemplo de como efeitos sobre a saúde são determinados pela composição total de um alimento, e não por seus componentes individuais.

Ensaios de laboratório e estudos animais também fornecem pistas sobre a prevenção e o combate de doenças. Talvez sejam eles que vão esclarecer afinal por que o feijão tem propriedades anticâncer. O segredo pode residir simplesmente no inositol pentaquisfosfato, uma substância presente no feijão, bem como na lentilha, na ervilha, no farelo de trigo e na castanha. O crescimento de tumores envolve muitas reações químicas, e enzimas específicas desempenham um papel importante nelas. Os fosfoinositídeos 3-quinases, descobertos apenas nos anos 1980, estão envolvidos no desenvolvimento do câncer de pulmão, ovário e mama. Substâncias que bloqueiam a atividade dessas enzimas são portanto alvos óbvios de pesquisa. A maioria dos componentes que mostrou eficácia revelou-se tóxica demais para ser usada, mas pesquisadores do University College em Londres têm grandes esperanças no inositol pentaquisfosfato, que isolaram a partir do feijão. Esse componente é notavelmente não tóxico, mesmo em grandes quantidades. Em estudos de laboratório com células humanas, ele inibiu a angiogênese, o processo que os tumores usam para criar os vasos sanguíneos de que precisam para lhes fornecer alimento. Mas resultados ainda mais interessantes foram encontrados quando células de câncer ovariano humano foram transplantadas para camundongos. O inositol pentaquisfosfato teve um efeito comparável ao da cisplatina, a droga comumente usada no tratamento desse câncer. Outra descoberta animadora foi que esse composto aumentava o efeito de drogas anticâncer.

Apesar dos efeitos positivos do feijão sobre a saúde, as pessoas temem incluí-lo na dieta. O medo é a potencialmente embaraçosa emissão de gases. O feijão contém carboidratos específicos, como a rafinose e a estaquiose, que não são decompostos por nossas enzimas digestivas no intestino delgado. Por isso continuam até o cólon, onde deliciam as bactérias residentes, que passam a devorá-los. Infelizmente para nós, enquanto jantam esses carboidratos essas bactérias produzem muitos gases, alguns dos quais, como sulfeto de hidrogênio, são notoriamente fétidos. Mas a ciência pode vir em nosso socorro. Marisela Granito e colegas da Universidade Simón Bolívar, na Venezuela, investigam essa questão há anos, e descobriram que fermentar o feijão com duas bactérias específicas da espécie *Lactobacillus* antes de cozinhá-lo pode reduzir a concentração dos carboidratos inoportunos em 90% sem alterar o valor nutricional do alimento. Eles propõem que a indústria pode fazer uso dessas bactérias para vender um feijão que cause poucos gases. Cientistas na Índia adotaram outra abordagem. Usando tecnologia-padrão de irradiação de alimentos, expuseram o feijão a raios gama e constataram que esse procedimento, em combinação com a prática de deixar o feijão de molho, eliminava a maior parte da estaquiose e da rafinose.

Os indivíduos reagem de maneiras muito diferentes ao feijão em termos da quantidade de gases que produzem. Alguns podem ingerir quantidades copiosas sem problema, enquanto outros afugentam amigos e parentes após comer um único *burrito*. Mesmo nesse caso, porém, as emissões podem ser reduzidas pelo aumento lento do consumo de feijão. E à luz de tudo que sabemos sobre os benefícios de seu consumo, vale a pena fazer o esforço. Substituir parte da carne em nossa dieta por feijão é uma boa idéia. Talvez no conto de fadas clássico, João não tenha feito tão mau negócio ao trocar a vaca da família pelos grãos que se transformaram num pé de feijão gigante.

Repolho e indóis

Como o feijão, o repolho não tem uma reputação muito boa. Um crítico de culinária sugeriu certa vez que, em comparação com repolho cozido, "papel-jornal ordinário, comprado de comerciantes de materiais recicláveis falidos, cozido no vapor e aquecido em fogões a óleo fumacentos é uma requintada iguaria"! Nunca experimentei papel-jornal ordinário, cozido no vapor ou não, mas se pudesse escolher, preferiria repolho. Creio que um pouco de indol-3-carbinol faria bem a todos nós.

O corpo humano é uma máquina fantástica, com uma variedade de mecanismos de defesa para se proteger contra intrusos químicos indesejáveis. Há diversas enzimas disponíveis, seja para converter esses intrusos em substâncias menos nocivas, seja para se ligar a eles e eliminá-los através da urina. Essas enzimas protetoras são produzidas por um mecanismo genético das células quando receptores na superfície destas são ativados pela presença de substâncias estranhas potencialmente perigosas. Nos idos dos anos 1950, pesquisadores notaram que substâncias que causavam câncer provocavam a liberação de enzimas protetoras, mas que infelizmente, em muitos casos, estas eram incapazes de eliminar o carcinógeno por completo. Estava claro, porém, que alguns animais de teste se saíam melhor que outros. Aparentemente, tinham sistemas produtores de enzimas mais eficientes. Há paralelos humanos aqui também. Nem todo fumante desenvolve câncer de pulmão. Por que não? Será que os afortunados produzem mais enzimas protetoras? Nesse caso, poderíamos estimular essa característica?

Surgiu uma pista quando pesquisadores observaram que, depois de expostos a um carcinógeno, ratos eram mais resistentes aos efeitos de um segundo. Pareciam ficar protegidos pelas enzimas que suas células sintetizavam em resposta ao primeiro atacante. Obviamente, a exposição a um carcinógeno não é um método que possamos usar para nos proteger contra outros. Mas e se houvesse substâncias que tivessem uma similaridade química com agentes causadores de câncer, mas fossem elas mesmas inócuas? Não poderiam elas induzir células a gerar enzimas protetoras? Na altura da década de 1960 havia ficado claro que essa era uma possibilidade real. Descobriu-se que substâncias químicas presentes no repolho – bem como em outras hortaliças crucíferas (assim chamadas porque suas flores possuem corola em forma de cruz), como brócolis, couve-flor e couve-de-bruxelas – estimulam a produção de enzimas protetoras. Logo os pesquisadores se concentraram num composto específico que despertou interesse por seu potencial na luta contra o câncer de mama, a saber, o indol-3-carbinol.

A conexão aqui é através do estrógeno, o hormônio feminino que foi associado à promoção de tumores. Reconhecidamente, a relação entre estrógeno e câncer de mama não é simples. Estudos de laboratório mostraram que, como muitas substâncias químicas no corpo, o estrógeno passa por uma variedade de reações depois que é produzido. Seu metabolismo, como essas reações são coletivamente chamadas, pode tomar dois caminhos alternativos. Um produz 16-hidroxiestrona, que parece ser a culpada em termos de estimular a multiplicação irregular de células do tecido da mama. Alternativamente, o estrógeno pode ser convertido em 2-hidroxiestrona, um composto relativamente inerte. Ambas essas conversões são governadas por enzimas específicas, cujos níveis podem ser afetados por vários fatores. É aí que o indol-3-carbinol entra em cena. Ele estimula as enzimas protetoras que levam o estrógeno pelo caminho seguro, significando que haverá menos exposição de tecido da mama às danosas moléculas de 16-hidroxiestrona.

Isso é bastante interessante, mas é também bastante abstrato para a maioria de nós. Provavelmente não é o suficiente para persuadir as pessoas a correrem para a cozinha e começarem a cozinhar repolho. Mas espere. Camundongos desenvolvem menos tumores mamários quando expostos a indol-3-carbinol. Ratos exibem menos câncer endometrial. E as coisas ficam ainda mais interessantes quando descobrimos que pesquisadores ministraram cápsulas de 400 miligramas de indol-3-carbinol a mulheres diariamente (mais ou menos o equivalente à quantidade presente em meia cabeça de repolho) e descobriram que isso realmente afetava a maneira como o estrógeno era metabolizado. Dentro de duas semanas, os níveis de 2-hidroxiestrona – a substância boa, por assim dizer – subiram muito.

De fato, os níveis rivalizaram com os encontrados nas maratonistas, conhecidas por ter uma incidência menor de câncer de mama.

Isso foi o que aconteceu com as mulheres que tomaram a pílula. Mas e quanto a comer o próprio repolho? Graças a uma pesquisa israelense, temos uma resposta para essa pergunta também. Oitenta mulheres num kibutz concordaram em consumir uma dieta rica em vegetais crucíferos e submeter sua urina a análise. A razão entre 2-hidroxiestrona e 16-hidroxiestrona na urina aumentou, sugerindo proteção contra câncer de mama. Seria interessante acompanhar essas mulheres por alguns anos e verificar se a taxa de câncer de mama realmente baixou ou não. Há uma boa chance de que isso ocorra, pelo menos a julgar por alguns interessantes indícios epidemiológicos levantados na Alemanha e na Polônia.

As taxas de câncer de mama na antiga Alemanha Oriental eram significativamente mais baixas que na Alemanha Ocidental, mas depois da unificação o padrão da doença tornou-se mais equilibrado. Embora houvesse obviamente muitas diferenças de estilo de vida entre os dois países, parece digno de nota que o consumo de repolho era muito mais alto na Alemanha Oriental. Isso se torna ainda mais significativo à luz de uma pesquisa realizada na Universidade de Illinois que examinou por que polonesas emigradas para os Estados Unidos têm uma taxa de câncer de mama mais alta que as residentes na Polônia. O repolho é um item básico da dieta polonesa, mas é menos apreciado entre polonês-americanos. Seria esse um fator relevante? Para descobrir, os pesquisadores estimularam colônias de células de câncer de mama humano com estrógeno em tubos de ensaio, e adicionaram extrato de repolho. As células tratadas com repolho cresceram mais lentamente. E não foi uma questão de usar quantidades irreais de extrato de repolho; as doses eram tais que podiam ser obtidas pelo consumo de porções normais da verdura. Além disso, os ensaios sugeriram que o efeito não era devido unicamente ao indol-3-carbinol. Outros compostos antiestrogênicos também pareciam estar presentes no suco de repolho.

Agora você talvez esteja pronta a rumar para a cozinha. Especialmente quando souber que repolho é também rico em vitamina K, que vem recebendo atenção por seu papel no fortalecimento dos ossos. O Estudo sobre a Saúde das Enfermeiras descobriu que aquelas que consumiam quantidades moderadas ou altas de vitamina K advinda de fontes vegetais corriam um risco 30% menor de sofrer fraturas de quadril. Ainda não está plenamente convencida? Considere o fato de que estudos epidemiológicos mostraram que há um risco mais baixo de câncer de cólon entre pessoas que afirmam comer repolho regularmente.

Há um truque para cozinhar repolho. Não o ferva em água! Fazendo isso, você libera os compostos com cheiro de enxofre. A regra geral com repolho é que quanto mais você o cozinha, pior ele cheira. Assim, apenas refogue o repolho cortado em tiras em azeite de oliva até ele ficar marrom, e em seguida coza-o em seu próprio vapor por alguns minutos. Acrescente um pouco de sal, pimenta e uma pitada de açúcar. Depois despeje-o sobre talharim fino recém-cozido. Você não poderia desejar nada melhor. Experimente. Será muito mais gostoso que papel-jornal finlandês cozido no vapor.

Brócolis e sulforafane

Paul Talalay come brotos. Além disso, vende-os. Vende também chá feito com eles. Mas você não encontrará Talalay atrás do balcão de alguma loja de produtos naturais. Na verdade, ele desdenha grande parte dos produtos alardeados demais, caros demais e pesquisados de menos com que elas atraem fregueses. É nos veneráveis edifícios da Universidade Johns Hopkins que você encontrará esse animado octogenário – durante muitos anos, ele foi o diretor do Departamento de Farmacologia e Terapêutica Experimental da Escola de Medicina daquela universidade, onde é agora o John Jacob Abel Distinguished Service Professor of Pharmacology. Basta mencionar o nome do dr. Talalay em círculos científicos e o assunto da conversa muda imediatamente para a "quimioproteção" e, principalmente, para os brócolis!

Os 50 anos de carreira de Talalay como pesquisador foram dedicados à prevenção e ao tratamento do câncer. Quando jovem estudante de medicina, ficou intrigado com o caso de um paciente de câncer de próstata que respondeu de maneira espetacular à terapia com esteróides. Haveria outras substâncias capazes de afetar também essa terrível doença de maneira semelhante? Talvez até de evitá-la? Talalay decidiu devotar sua carreira à busca da resposta. Finalmente, em 1992, ele fez uma descoberta que iria não só encantar a comunidade dos pesquisadores do câncer, mas também estampar seu nome nas páginas dos jornais. Os cientistas sabiam havia muito que populações que comem grandes quantidades de hortaliças tinham taxas mais baixas de vários tipos de câncer. Mas por quê? O responsável por isso era algum elemento específico ou um conjunto de componentes encontrados nesses alimentos? Talalay parecia ter descoberto a resposta.

Ele havia isolado dos brócolis um composto chamado sulforafane, que pelo menos em testes de laboratório tinha claras propriedades anticâncer. Em células de camundongo cultivadas em culturas de tecido, ele estimulava a produção das chamadas enzimas de fase II. Essas enzimas fazem parte do sistema de proteção do organismo contra intrusos, inclusive carcinógenos. A glutationa-S-transferase, por exemplo, liga-se a carcinógenos e os remove do organismo. O sulforafane é visto pelo organismo como uma substância estranha, e as células acionam seu mecanismo bioquímico para produzir enzimas de fase II e eliminá-lo. As enzimas removem então o sulforafane, bem como muitas outras substâncias estranhas que encontram.

Induzir a formação de enzima protetora em culturas de célula é uma coisa; proteção contra o câncer em animais vivos é outra muito diferente. O passo seguinte óbvio era tratar ratos com sulforafane antes de tentar induzir tumores neles com um carcinógeno conhecido. Quando se usou dimetil benzatraceno, um poderoso indutor de tumores de mama, os resultados foram assombrosos. Quase 70% dos ratos do grupo de controle desenvolveram câncer, ao passo que tumores foram detectados em apenas 35% daqueles que haviam sido tratados com sulforafane. Outros estudos mostraram que o sulforafane oferecia também proteção contra câncer de cólon, um tipo de câncer que foi associado a carcinógenos presentes em alimentos como carne de churrasco. Mas o que significava isso para seres humanos? Afinal, a dieta dos ratos não era nem de longe tão variada quanto a de um ser humano. Além disso, a quantidade de sulforafane que oferecia proteção contra o câncer correspondia ao consumo de vários quilos de brócolis por semana.

Agora duas possibilidades se apresentavam. Ou encontrar uma fonte melhor de sulforafane dietético ou investigar o uso de suplementos de sulforafane isolado. A primeira opção parecia mais atraente porque a literatura nutricional está cheia de exemplos de substâncias que têm um desempenho muito diferente se introduzidas de forma pura ou como componente de um alimento. Além disso, alimentos como brócolis contêm muitos outros nutrientes benéficos como selênio, cálcio, ácido fólico e vitamina K. Foi nessa altura que o dr. Talalay descobriu que brotos de brócolis podiam potencialmente produzir até 50 vezes mais sulforafane que os brócolis adultos. Por que potencialmente? Porque nem os brócolis nem seus brotos contêm realmente sulforafane; o que eles têm é glucorafanina, um composto que produz sulforafane quando reage com uma enzima, a mirosinase. Essa enzima é liberada quando os tecidos da planta são perturbados pelo corte ou pela mastigação. O cozimento destrói a enzima, mas não se preocupe: bactérias presentes em nosso intestino também podem decompor glucorafanina para produzir sulforafane.

Talalay e seus colaboradores estudaram então diversas variedades de brócolis e, por meio de um laborioso processo, escolheram as sementes com maior teor de glucorafanina. Estavam tão convencidos dos benefícios nutricionais potenciais dos brotos dessas sementes que Talalay e o fisiologista vegetal Jed Fahey fundaram a Brassica Protection Products, uma companhia que iria vender "BroccoSprouts", com parte dos lucros sendo destinada à pesquisa sobre a quimioproteção contra o câncer. Esses brotos produzem de forma garantida 20 vezes mais sulforafane que brócolis maduros. Está certo que até agora os benefícios do sulforafane só foram demonstrados em culturas de células ou em animais. O dr. Talalay seria o primeiro a concordar que para reduzir o risco de câncer é preciso mais do que simplesmente consumir BroccoSprouts e que testes humanos são extremamente necessários. Ele já começou a investigar se seus brotos podem elevar a produção de enzimas de fase II em seres humanos, e pretende fazer testes em populações de alto risco, como pessoas com histórico familiar de câncer de mama ou de pólipos no cólon.

A comercialização dos brotos de brócolis levou a mais uma descoberta surpreendente. Empregados nas instalações de cultivo começaram a comer os brotos que produziam. Dois deles, que haviam sofrido de úlcera estomacal por longo tempo, declararam que os brotos os haviam curado! Isso não foi uma surpresa completa porque estudos anteriores haviam mostrado que os brócolis têm algumas propriedades antibióticas, e a relação entre úlceras e infecção com a bactéria *Helicobater pylori* está bem estabelecida. Estudos de tubo de ensaio mostraram rapidamente que o sulforafane purificado matava 48 linhagens diferentes de bactéria. Foi uma descoberta animadora, porque *Helicobater pylori* é também um fator de risco para câncer de estômago. Estudos preliminares já mostraram que o sulforafane pode reduzir tumores de estômago em camundongos – e numa dose cujo correspondente para o ser humano não o obrigaria a consumir toneladas. Não é necessário nada mais que um lanche diário de brotos de brócolis.

As evidências pró-brócolis estão certamente se acumulando. Mas como deveríamos comê-los? Brócolis crus são ótimos, mas a maioria das pessoas prefere a versão cozida, trazendo à baila a velhíssima questão das perdas nutricionais potenciais devidas ao cozimento. O relatório de uma pesquisa publicada no *Journal of Science of Food and Agriculture* em 2003 criou um grande rebuliço público com a descoberta de que o cozimento dos brócolis em fornos de microondas resultava numa perda de 97% de flavonóides antioxidantes.

Os pesquisadores descreveram como haviam preparado os brócolis por fervura, cozimento a vapor ou em forno de microondas, e depois examinado as perdas nutricionais. Os brócolis foram escolhidos em razão de sua reputação de verdura "saudável", uma reputação baseada em seu conteúdo de sulforafane, bem como de indol-3-carbinol, que encontramos em nossa discussão sobre o repolho. Curiosamente, não foram estes os compostos que os pesquisadores monitoraram no estudo. Em vez disso, consideraram os vários flavonóides, supostamente benéficos em razão de suas propriedades antioxidantes. Surpreendentemente, o cozimento em forno de microondas resultou numa perda de 97% dos flavonóides, bem como em perdas significativas de outros antioxidantes, ao passo que o cozimento a vapor resultou em perdas mínimas. Mas os pesquisadores não eram lá muito competentes como cozinheiros. Primeiro, usaram água demais no cozimento em forno de microondas, adicionando 2/3 de uma xícara de água para um talo e meio de brócolis, quando a quantidade usual é apenas uma ou duas colheres de sopa. Em segundo lugar, cozinharam a verdura mais tempo que o recomendado; um ou dois minutos é o suficiente. Ambas essas técnicas podem ter resultado na lixiviação de nutrientes.

Os fornos de microondas funcionam aquecendo água, e como a água está distribuída pela totalidade dos brócolis, é teoricamente possível que os nutrientes sejam expostos a mais calor no cozimento em forno de microondas que no cozimento a vapor, quando o calor tem de viajar da superfície das florzinhas para o interior.

Mas um estudo realizado em 2006 na Universidade de Essex, no Reino Unido, ofereceu resultados encorajadores para os chefs dos fornos de microondas. Em vez de medir os níveis de flavonóides, os pesquisadores determinaram níveis de glucosinolatos, como a glucorafanina. O cozimento a vapor, em forno de microondas ou por salteamento não produziu perdas significativas, ao passo que a fervura mostrou de fato perdas devidas à lixiviação de nutrientes na água. Portanto o preparo adequado em forno de microondas é ótimo!

O que realmente importa, é claro, é fazer dos brócolis uma parte regular da dieta – cru, cozido no vapor ou no forno de microondas. E precisamos pôr fim à reputação dos brócolis de ser uma comida horrível que os pais obrigam os filhos relutantes a comer. George Bush pai certamente não ajudou ao declarar que sua mãe o havia obrigado a comer brócolis, e agora que era presidente, podia finalmente evitar a abjeta verdura. Bem, tendo em vista que o ex-presidente continuava praticando *skydive* na casa dos 80, talvez ser obrigado a comer brócolis na infância não seja uma coisa tão má.

Espinafre, milho, abóbora e luteína

Comer espinafre, milho ou abóbora para enxergar melhor? Parece implausível, não é? Examinemos os fatos. Primeiro, porém, precisamos de uma pequena lição sobre a visão. Tudo começa quando a luz penetra no olho através de uma cobertura transparente em forma de domo chamada córnea, e em seguida passa através de outra estrutura clara chamada cristalino. Juntos, a córnea e o cristalino focalizam a luz na retina, a qual reveste o fundo do olho e transforma a luz em impulsos nervosos que podem ser registrados pelo cérebro como visão. A miopia ocorre quando a imagem é focalizada à frente da retina, seja em razão de uma curvatura excessiva da córnea ou porque o próprio olho tem uma forma alongada. A mácula, a parte central da retina, é responsável por controlar a visão frontal. Se ela não funciona bem, o centro do campo visual fica embaçado. Essa "degeneração macular" afeta cerca de 20% da população com mais de 65 anos e muitas vezes leva a um prejuízo significativo da visão. O que faz a mácula degenerar? A primeira pista veio de uma análise química, feita na década de 1980, que revelou a presença de dois pigmentos, a luteína e a zeaxantina. Pessoas com olhos saudáveis tinham mais dessas substâncias em sua mácula que aquelas que sofriam de degeneração macular. Tanto a luteína quanto a zeaxantina absorvem luz, em particular os comprimentos de ondas azuis. Essas ondas são as mais fortes no espectro visível e têm maior probabilidade de danificar a mácula após anos de exposição. Parece que a luteína e a zeaxantina podem atuar como óculos escuros internos, filtrando os raios potencialmente danosos. O dano real ocorre quando a luz estimula a produção de radicais livres no olho. A luteína e a zeaxantina não apenas filtram luz azul, mas podem também atuar como antioxidantes ou depuradores de radicais livres. Zinco foi também encontrado em abundância na mácula. Seu papel na visão não é claro, mas muitas enzimas precisam dele para funcionar adequadamente.

Com base em pistas fornecidas pela química da mácula, duas intervenções potencialmente benéficas para evitar a degeneração se apresentam. Podemos tentar aumentar o conteúdo de luteína e zeaxantina da retina ou tentar impedir o dano usando antioxidantes e zinco. Em 1994, o National Eye Institute dos Estados Unidos, parte dos National Institutes of Health, decidiu submeter a combinação antioxidantes-zinco a um teste. Mais de 3.600 pacientes que sofriam de degeneração macular foram inscritos e receberam várias combinações de zinco e dos antioxidantes betacaroteno, vitamina E e vitamina C. Uma combinação em especial – um regime diário de 500 miligramas de vitamina C, 400 UI de vitamina E, 15 miligramas de betacaroteno, 80 miligramas de zinco e dois miligramas de cobre (porque o zinco interfere com a absorção do cobre, um nutriente essencial) –, tomada ao longo de seis anos, reduziu o agravamento da degeneração macular em 25%. Nenhum estudo até hoje mostrou que tomar suplementos de qualquer tipo pode evitar a doença. Há indícios, contudo, de que uma dieta rica em luteína e zeaxantina é capaz disso.

Muitos estudos epidemiológicos mostraram que um consumo maior de alimentos ricos em luteína e zeaxantina – espinafre, milho e couve em particular – está associado a um risco substancialmente menor de degeneração da mácula. Estudos de intervenção corroboraram a evidência. Quando o professor William Hammond, da Universidade do Estado do Arizona, pediu a voluntários com olhos saudáveis que comessem milho e espinafre todos os dias, seus pigmentos maculares aumentaram significativamente em apenas quatro semanas. Em outro estudo, 14 pessoas nos estágios iniciais de degeneração macular mostraram realmente alguma melhora após começar a comer cerca de cinco porções de espinafre por semana. Suplementos de luteína e zeaxantina podem ser facilmente obtidos, mas provocam controvérsia. O excesso de um carotenóide pode interferir na absorção de outros. O licopeno dos tomates, por exemplo, pode não ser absorvido tão eficazmente na presença de uma alta dose de luteína. Suplementos de luteína e zeaxantina requerem maior investigação. A melhor aposta é obter esses carotenóides da dieta, portanto fique de olho em espinafre verde, milho amarelo e abóbora alaranjada. Quanto maior a variedade de cores em seu carrinho de compras, melhor será a sua visão.

Curry e curcumina

Ele combate a artrite, combate o câncer de mama, combate o câncer de próstata. Combate o câncer de cólon. Combate até o mal de Alzheimer! Parece a publicidade exagerada típica de algum suplemento alimentar enganoso, não é? Na verdade, essas afirmações estão sendo feitas a favor de uma substância facilmente disponível em qualquer armazém. E não são proclamadas por mascates, mas por respeitáveis cientistas, embora eles tenham o cuidado de assinalar que, até agora, a maior parte das evidências vem de estudos realizados com roedores, não com seres humanos. Então que substância incrível é essa? Açafrão-da-índia, a especiaria amarela usada para dar sabor a muitos pratos, especialmente os pratos de curry.

Essa especiaria é a raiz moída de uma planta da Índia Oriental (*Curcuma longa*) pertencente à família do gengibre. Ela geralmente representa de 20 a 30% dos pós de curry, com outros condimentos como coentro, gengibre, chili, pimenta-do-reino, cominho, mostarda, funcho e cardamomo acrescentados à mistura. Mas o foco da nossa atenção aqui não é o sabor do açafrão-da-índia; são seus efeitos potenciais sobre a saúde, alguns dos quais foram descritos milhares de anos atrás no antigo sistema de medicina aiurvédica. Dizia-se que o açafrão-da-índia era bom para doenças do estômago, cura de ferimentos e "limpeza do sangue". Atualmente, na Índia, a especiaria é usada como remédio caseiro para torceduras e inchaços, os mesmos tipos de problema para os quais usaríamos Aspirina ou algum outro medicamento antiinflamatório não-esteroidal (NSAID). Poderia algum ingrediente do açafrão-da-índia ter função similar?

Pesquisas modernas identificaram a curcumina, um composto que corresponde a cerca de 10% do peso do pó, como o candidato que mais provavelmente promove benefícios à saúde. Em estudos de laboratório, a curcumina inibe a ação da enzima ciclooxigenase-2 (COX-2), que catalisa a formação de prostaglandinas pró-inflamatórias. E adivinhe que outras substâncias químicas inibem essa enzima? Os antiinflamatórios não-esteroidais, inclusive a Aspirina. Parece que esses medicamentos e a curcumina podem até acrescentar mais uma faceta ao tratamento da inflamação. Além de seu efeito inibidor da COX-2, o açafrão-da-índia também interfere na produção de uma proteína chamada NF-B, conhecida por estimular genes específicos que codificam para substâncias inflamatórias. Diante de tudo isso, não foi muito surpreendente que pesquisadores da Universidade do Arizona tenham mostrado que o açafrão-da-índia pode prevenir inflamações das articulações em ratos. Um estudo controlado com seres humanos usando doses padronizadas de açafrão-da-índia é extremamente necessário.

O uso de Aspirina e NSAIDs foi relacionado a um risco reduzido de câncer de cólon, mas os potenciais problemas associados ao consumo desses remédios, particularmente a hemorragia gástrica, impedem seu uso para a proteção contra a doença. Poderia a curcumina oferecer uma proteção mais segura? Possivelmente. Epidemiologistas notaram que na Índia, onde a população consome uma média de dois a três gramas de açafrão-da-índia por dia (contendo 200 a 300 miligramas de curcumina), a incidência de câncer de cólon é aproximadamente 1/8 da observada no Ocidente. E essa pode ser mais que uma associação fortuita, pelo menos segundo um pequeno estudo feito na Escola de Medicina Johns Hopkins. Cinco pacientes com histórico de pólipos pré-cancerosos no cólon foram tratados com 480 miligramas de curcumina e 20 miligramas de quercetina três vezes por dia. A quercetina é um antioxidante encontrado comumente nas maçãs, nas cebolas, no chá e nas frutas cítricas, e foi associado a menor risco de câncer de cólon. Após seis meses de tratamento, os pólipos de todos os cinco pacientes eram menores e menos numerosos. Embora a quantidade de quercetina usada no estudo possa estar facilmente disponível na dieta, a curcumina excede de longe a dose que poderia ser fornecida por qualquer prato de curry. Apesar disso, esse pequeno estudo fornece de fato apoio à idéia de que, quando consumida regularmente, a curcumina pode ser eficaz na prevenção do câncer de cólon.

Como os indianos têm 1/4 de nossa taxa de câncer de mama e 1/20 da de câncer de próstata, pesquisadores lançaram um olhar esperançoso para o açafrão-da-índia também nessa área. O dr. Bharat Aggarwal, do M.D. Anderson Cancer Center, em Houston, talvez a maior autoridade mundial em açafrão-da-índia, injetou em camundongos células de tumor de mama humano retiradas de uma paciente cuja doença se espalhara para os pulmões. Os camundongos desenvolveram tumores que foram cirurgicamente removidos para simular uma mastectomia. Alguns dos animais foram depois tratados com curcumina, outros com paclitaxel (Taxol), uma droga amplamente usada para câncer, outros com uma combinação dos dois e alguns não receberam nenhum tratamento. O mais eficaz foi a combinação, com apenas 22% dos animais desenvolvendo câncer de pulmão. Surpreendentemente, a curcumina sozinha foi mais eficaz que paclitaxel sozinho.

Pesquisadores da Universidade Rutgers encontraram resultados semelhantes para câncer de próstata induzido em camundongos, dessa vez estudando os efeitos da curcumina e do fenetil isotiocianato (PEITC), um composto anticâncer presente em hortaliças "crucíferas" como brócolis, couve-flor e repolho. Os camundongos foram injetados três vezes por semana durante quatro semanas, com os efeitos mais fortes de retardamento de tumor sendo encontrados para a combinação de curcumina e PEITC. Novamente, embora seja difícil interpretar ensaios como esse em termos humanos, o estudo apóia o consumo regular das hortaliças crucíferas juntamente com açafrão-da-índia.

Semelhante dieta pode ser útil até para ajudar a prevenir a formação da placa amilóide do cérebro, uma marca do mal de Alzheimer. Ratos alimentados com curcumina produzem menos placa após receber injeções de beta-amilóide no cérebro que ratos com dieta normal. Os ratos alimentados com curcumina tiveram também desempenho melhor que os outros em testes de memória baseados em labirintos. E se você se der ao trabalho de se lembrar de tudo isso, talvez possa receber uma ajudazinha do açafrão-da-índia.

Até o momento, não se conhece o suficiente sobre os efeitos dessa planta para se fazer uma recomendação quanto ao consumo de quantidades específicas, mas adicionar pratos vegetarianos condimentados com açafrão-da-índia à dieta é certamente uma boa idéia. Não se esqueça de acrescentar um pouco de pimenta. Ela aumenta mil vezes a absorção da curcumina. Tenha cuidado, no entanto, com seus modos ao comer. O açafrão-da-índia pode manchar tecidos. Mas nada de pânico. Esfregar as manchas com detergente umedecido em geral resolve o problema. Se não, água oxigenada a 3% dará conta do recado.

Chocolate e flavanóis

Há algo de inusitado nos índios kunas, que vivem nas ilhas San Blas, no Panamá. Ou pelo menos havia na década de 1940, quando um artigo científico descreveu sua pressão sanguínea extremamente baixa. A causa não era genética: índios que haviam se mudado para o continente não tinham a mesma característica. Costumavam eles comer ou beber algo nas ilhas que baixava sua pressão sanguínea? Foi isso que interessou ao dr. Norman Hollenberg, da Escola de Medicina de Harvard. O exame do estilo de vida dos kunas revelou que uma bebida feita com favas de cacau minimamente processadas era extremamente apreciada. Podia essa ser a chave?

Hollenberg sabia que as favas de cacau, como outros produtos naturais, eram quimicamente complexas. Pesquisadores haviam isolado dúzias de compostos delas – assim como do chocolate, de que eram a matéria-prima. Alguns haviam atraído atenção em termos de saúde, particularmente uma família conhecida como os flavanóis. De fato, fabricantes de chocolate já haviam se interessado por eles, e a Mars Company estava trabalhando no desenvolvimento de um pó de cacau com alto teor desse componente e que fosse saboroso. Isso provou-se um desafio, porque os flavanóis têm um gosto amargo inerente. De todo modo, quando o dr. Hollenberg se aproximou da Mars, a companhia ficou satisfeita em lhe fornecer um suprimento do composto. Não demorou muito para que os estudos de Hollenberg mostrassem que os flavanóis relaxavam os vasos sanguíneos e melhoravam o fluxo de sangue para o cérebro em 33%. Ponto para o chocolate!

O efeito de relaxamento dos vasos sanguíneos não foi o único benefício notado. Na Universidade da Califórnia, em Davis, o dr. Carl Keen observou um efeito de "afinamento do sangue" relacionado aos flavanóis. Ao que parece, eles interferem com a atividade das plaquetas sanguíneas, que fazem o sangue coagular. O efeito é similar ao de uma Aspirina infantil diária, que as pessoas tomam para evitar ataques cardíacos. Há ainda outro modo como compostos de cacau podem ajudar a prevenir ataques cardíacos. Na Universidade de Scranton, o dr. Joe Vinson examinou o efeito antioxidante do chocolate. Por que investigar isso? Porque um dos mecanismos pelos quais as artérias coronárias se entopem envolve a oxidação de lipoproteínas de baixa densidade (LDL, o "mau colesterol"). Presumivelmente, se essa oxidação puder ser restringida, o risco de ataque cardíaco diminui. Vinson descobriu, embora apenas no tubo de ensaio, que o pó de cacau e o chocolate escuro eram muito eficazes na redução da oxidação do LDL. Que significa isso em termos da quantidade de chocolate que as pessoas deveriam comer? Não muito, embora um estudo preliminar provocativo tenha constatado que cerca de 35 gramas de cacau desengordurado – aproximadamente o que é encontrado em 1,5 litro, ou sete xícaras de chocolate quente – podem ter um impacto significativo na prevenção da oxidação do LDL.

E os estudos positivos continuam surgindo. O dr. Roberto Corti, do Hospital Universitário de Zurique, mostrou que 40 gramas de chocolate escuro melhoravam o fluxo do sangue através das artérias coronárias, ao passo que o chocolate branco, desprovido de flavanóis, não tinha nenhum efeito. O dr. Jeffrey Blumberg, da Universidade Tufts, escolheu aleatoriamente 20 sujeitos para receber 100 gramas de chocolate escuro ou branco durante 15 dias. Os afortunados submetidos à dieta de chocolate escuro viram sua pressão sanguínea e seu colesterol baixarem, e sua resposta à insulina melhorar. Talvez ainda mais expressivo seja um estudo realizado no Instituto Nacional de Saúde Pública e Ambiente, na Holanda. Durante 15 anos, pesquisadores acompanharam o estado de saúde de 470 homens com idades de 65 a 84 anos e descobriram que aqueles que consumiam produtos de chocolate regularmente tinham pressão sanguínea mais baixa. Mas a descoberta realmente empolgante foi que os homens que comiam maiores quantidades de chocolate tinham menor probabilidade de morrer de ataque cardíaco. Isso não significa, contudo, que pessoas com pressão sanguínea alta, ou de fato qualquer pessoa, deva começar a devorar chocolates. Mas se você está procurando uma sobremesa, chocolate escuro é uma escolha melhor que rosquinhas.

Pode ser mais fácil justificar uma barra de Cocoa Via que uma rosquinha com cobertura de chocolate. Essa é a entrada da Mars Company no mercado dos "alimentos funcionais" – aqueles que pretendem proporcionar mais que simples nutrição ou sabor, e que constituem agora um negócio de 50 bilhões de dólares na América do Norte. Cada barra de Cocoa Via contém 100 miligramas de flavanóis. Isso significa que duas dessas barras por dia contêm uma quantidade de flavanóis com efeito demonstrado sobre a pressão sanguínea e a agregação de plaquetas. A Mars incorporou ainda a cada barra 1,5 grama de fitosteróis, compostos derivados de plantas que podem reduzir os níveis de colesterol. Até o momento, não houve nenhum estudo com seres humanos para demonstrar os benefícios (a não ser para o fabricante) do consumo de barras de Cocoa Via. Mas nunca se pode prever para onde irá a pesquisa sobre o chocolate. O trabalho do dr. Hollenberg sugere que flavanóis dilatam os vasos sanguíneos ao provocar a liberação de óxido nítrico, exatamente a substância responsável pela atividade do Viagra. Se estudos clínicos comprovarem esse efeito, as mulheres talvez passem a dar chocolates para os homens no Dia dos Namorados.

Antioxidantes como os flavanóis podem também ter um efeito sobre a pele. Wilhelm Stahl e colegas, na Alemanha, decidiram submeter a questão a um teste científico. Ministraram a mulheres uma xícara (250 mililitros) de chocolate com alto ou baixo teor de flavanóis diariamente por um período de 12 semanas. O grupo de alto teor de flavanóis mostrou menos avermelhamento da pele quando exposto a luz ultravioleta, maior espessura e melhor hidratação da pele e uma redução significativa de aspereza e escamação. O chocolate parece, portanto, ser tão bom para nosso exterior quanto para o interior. E se tiver medo de que o chocolate cause acne, fique tranqüilo. Não há evidências científicas para essa crença comum.

Empanturrar-se de chocolate durante a gravidez ou a lactação, porém, pode não ser uma idéia tão boa, a julgar por um relatório da Universidade de Messina, na Itália. Médicos observaram que um bebê nascido de uma voraz consumidora de cacau e chocolate era irritadiço, irrequieto e chorava com freqüência, inconsolavelmente. Todos os sintomas desapareceram quando a mãe foi instruída a abandonar o chocolate – mas ficamos nos perguntando se ela não passou a ser a pessoa mais irritada da família.

Grãos de café e cafeína

Reflita sobre isto: se café fosse uma invenção sintética, sua venda não seria permitida! Isso porque seus grãos contêm pelo menos 19 compostos identificados como carcinógenos animais. De fato, os carcinógenos naturais que ingerimos no café são de longe mais consideráveis que os resíduos de pesticidas sintéticos presentes em vários alimentos e que tanto atormentam as pessoas. Uma noção bastante perturbadora, sem dúvida, considerando-se que muitos de nós não conseguimos começar o dia sem uma xícara dessa bebida. Então como explicar que não haja nenhuma epidemia de câncer ligada ao consumo de café? Simples: quantidades importam. Os carcinógenos estão presentes no café em quantidades insignificantes – muito menores que aquelas capazes de provocar câncer em animais de teste. Além disso, o café é uma mistura complexa, com de mais de 2 mil componentes, inclusive polifenóis antioxidantes, com relatadas propriedades anticâncer.

Acredite ou não, o café é na realidade a fonte número um de antioxidantes na dieta norte-americana. Basta perguntar ao professor de química Joe Vinson, da Universidade de Scranton, de quem já falamos a propósito de seus estudos sobre chocolate. Vinson mediu o teor de antioxidantes em mais de 100 alimentos e bebidas, e depois juntou essa informação a dados de freqüência de consumo para determinar as principais fontes de antioxidantes em nossa dieta. As tâmaras, por exemplo, têm a maior quantidade de antioxidantes por porção, mas sejamos sinceros: quantas tâmaras o norte-americano come por ano? Muito poucas. Com certeza, porém, tomamos muito café. Assim, embora o café seja superado por alimentos como uvas e oxicocos em termos de antioxidantes, ele ainda contribui com a maior quantidade destes para nossa dieta, porque consumimos um número muito maior de porções. Depois do café, a maior quantidade de antioxidantes é fornecida por bananas, milho e feijão seco. Mais uma vez, as bananas não são assim tão ricas em antioxidantes, mas cada norte-americano come em média cerca de 15 quilos delas por ano. É aproximadamente o dobro do consumo de maçãs.

Podemos dizer com bastante segurança que o café não representa um risco de câncer. Se o fizesse, a esta altura já teríamos visto as evidências epidemiológicas. Seu papel na hipertensão e na doença cardíaca, no entanto, é outra história. Alguns estudos mostraram que consumidores de café têm níveis aumentados de moléculas inflamatórias ligadas à hipertensão, como interleucina-6 e proteína C-reativa, e pelo menos uma investigação epidemiológica constatou que gregos que consomem quatro ou mais xícaras por dia sofrem de pressão sanguínea alta com mais freqüência.

Quer tornar a confusão ainda maior? Considere então que o cafestol e o caveol, ambos presentes em grãos de café, são sabidamente estimulantes da produção de colesterol pelo fígado. Eles são comumente encontrados nas gotículas de óleo que os grãos liberam no processo de infusão, mas como são retidas por filtros de papel, não estão presentes em café coado. Outros tipos de café – como o escandinavo, o turco, o grego ou o feito com a *french press* – poderiam representar um problema, porque os óleos liberados permanecem na bebida. Os finlandeses, por exemplo, tomam regularmente de sete a nove xícaras de café fervido por dia, e têm de fato níveis de colesterol sanguíneo mais altos. Mas é verdade que eles têm também uma dieta rica em gorduras animais.

A digestão de todos esses dados exige uma pausa para um cafezinho, e o dr. Wolfgang Winkelmayor, da Escola de Saúde Pública de Harvard, talvez tenha proporcionado uma – pelo menos para as mulheres. Ao explorar o Estudo sobre a Saúde das Enfermeiras em busca de dados, não encontrou nenhuma relação entre consumo de café e pressão sanguínea. De fato, as mulheres que ingeriam mais pareciam desenvolver alguma proteção contra a hipertensão. Embora essa descoberta ainda esteja sob investigação, o café, pelo menos até que o próximo estudo apareça, foi inocentado da acusação de causar pressão sanguínea alta. No tocante às doenças cardíacas, podemos nos referir a um dos maiores e melhores estudos epidemiológicos já realizados, o Estudo de Acompanhamento de Profissionais de Saúde, supervisionado pela Escola de Saúde Pública de Harvard. Ele acompanhou mais de 45 mil homens por vários anos e constatou que o consumo total de café não estava associado à doença cardíaca coronariana ou a derrames, mesmo quando os homens tomavam mais de quatro xícaras por dia.

Apesar disso, afloram outros temores com relação ao café. Mais de três xícaras por dia podem aumentar sintomas de artrite reumatóide. Conexões com osteoporose, má-formação e doença fibrocística da mama também foram mencionadas. Embora nenhuma ligação clara tenha sido encontrada, a maioria das autoridades de saúde recomenda que mulheres grávidas e lactantes limitem o consumo a duas xícaras por dia. Não há dúvida de que café aumenta a freqüência urinária, uma característica que homens com problemas de próstata têm de considerar.

Chega de preocupações relacionadas ao café. Falemos sobre mais alguns aspectos positivos. Estudos demonstraram que quatro a cinco xícaras por dia podem reduzir o risco da diabetes tipo 2 até 30%. A teoria é que a cafeína, juntamente com o ácido clorogênico e compostos chamados quinídeos – todos presentes no café –, aumenta o gasto de energia e leva a perda de peso. Além disso, o ácido clorogênico parece impedir que o açúcar seja absorvido do intestino para a corrente sanguínea. Agora a notícia realmente interessante. O café pode ajudar inclusive na guerra contra o mal de Parkinson! Essa trágica doença degenerativa é causada por uma deficiência de dopamina, um neurotransmissor que as células nervosas usam para comunicarem-se entre si. Uma causa dessa deficiência, acredita-se, é a superatividade de outro neurotransmissor, a adenosina. E adivinhe: o café reduz a atividade da adenosina! Curiosamente, esta tem também um efeito soporífero, o que pode explicar por que essa bebida nos permite trabalhar durante aquele turno extra e ajuda estudantes a virar noites em claro.

É lícito concluir que o consumo moderado de café não representa nenhum risco, e pode até ter alguns benefícios. Mas é melhor deixar de lado o açúcar e o creme, que contêm grande quantidade de calorias extras. E lembremos que para muitas pessoas o café é uma grande fonte de prazer, da qual talvez não tivéssemos conhecimento não fosse a cabra de Kaldi! Segundo uma lenda muito citada, há cerca de 1.200 anos um pastor de cabras iemenita chamado Kaldi encontrou um de seus animais num estado de extrema agitação, correndo para cá e para lá e balindo freneticamente. Descobriu que a cabra havia ficado enfeitiçada ao mordiscar umas bagas violeta desconhecidas. Confuso e aturdido, Kaldi foi correndo pedir ajuda a seu imame. Por sorte o sábio líder espiritual tinha espírito científico, e fez uma infusão com as bagas. Após experimentar a mistura, sentiu uma onda de energia e vigilância. Assim o efeito da cafeína foi descoberto, e o nome *kahveh*, que significa "revigorante" em árabe, foi dado ao suco feito com as estranhas baguinhas. Não sabemos realmente por que algumas plantas produzem cafeína. Talvez o façam para repelir insetos. Talvez liberem cafeína no solo para destruir sementes rivais. Talvez a utilizem para se proteger contra pessoas que querem moer seus grãos e tomar o revigorante extrato.

Algumas pessoas, porém, querem o extrato sem a cafeína e seus efeitos colaterais. Apreciam o gosto do café, mas não o nervosismo que a cafeína pode produzir, e por isso preferem um descafeinado. Vários processos podem ser usados para remover a cafeína do café. Todos se baseiam no fato de que ela é solúvel, e começam imergindo os grãos em água quente. Esse processo extrai a cafeína, mas extrai também muitos dos compostos de sabor. A idéia é remover a cafeína desse extrato e reintroduzir os componentes de sabor nos grãos. Primeiro, você precisa de um solvente que não se misture com água, e no qual a cafeína seja mais solúvel do que é na água. Tradicionalmente, têm sido utilizados cloreto de metileno e etil acetato. Como é encontrado em algumas frutas e hortaliças, o etil acetato é freqüentemente descrito como uma substância "natural". Isso é tolice, porque o etil acetato não é encontrado naturalmente nas quantidades usadas no processo de descafeinização. Em todo caso, o extrato aquoso é agitado com o solvente, o que dissolve a cafeína. Como o solvente não se mistura com a água, pode ser facilmente separado. Os grãos são então mergulhados novamente na água para reabsorver o sabor. É claro que nem todos os compostos de sabor são reabsorvidos, de modo que o gosto do descafeinado nunca é exatamente igual ao do café comum. Note que, como o solvente extrator nunca entra em contato com os próprios grãos, não há essencialmente nenhum resíduo do solvente no café. Apesar disso, pessoas têm se preocupado com o uso de produtos químicos na descafeinização, e os processadores tiveram de inventar outros sistemas.

O gás dióxido de carbono altamente comprimido pode ser usado para extrair cafeína dos grãos. Esse é um processo eficiente, e não deixa nenhum resíduo com que nos preocuparmos. O processo suíço à base de água também é muito anunciado. Depois que os grãos são mergulhados na água quente, a água é passada através de filtros de carvão ativado que absorvem a cafeína, mas não os compostos de sabor previamente dissolvidos. Uma nova quantidade de grãos de café contendo cafeína é então mergulhada nessa água "descafeinada". Como a água já está saturada com os compostos de sabor, estes não se dissolvem mais a partir dos grãos. Mas como não há cafeína na água, a que está presente nos grãos se dissolverá ali. Como apenas água é usada nesse processo, não há por que temer qualquer contaminação por solvente.

E quanto ao café instantâneo? Ninguém dirá que ele ganha em sabor de um bom café coado ou de um expresso, mas é conveniente – não se perde tempo com máquina de moer ou cafeteira, não há sujeira nem borra para jogar fora. Basta acrescentar água quente e tomar. Mas o que é exatamente esse pó?

A resposta está nas montanhas da Guatemala. Foi lá, em 1906, que um engenheiro americano chamado George Constant Louis Washington fez um bule de café comum. Não devia estar prestando muita atenção, porque o café ferveu e o bule transbordou, cuspindo o líquido por toda parte. Quando Washington se lembrou do bule, o café esparramado secara em volta do bico, transformando-se num resíduo pulverulento marrom. Num impulso, Washington provou o pó e teve uma agradável surpresa. E ficou mesmo encantado quando acrescentou o pó a um pouco de água quente e viu que ele se dissolvia, produzindo uma aceitável xícara de café.

Washington, é claro, não tivera intenção de inventar o café instantâneo, mas outros antes dele haviam enfrentado o problema. A idéia geral era evaporar a água da infusão de café e tentar reconstituir o resíduo numa bebida aceitável mediante a adição de água. Os resultados eram terríveis. O café reconstituído tinha gosto de queimado. Isso porque essas tentativas eram feitas no nível do mar, onde o ponto de fervura da água é, como se sabe, 100ºC. O aquecimento do café a essa temperatura produz uma variedade de compostos amargos. A sorte de Washington foi que as montanhas da Guatemala são altas, e o ponto de fervura da água diminui com a altitude – razão por que é necessário muito mais tempo para cozinhar um ovo duro no alto do monte Everest que no nível do mar.

O bule de café de Washington transbordou a cerca de 85ºC, e nessa temperatura muito menos compostos amargos são produzidos. Sendo um engenheiro, Washington imaginou o que havia acontecido e fundou a George Washington Coffee Refining Company no Brooklin em 1909. Ali produziu as primeiras fornadas de café instantâneo comercial mediante "fervura a baixa temperatura sob pressão reduzida". Na Primeira Guerra Mundial, os soldados americanos acolheram com alegria o café instantâneo em suas rações de guerra. Hoje, essa produção foi refinada, mas a idéia básica ainda é evaporar a água a baixas temperaturas. Isso pode ser feito aquecendo o café sob vácuo ou esguichando-o sob pressão através de minúsculos furos para produzir um fino borrifo que seca quase instantaneamente ao encontrar um jato de ar quente. Há também o método de congelamento e secagem, no qual o café é congelado e depois posto numa câmara de vácuo. A água é bombeada para fora, passando diretamente da fase sólida para a gasosa. Essa é provavelmente a técnica que proporciona o melhor sabor.

Depois de coar tanto café, o que você deveria fazer com a borra que sobra? Guarde-a para o caso de um elefante aparecer em seu jardim. Ao que parece, borra de café é excelente para remover cheiro de urina de elefante.

Uvas e resveratrol

Eles se deliciam com croissants encharcados de manteiga, comem queijos cremosos e massas gordurosas. O café-da-manhã é *pain au chocolat* regado com café expresso. Não há mingau de aveia à vista. Desconfio que a maioria nunca ouviu falar de linhaça. No entanto, os franceses têm a menor taxa de mortalidade por doença cardíaca na União Européia, e quando comparamos essa taxa à da América do Norte – bem, não há comparação. Nossa incidência de doença cardíaca é o dobro da dos franceses, que são também muito mais magros que os canadenses e americanos. Como explicar essa situação, que foi chamada de o "paradoxo francês"? Segundo alguns pesquisadores, o segredo pode ser encontrado no vinho, particularmente no vinho tinto. Mais especificamente, eles apontam para o resveratrol, um composto antioxidante da família dos polifenóis.

A explicação simplificada é a seguinte: a maioria dos ataques cardíacos ocorre quando um coágulo sanguíneo se forma numa artéria coronária e obstrui o fluxo de sangue, deixando o coração sem oxigênio. Coágulos sanguíneos se formam quando o endotélio, o revestimento interno da artéria, é danificado. Esse dano está associado à formação de depósitos chamados placas, que por sua vez estão ligados à presença de quantidades excessivas de colesterol no sangue. Mas o colesterol só faz seu trabalho sujo quando sofre uma mudança química estimulada pela presença de agentes oxidantes como os radicais livres. O colesterol oxidado é, portanto, o verdadeiro culpado, e se sua produção puder ser restringida, o risco de um ataque cardíaco pode ser reduzido. Antioxidantes podem fazer isso – pelo menos no tubo de ensaio.

O resveratrol, na verdade, não é apenas um antioxidante; ele pode também reduzir a capacidade de coagulação do sangue. Não é de admirar, portanto, que pílulas de resveratrol tenham começado a aparecer em lojas de produtos naturais. A eficácia delas, contudo, é extremamente questionável, pois o resveratrol isolado é um composto instável. É preciso tomar especial cuidado para preservá-lo – por exemplo, embalá-lo em cápsulas herméticas sob uma atmosfera de nitrogênio. Esses produtos existem, e já se demonstrou que têm efeitos antioxidantes em células humanas em cultura, mas não há nenhum indício de que façam o mesmo em animais vivos, muito menos em seres humanos.

Embora a pesquisa sobre o resveratrol pareça atraente, até hoje ela não me convenceu a aumentar meu consumo de vinho tinto. A verdade é que me sinto igualmente satisfeito por tomar um copo d'água no jantar, e não precisa nem ser água mineral. Mas talvez eu seja obrigado a reconsiderar minha preferência em matéria de bebida à luz de uma interessante pesquisa produzida pela Escola de Medicina de Harvard. Embora não se relacione exatamente com o "paradoxo francês", ela é pertinente. Por quê? Porque todos nós gostaríamos de viver mais. O biólogo molecular dr. David Sinclair e colegas descobriram uma maneira de aumentar o tempo de vida – pelo menos para leveduras – ministrando-lhes vinho tinto! Tudo bem, leveduras não são gente, nem sequer roedores. Mas o que funciona para leveduras pode funcionar para seres humanos, porque parece que nós também possuímos uma versão do gene que permite a elas viver mais tempo quando expostas a vinho tinto.

As leveduras são excelentes organismos para se usar em estudos sobre o envelhecimento: são de fácil manejo no laboratório e possuem ciclos de vida relativamente curtos. Já em 1991, pesquisadores haviam descoberto que algumas leveduras viviam mais que outras. Por que isso acontecia era a grande questão. Ela foi respondida pelo dr. Leonard Guarantee, do Massachusetts Institute of Technology. Ele descobriu que as leveduras que viviam muito produziam uma enzima chamada sirtuína, com capacidade de reparar o DNA danificado. Surpreendentemente, o gene que codifica para essa enzima, chamado SIR2 ("regulador de informação silenciosa"), torna-se mais ativo quando as células de levedura são deixadas à míngua de nutrientes. Isso não é de todo surpreendente, porque há indícios de que não só leveduras como também moscas-das-frutas, roedores e macacos vivem mais tempo quando submetidos a uma dieta de restrição calórica. Essa característica é provavelmente um vestígio evolucionário: quando a comida está escassa, a reprodução é difícil e os organismos precisam viver mais tempo de modo a adiar a procriação até que as condições melhorem. Pesquisas mostraram que seres humanos que comem aproximadamente 30% menos calorias que o normalmente recomendado vivem mais que a média.

Os pesquisadores estão dedicando sua atenção a maneiras de ativar o gene que parece codificar para a enzima que atua no aumento de tempo de vida. Eles começaram a examinar sistematicamente substâncias químicas que podiam aumentar a atividade dessa enzima. Não demoraram a encontrar uma que despertou interesse. O resveratrol tinha um desempenho notavelmente bom, imitando o efeito da restrição calórica. E sejamos francos: tomar um copo de vinho tinto por dia é muito mais agradável que reduzir o consumo de calorias em 30%. Segundo a pesquisa, não é necessário nada além de um copo para aumentar a expectativa de vida em dez anos, se o efeito sobre os seres humanos for de fato semelhante ao efeito sobre leveduras. Parece haver uma espécie de justiça nessa pesquisa. As leveduras convertem suco de uva em vinho, e o vinho retribui o favor fornecendo resveratrol para permitir às leveduras viver mais tempo.

Quando passou de leveduras para camundongos, o dr. Sinclair encontrou um resultado interessante, que certamente arrebatou a imaginação de jornalistas no mundo todo. "Substância do vinho tinto parece melhorar a saúde de camundongos gordos", alardearam as manchetes. O dr. Sinclair deu a um grupo de camundongos uma dieta-padrão de laboratório, a outro grupo uma dieta insalubre com 60% das calorias vindo de gordura, e a um terceiro a mesma dieta insalubre suplementada com doses regulares de resveratrol. Como esperado, os camundongos do segundo grupo tornaram-se obesos, manifestaram sinais de diabetes e doença cardíaca e morreram prematuramente. Os camundongos no grupo do resveratrol também ficaram gordos, mas permaneceram saudáveis e viveram tanto quanto os animais que receberam uma dieta normal e que continuaram magros. Antes que você pegue o saca-rolha, observe que a quantidade de resveratrol dada aos camundongos era aproximadamente equivalente àquela presente em 100 garrafas de vinho tinto. De todo modo, porém, se você tiver camundongos obesos e quiser que vivam muito tempo, dê-lhes suplementos de resveratrol.

Há também alguns indícios preliminares intrigantes de que tomar vinho tinto pode prevenir o mal de Alzheimer. "Preliminares" é a palavra-chave, mas, afinal de contas, todas as descobertas significativas começam com pesquisa preliminar. O dr. Jun Wang, da Escola de Medicina Mount Sinai, em Nova York, trabalhou com camundongos reproduzidos especialmente para produzir níveis altos de uma proteína chamada beta-amilóide. Essa proteína pode se acumular no cérebro e foi associada ao mal de Alzheimer. Quando o dr. Wang submeteu esses camundongos a uma dieta que incluía uma quantidade de vinho tinto equivalente a dois copos por dia para um ser humano, descobriu algo surpreendente. Os camundongos eram mais capazes de transpor labirintos que um grupo de controle de animais que haviam consumido álcool em vez de vinho. Após o ensaio, os cérebros dos camundongos foram examinados, e os do grupo do vinho tinham um número significativamente menor de depósitos de beta-amilóide. Além disso, o dr. Wang encharcou proteína beta-amilóide com vinho tinto num tubo de ensaio e descobriu que a estrutura da proteína era alterada de uma maneira que impedia que ela se depositasse no cérebro.

A pesquisa sobre o resveratrol é claramente promissora, mas até agora as evidências não são suficientes para se recomendar a pessoas que normalmente não bebem vinho tinto que passem a fazê-lo. E há riscos. Uma quantidade não muito maior que dois copos por dia foi associada a cânceres de mama e orais. Há ainda as conseqüências sociais do maior consumo de álcool.

Retornando ao "paradoxo francês", a resposta de por que os franceses são mais magros e menos propensos a doenças cardíacas pode residir não no que eles bebem, mas no que comem – ou antes, no que não comem. Os franceses simplesmente consomem menos calorias que a maioria dos norte-americanos, e sua taxa de obesidade é de apenas cerca de 7%, em contraposição à de cerca de 33% dos norte-americanos.

Em 2003, o dr. Paul Rozin e seus colegas da Universidade da Pensilvânia compararam os tamanhos das porções na França e nos Estados Unidos, fazendo medições em 11 restaurantes equivalentes, em Paris e na Filadélfia. Eles abrangiam a gama das pizzarias, lojas de fast food e restaurantes étnicos. O tamanho médio da porção nos restaurantes de Paris era 277 gramas, em contraposição a 346 gramas na Filadélfia – uma diferença de 25%. As refeições chinesas nesta última cidade eram assombrosos 72% mais pesadas que as servidas nos restaurantes chineses de Paris. Rozin descobriu também que as porções de alimentos embalados eram maiores nos Estados Unidos. Uma barra de chocolate americana era 41% maior, um cachorro-quente, 63% maior, e até as embalagens de iogurte com porções individuais eram muito maiores.

Além disso, houve outra descoberta. Os franceses não devoram suas refeições, eles comem com calma. Mesmo em lojas de fast food como o McDonald's, eles levam mais tempo para comer seus hambúrgueres e batatas fritas. Os americanos passam 14 minutos "saboreando" sua fast food, enquanto os franceses demoram cerca de 22 minutos. Os franceses também não comem à mesa de trabalho e não comem correndo de um lugar para outro. No total, um americano médio passa uma hora por dia comendo, enquanto um francês gasta nisso cerca de 100 minutos. Parece que os franceses comem menos e com mais prazer.

Os produtores de vinho preferem atribuir o "paradoxo francês" aos antioxidantes do vinho tinto, e produziram um vinho branco com propriedades semelhantes. Uma equipe de pesquisadores de vinho na Universidade de Montpelier apresentou um Chardonnay chamado "Paradoxe Blanc" que tem quase o mesmo potencial antioxidante do vinho tinto. Eles descobriram que se as uvas forem maceradas com a casca e as sementes e se a temperatura de fermentação aumentar, o teor de polifenóis do vinho aumenta espetacularmente.

Além disso, esses cientistas conseguiram mostrar que o Chardonnay tinha realmente efeito sobre a capacidade antioxidante do sangue. Destruíram parte das células produtoras de insulina no pâncreas de ratos para tornarem os animais diabéticos, porque se sabe que a diabetes reduz a capacidade antioxidante do sangue. Depois administraram o novo Chardonnay aos animais durante seis semanas, e constataram que a capacidade antioxidante estava restaurada. Sendo assim, aqueles que preferem o vinho branco ao tinto deveriam procurar um Paradoxe Blanc. Mas o verdadeiro paradoxo, é claro, é por que as pessoas não comem simplesmente mais frutas e hortaliças, que têm mais antioxidantes que vinho tinto ou branco.

Embora o papel do vinho tinto no "paradoxo francês" possa ser ambíguo, essa pretensa conexão gerou outras linhas de pesquisa possivelmente frutíferas. O dr. Joseph Anderson, da Universidade do Estado de Nova York em Stony Brooks, passa grande parte de seu tempo olhando através de um colonoscópio à procura de cânceres e pólipos pré-cancerosos nos cólons das pessoas. Como havia a suspeita de que o consumo de álcool podia ser um fator contribuinte para o câncer colorretal, Anderson decidiu interrogar seus pacientes sobre hábitos alcoólicos. Descobriu que consumidores de cerveja ou destilados que tomavam mais de uma dose por dia eram significativamente mais propensos a tumores colorretais que bebedores moderados ou que aqueles que não bebiam. Os que tomavam vinho tinto, por outro lado, pareciam protegidos contra a doença. Somente 3% dos que tomavam pelo menos três copos de vinho tinto por semana tinham lesões cancerosas ou pré-cancerosas, em contraposição a 10% daqueles que não tomavam nenhum álcool. O vinho branco não mostrou nenhum benefício. Anderson acha que o resveratrol, encontrado em muito maior abundância nas uvas vermelhas, é o responsável.

Parece haver alguma justificação teórica para essa possibilidade. As prostaglandinas são compostos produzidos no corpo que servem a um enorme número de funções, mas algumas delas podem suprimir a imunidade e até estimular o crescimento de células tumorais. Foi demonstrado que o resveratrol bloqueia uma enzima, a ciclooxigenase-2, que catalisa a conversão de ácido araquidônico (um componente dietético) na problemática prostaglandina. Em estudos separados, foi demonstrado que o resveratrol é um poderoso depurador de radicais livres potencialmente nocivos. A conexão com o resveratrol, no entanto, talvez seja excessivamente simplista, uma vez que há no vinho tinto muitos outros polifenóis que podem contribuir para o efeito antioxidante total.

A dra. Janet Stanford, do Fred Hutchinson Cancer Research Centre, em Seattle, partilha a opinião de que o resveratrol pode ser o componente-chave. Ela estudou o consumo de álcool em 750 homens com diagnóstico recente de câncer de próstata e num grupo similar de homens saudáveis. Tomar pelo menos quatro copos de vinho tinto por semana estava associado a um risco 50% mais baixo. Stanford propõe a hipótese de que a capacidade do resveratrol de livrar o corpo de radicais livres, seu efeito antiinflamatório e sua tendência a restringir o crescimento celular desempenham todos um papel em seu efeito protetor.

Como os radicais livres foram envolvidos também no dano neurológico que se segue a um derrame, o dr. Sylvain Doré e colegas da Universidade Johns Hopkins investigaram o potencial do resveratrol de prevenir esse dano. O pré-tratamento oral de camundongos com resveratrol resultou numa redução de 40% na área do cérebro danificada pelo derrame induzido. Doré conseguiu até distinguir o mecanismo específico envolvido na proteção, a saber, um nível mais alto de heme-oxigenase, uma enzima que sabidamente protege células nervosas contra danos por radicais livres. Baseado em seus ensaios com camundongos, Doré pensa que uns dois copos de vinho tinto por dia poderiam produzir um efeito profilático contra danos decorrentes de derrames em seres humanos. Mas isso é apenas uma suposição – como quase tudo o mais sobre vinho tinto.

Agora voltemos ao "paradoxo francês". Na verdade, talvez nem haja paradoxo algum. Alguns pesquisadores afirmam que os franceses usam critérios diferentes ao atribuir causas de morte, e que alguns casos que seriam descritos na América do Norte como "cardíacos" não são necessariamente descritos assim na França. Seja como for, enquanto o grau em que o risco de doença cardíaca é menor na França é discutível, há uma coisa que sabemos por estatísticas confiáveis: a expectativa de vida dos franceses é aproximadamente a mesma que a dos norte-americanos. Eles não vivem mais; apenas saem por um caminho diferente.

Trigo e glúten

Pergunte às pessoas o que elas mais temem que esteja presente em seus alimentos e elas reunirão os suspeitos usuais: nitritos, sulfitos, corantes, adoçantes artificiais, glutamato monossódico e organismos geneticamente modificados. Bem, pense mais um pouco. Temos muito mais probabilidade de sermos prejudicados por um componente natural que ocorre comumente nos alimentos que por qualquer dessas coisas. O glúten, uma proteína presente no trigo, na cevada, no centeio e em certa medida na aveia, pode provocar problemas de saúde numa porcentagem significativa da população. A doença celíaca, como a intolerância ao glúten é usualmente chamada, pode ser muito mais comum do que imaginamos.

O dr. Samuel Gee, da Grã-Bretanha, foi o primeiro a fazer uma descrição clínica da doença, em 1888. Ele traçou um quadro perturbador de crianças pequenas com estômagos inchados, diarréia crônica e crescimento defasado. O dr. Gee achou que a doença podia estar relacionada à alimentação, e submeteu seus jovens pacientes, por alguma estranha razão, a uma dieta de caldo extraído de ostras, a qual, como não é de surpreender, provou-se inútil. Um médico holandês chamado Willem K. Dicke finalmente descobriu a pista certa ao fazer uma astuta observação durante a Segunda Guerra Mundial. Querendo forçar os holandeses à submissão, o Exército alemão tentara fazê-los passar fome, bloqueando remessas de alimentos, inclusive trigo, para o país. Batatas e hortaliças cultivadas localmente tornaram-se os principais itens da dieta, inclusive entre pacientes hospitalizados. Dicke notou que os pacientes celíacos tiveram uma melhora espetacular! Além disso, na ausência de trigo e farinhas de grãos, não se viam mais novos casos da doença.

Em 1950, ele já descobrira o que acontecia. O problema era o glúten, uma proteína insolúvel em água presente no trigo. Como pesquisas posteriores mostraram, o sistema imunológico dos pacientes celíacos confunde um componente particular do glúten, a gliadina, com um perigoso invasor, e monta então um ataque de anticorpos contra ele. Isso provoca a liberação de moléculas chamadas citoquinas, que por sua vez destroem as minúsculas projeções em forma de dedo – os vilos – que revestem a superfície do intestino delgado. Os vilos são cruciais porque fornecem a grande área de superfície necessária para a absorção de nutrientes no intestino e seu ingresso na corrente sanguínea.

Na doença celíaca, os vilos ficam inflamados e acentuadamente mais curtos, o que reduz efetivamente sua taxa de absorção de nutrientes. Isso tem várias conseqüências. Componentes alimentares não absorvidos têm que ser eliminados, o que freqüentemente resulta em diarréia. Inchaços podem também ocorrer quando bactérias no intestino metabolizam alguns desses componentes e produzem gases. Mas a maior preocupação é a perda de nutrientes. A absorção de proteínas, gordura, ferro, cálcio e vitaminas pode baixar enormemente, resultando em perda de peso e numa pletora de complicações. Felizmente, se a doença for reconhecida e uma dieta isenta de glúten for seguida, os pacientes podem levar uma vida normal.

O diagnóstico de doença celíaca envolve uma amostra para biópsia retirada do duodeno, a seção superior do intestino delgado, através de um gastroscópio introduzido pela boca. A análise microscópica mostra os vilos danificados. Recentemente, testes de sangue também se tornaram opções possíveis. Um deles, comumente disponível, testa a presença de anticorpos antigliadinas, mas não é seguro. Somente cerca da metade dos pacientes com resultados positivos mostra realmente vilos danificados numa biópsia. O teste para anticorpos antitransglutaminase tissular (anti-tTG) é um instrumento diagnóstico muito melhor, mas só é oferecido em laboratórios especializados.

Há grande interesse nesses testes em razão de seu valor potencial na identificação de casos celíacos e talvez até na testagem em massa da população. A doença celíaca, que tem um componente genético, não começa necessariamente logo que o glúten é introduzido na dieta pela primeira vez. O início da doença pode ocorrer em qualquer idade. Em adultos, os sintomas costumam ser muito menos fortes que em crianças pequenas. Os primeiros sinais são muitas vezes uma perda de peso inexplicada e anemia devido à absorção deficiente de ferro e ácido fólico. As fezes tendem a ser de cor clara, malcheirosas e volumosas por causa de gordura não absorvida. Os sintomas podem incluir um empolamento na pele, dores nas juntas e nos ossos, dor de estômago, sensações de formigamento e até dores de cabeça e vertigem. A identificação de pacientes celíacos é importante não só porque grande parte do sofrimento pode ser evitada com uma dieta isenta de glúten, mas também porque um estudo recente mostrou que, ao longo de um período de 30 anos, a taxa de mortalidade entre pacientes celíacos era duas vezes maior que a esperada na população geral. O risco aumentava com a crescente demora no diagnóstico e a submissão inadequada à dieta. A principal causa de morte era o linfoma não-Hodgkin, um tipo de câncer sabidamente associado à doença celíaca. Uma complicação menos grave mas mais comum que o câncer é a osteoporose, resultante da absorção deficiente de cálcio e vitamina D.

Lamentavelmente, não é assim tão fácil seguir uma dieta isenta de glúten. O trigo e a cevada estão presentes numa ampla variedade de produtos. Os pacientes têm de se transformar em verdadeiros detetives e aprender que alimentos tão diversos quanto sorvete, carne processada para sanduíches, ketchup, chocolate e até hóstias podem conter glúten. Felizmente, a Associação dos Celíacos tem excelente informação sobre o que comer e o que não comer, e há um grande sortimento de produtos isentos de glúten, baseados em arroz, milho e soja, hoje disponível comercialmente – inclusive hóstias.

O plano de ação para os celíacos diagnosticados por biópsia é claro. Eles devem aderir religiosamente a uma dieta isenta de glúten para eliminar sintomas e reduzir o risco de osteoporose e linfoma. Mas o que dizer sobre pessoas que não têm nenhum sintoma declarado, mas apresentam um teste sanguíneo positivo para a doença? Levantamentos indicam que uma em cerca de 200 pessoas pode cair nessa categoria. Suas biópsias podem mostrar vilos normais, mas considera-se que elas têm uma doença celíaca latente, capaz de se tornar sintomática anos mais tarde. Outras podem ter vilos achatados mas nenhum sintoma, e considera-se que têm uma doença celíaca silenciosa, passível de se tornar agressiva a qualquer momento. Deveriam elas ser submetidas a uma dieta preventiva e difícil de manter? Até o momento ninguém sabe realmente, já que temos ainda muito que aprender sobre os efeitos do glúten. Há pouco tempo, por exemplo, pesquisadores descobriram que pacientes celíacos que se queixavam de dores de cabeça mostravam inflamação cerebral em imagens por ressonância magnética, e que o problema se resolvia com uma dieta isenta de glúten. Alguns indivíduos forneceram evidências anedóticas e controversas de que a condição de crianças autistas melhora quando o glúten é eliminado da dieta. Não há nenhum indício, contudo, de que elas tenham doença celíaca.

Assim, parece que ainda não esclarecemos a nu todo o potencial nocivo do glúten. Por outro lado, surgiu uma possibilidade intrigante para reduzir a exposição a ele. Pesquisas preliminares sugerem que talvez seja possível remover o componente danoso do glúten modificando o trigo geneticamente. Isso seria uma dádiva para os pacientes celíacos, e talvez até para aqueles de nós que podem estar sofrendo em silêncio.

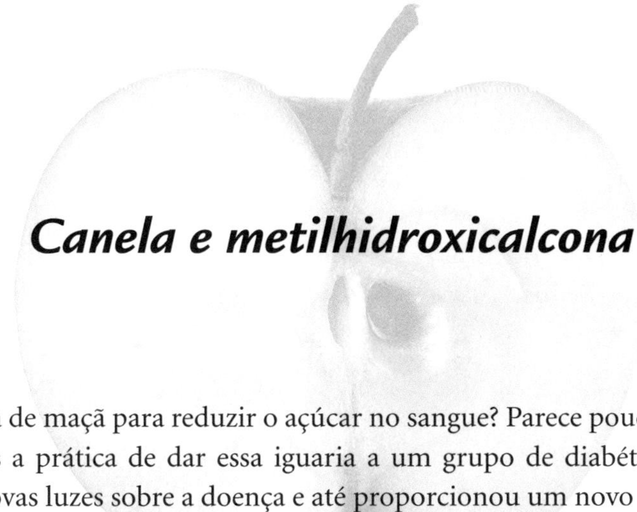

Canela e metilhidroxicalcona

Torta de maçã para reduzir o açúcar no sangue? Parece pouco plausível, mas a prática de dar essa iguaria a um grupo de diabéticos de fato lançou novas luzes sobre a doença e até proporcionou um novo tratamento. Não, a chave para a redução da glicose no sangue não foram as maçãs; foi a canela usada como condimento! Richard Anderson, do Human Nutrition Research Center em Beltsville, Maryland, estava interessado no efeito de vários alimentos sobre a diabetes tipo 2. Ele deu a algumas pessoas porções de torta de maçã, esperando que os níveis de glicose fossem subir. Mas não foi o que aconteceu. Em vez disso, a torta pareceu realmente baixá-los. Anderson sabia que era improvável que qualquer dos ingredientes principais fosse responsável por esse efeito inesperado, mas a canela era uma possibilidade. Afinal, havia muito que numerosos remédios folclóricos associavam-na a alívio para doenças de todo tipo.

Anderson decidiu pôr essa surpreendente descoberta à prova e reuniu 60 diabéticos tipo 2 para um estudo. Os sujeitos receberam pequenas doses de canela, variando de apenas 1/4 de colher de chá (aproximadamente um grama) a pouco menos que duas colheres de chá por dia durante 40 dias. Um grupo de controle recebeu cápsulas com farinha de trigo, uma substância inerte. Os resultados foram realmente doces. A canela não só reduziu os níveis de açúcar no sangue – em alguns casos em nada menos que 30% – como também baixou os níveis de LDL (o "mau colesterol") e de triglicerídios! Mesmo 20 dias depois de o estudo terminar, os níveis de glicose continuavam baixos, sugerindo que a canela não precisa ser consumida diariamente para produzir um efeito notável sobre o organismo. De forma surpreendente, os sujeitos que consumiram apenas 1/4 de colher de chá tiveram resultados tão bons quanto os que receberam doses maiores.

Pesquisadores da Universidade Columbia, em Nova York, reproduziram esses resultados. Num estudo duplo-cego, randomizado e controlado por placebo, descobriram que um grama de canela por dia baixava em 17% o nível de glicose em jejum após oito semanas. Impressionante!

A diabetes, caracterizada por um nível de açúcar no sangue mais alto que o normal, é uma doença grave. Pode causar problemas renais e cardiovasculares, danos nos olhos e má circulação. Existem duas variedades da doença. O tipo 1 geralmente se manifesta em tenra idade e se deve à não-produção de insulina pelo pâncreas. O tipo 2, especialmente comum em pessoas com excesso de peso, manifesta-se em geral na idade adulta. Embora o pâncreas ainda produza insulina, o hormônio não é capaz de cumprir sua tarefa adequadamente porque as células de gordura, as células musculares e as do fígado tornaram-se resistentes a ele. A tarefa da insulina é servir de porteiro para a entrada de glicose nas células; se seu trabalho for prejudicado, a glicose não é absorvida e se acumula no sangue, causando danos.

Enquanto a diabetes tipo 1 tem de ser tratada com injeções de insulina, é possível controlar o tipo 2 prestando atenção à dieta. A relação entre a diabetes tipo 2 e a obesidade, especialmente a obesidade abdominal, é forte. As células de gordura secretam adipoquinas, um grupo de hormônios que prejudica a tolerância à glicose, e a gordura abdominal parece ser a mais ativa hormonalmente. Além disso, o organismo se torna insensível ao efeito regulador da insulina por causa da sobrecarga de açúcar e insulina a longo prazo. É como se o organismo entrasse em greve após ser sobrecarregado de trabalho.

Com o aumento das taxas de obesidade, não é de surpreender que a diabetes tipo 2 esteja se tornando epidêmica na América do Norte, até mesmo entre as crianças. Embora os remédios antidiabéticos sejam eficazes, muitas pessoas são propensas a explorar terapias alternativas, inclusive suplementos alimentares e produtos herbáceos. É possível que, quando usadas de maneira complementar, a medicina convencional e as terapias alternativas tenham um efeito sinergístico. De fato, pesquisadores têm examinado várias substâncias dietéticas em busca de suas propriedades potenciais de baixar a glicose sanguínea. O chá verde, mas não o chá preto, encerra alguma promessa, e o mesmo faz o café. O inconveniente do café, porém, é que é preciso tomar seis xícaras por dia para ter um impacto sobre o açúcar no sangue, e isso contém enorme quantidade de cafeína.

Felizmente, o ingrediente ativo do café responsável pelo efeito de redução do açúcar no sangue não é a cafeína, mas o ácido clorogênico, um composto que pode ser isolado e talvez consumido em pílulas.

Se café e chá não atraírem, vinho tinto é mais uma opção, provavelmente em razão do teor de resveratrol. No entanto, assim como no caso do café, os efeitos só são vistos quando o consumo é mais que moderado. Três copos por dia são suficientes, mas essa quantidade de álcool pode aumentar o risco de alguns tipos de câncer. Afirmações de que outras substâncias de origem vegetal reduzem os níveis de açúcar no sangue também têm sido feitas, mas com evidências bastante fracas. Feno-grego, melão-de-são-caetano, ginseng coreano, gimnema (erva tirada de uma trepadeira que cresce na Índia), cebolas e linhaça são apenas algumas que têm sido investigadas. A interpretação dos estudos, porém, tende a ser problemática. Coma ginseng, dizem alguns; não coma, dizem outros.

Andrew Scholey e sua equipe da Universidade Northumbria, no Reino Unido, descobriram que G115, um extrato de ginseng comercialmente preparado, reduzia significativamente os níveis de glicose no sangue, mas somente em indivíduos saudáveis e em jejum. Inversamente, pessoas a quem o ginseng era administrado juntamente com uma bebida glicosada tinham uma elevação da glicose maior do que se poderia esperar apenas com a bebida. A implicação é que é melhor para os diabéticos deixar os produtos de ginseng de lado, especialmente porque há muitas espécies dessa planta, todas com diferentes efeitos fisiológicos, e os preparados disponíveis comercialmente nem sempre são puros ou padronizados.

Agora voltemos à canela. Para reduzir a glicose na diabetes tipo 2 você não precisa comer toneladas desse condimento. Parece que um grama por dia, ou aproximadamente 1/4 de colher de chá, é a quantidade ótima. (A diabetes tipo 1 aparentemente não responde ao condimento.) É claro que, como no caso de qualquer outra intervenção, precisamos suscitar a questão do possível dano. A canela contém cumarina, um composto de ocorrência natural que pode causar danos no fígado e nos rins se consumido em altas doses. A quantidade de cumarina depende da espécie específica de canela. A canela-do-ceilão, também conhecida como "canela verdadeira", contém muito menos cumarina que a canela cássia, a versão comumente vendida em forma de pó na América do Norte. Os pós de canela são indistinguíveis, mas os "paus" de que eles são feitos podem ser identificados sem dificuldade. Os paus de canela-do-ceilão são feitos de muitas camadas finas facilmente moídas num pó, ao passo que os paus de cássia são compostos de uma só camada, grossa e dura. Para evitar a contaminação com a cumarina, algumas companhias lançaram preparados feitos pela solução de canela em água. O ingrediente ativo em termos do aumento da sensibilidade para a insulina, que se acredita ser o polímero metilhidroxicalcona (MHCP), é solúvel em água, mas a cumarina não. Outro meio de reduzir quaisquer temores com relação à cumarina é mergulhar um pau de canela no chá. O chá dissolverá o MHCP, mas não a cumarina. E você ainda obtém os benefícios do chá! Reconhecidamente, nem todos os estudos constataram que a canela é benéfica para a diabetes, mas, de todo modo, os diabéticos não são os únicos que poderiam se beneficiar de um consumo diário desse condimento; qualquer pessoa com colesterol alto também pode experimentar. Mas, é claro, não numa torta de maçã!

Hortaliças e ácido salicílico

"Alimentos orgânicos talvez possam reduzir ataques cardíacos." Como você pode imaginar, essa manchete atraiu minha atenção, especialmente porque apareceu na *New Scientist*, uma revista muito respeitada. Fiquei curioso por saber o que a teria inspirado. Teriam pesquisadores acompanhado dois grupos de sujeitos, um se banqueteando apenas com alimentos orgânicos e outro consumindo uma dieta convencional? E teriam eles encontrado uma incidência menor de ataques cardíacos no primeiro grupo? Não exatamente. John Paterson e colegas da Dumfries and Galloway Royal Infirmary, na Escócia, analisaram a composição química de sopas de hortaliças e descobriram que as sopas orgânicas tinham seis vezes mais ácido salicílico que as convencionais. Qual é então a relação com doença cardíaca? Uma pista pode ser encontrada no efeito da Aspirina sobre o sangue. Está bem estabelecido que uma pequena dose diária desse medicamento pode oferecer proteção contra ataques cardíacos, reduzindo o risco de formação de coágulos sanguíneos. De fato, alguns médicos recomendam que pessoas com mais de 50 anos considerem tomar uma Aspirina infantil (81 miligramas) por dia. Quimicamente falando, Aspirina é ácido acetilsalicílico, mas ela se decompõe no organismo para produzir ácido salicílico, o composto responsável pelos efeitos fisiológicos. É óbvio, portanto, que o teor desse ácido nos alimentos seria de interesse para pesquisadores médicos.

Imediatamente surge a questão de por que, para começar, hortaliças contêm ácido salicílico. Obviamente, as plantas não evoluíram para produzir substâncias capazes de proteger seres humanos contra ataques cardíacos. Mas o fizeram, isto sim, para se proteger contra ataques de bactérias, fungos ou vírus. O ácido salicílico serve como um hormônio vegetal, ativando genes que codificam para a produção de proteínas que combatem os invasores.

Seria de esperar que hortaliças organicamente cultivadas, não protegidas por fungicidas ou pesticidas, tivessem níveis mais elevados desse composto, e segundo o estudo de Paterson esse parece ser o caso. Mas antes de começarmos a contar com sopas de hortaliças orgânicas para nos proteger contra doenças cardíacas, seria melhor examinar com mais atenção os números envolvidos. Essas sopas tinham em média 120 nanogramas de ácido salicílico por grama, enquanto as convencionais tinham 20. O que significa isso? Que uma porção de sopa orgânica (cerca de 400 gramas) contém aproximadamente 0,06 miligramas de ácido salicílico, ao passo que a sopa comum tem 0,01 miligrama. É verdade, trata-se de uma diferença de seis vezes. Mas agora considere que uma Aspirina infantil fornece 81 miligramas de ácido salicílico, o que corresponde a mais de mil vezes a quantidade encontrada nas sopas orgânicas. Claramente, a quantidade contida nestas é irrelevante, e escolher sopas de hortaliças orgânicas em detrimento das outras com base nisso é tolice.

Pode o teor de ácido salicílico da dieta chegar a ser relevante? É difícil dizer. Meio litro de vinho tinto ou branco tem cerca de 30 miligramas de ácido salicílico, o que pode ser significativo e parcialmente responsável por efeitos protetores do vinho. No que diz respeito a alimentos, até aqueles como o tomate e o abricó, considerados ricos em salicilatos, contêm no máximo uns dois miligramas por porção. Obviamente, teríamos de comer muitas frutas e hortaliças para obter uma quantidade apreciável de ácido salicílico. Não é uma má idéia, uma vez que os benefícios de semelhante dieta iriam muito além da proteção contra doenças cardíacas.

O câncer de cólon é comum no mundo ocidental, mas raro na Índia rural. Por quê? Bem, uma pista pode vir dos ocidentais que tomam Aspirina habitualmente para artrite. Várias pesquisas mostraram que esse medicamento pode ter um efeito protetor contra o câncer de cólon, embora ninguém sugira que deva ser tomado especificamente com esse propósito. Num estudo amplamente divulgado, pacientes de câncer de cólon que tomavam 325 miligramas de Aspirina por dia tiveram um risco menor de recorrência da doença. Em quanto? Para cada 10 pacientes tratados com o remédio durante os 31 meses do estudo, uma recorrência foi evitada. Não assombroso, mas ainda significativo. Acredita-se que é o efeito antiinflamatório da Aspirina que oferece proteção contra o câncer de cólon. Será que o ácido salicílico na dieta pode ter o mesmo efeito?

Voltemo-nos para os indianos rurais. Uma amostra de seu soro sanguíneo mostra um nível mais alto de ácido salicílico que o normalmente encontrado no sangue dos ocidentais. Isso é especialmente evidente entre indianos que são vegetarianos rigorosos. De fato, a diferença nos níveis de salicilato pode ser de até três vezes. Monges budistas, que se abstêm totalmente de carne, fornecem um exemplo particularmente interessante. Foram identificados alguns com níveis de ácido salicílico comparáveis aos de pessoas que tomam uma dose diária de Aspirina infantil. Além disso, produtos agrícolas cultivados na Índia rural provavelmente têm níveis de ácido salicílico mais altos que seus equivalentes cultivados no Ocidente, porque não são tratados com pesticidas, herbicidas ou fungicidas. Isso significa que são mais propensos a ser atacados por pragas, o que por sua vez força-os a tentar se proteger sintetizando o ácido. Os indianos usam também uma grande variedade de temperos em sua culinária, e alguns deles são muito ricos nesse composto. Açafrão-da-índia, chili em pó e páprica são excelentes fontes. E, o que é mais importante, o ácido salicílico é biodisponível. Sabemos disso porque amostras de sangue tiradas de voluntários depois que eles consumiram uma refeição bem condimentada rica em salicilatos mostram uma elevação quase imediata nos níveis sanguíneos de ácido salicílico.

A lição a tirar de tudo isso é que temos ainda mais uma razão para encher nossos pratos de hortaliças. Mas o quadro do ácido salicílico não é cor-de-rosa para todos. Como em quase todas as questões nutricionais, há uma advertência. Algumas pessoas têm sensibilidade aos salicilatos. Asma, erupções cutâneas e inchaço de várias partes do corpo podem ocorrer na porcentagem muito pequena da população que exibe sensibilidade para esses compostos. Quanto a mim, passarei a polvilhar ainda mais páprica no meu goulash vegetariano. E talvez até arremate com uma pitada de açafrão-da-índia.

Cenouras e carotenóides

As proezas da Força Aérea Real (RAF) contra a Luftwaffe durante a Batalha da Grã-Bretanha tornaram-se legendárias. Por que os pilotos britânicos tiveram tanto êxito em derrubar bombardeiros alemães? Segundo o Ministério da Aeronáutica britânico, eles tiveram vantagem por comer cenouras. Essa explicação pareceu sensata, até mesmo para o serviço de informação militar alemão. Afinal, os cientistas tinham estabelecido havia muito que a deficiência de vitamina A podia causar cegueira noturna. Além disso, sabia-se que o betacaroteno, um dos carotenóides alaranjados presentes na cenoura, podia ser convertido pelo organismo em vitamina A. Se esse alimento podia fazer os britânicos enxergarem melhor no escuro, certamente faria o mesmo pelos alemães. Assim, a Luftwaffe ordenou a seus pilotos que comessem cenouras antes das missões. No entanto, por mais que eles as devorassem, não conseguiram desafiar a superioridade aérea britânica.

Isso não é de surpreender, uma vez que o êxito da Força Aérea Real nada tinha a ver com cenouras. A visão noturna aparentemente fantástica dos pilotos não se devia à vitamina A, mas a uma nova invenção chamada radar. As costas sul e leste da Inglaterra haviam sido cobertas por uma cadeia de instalações que podiam apontar com precisão a aproximação de bombardeiros alemães. O Ministério da Aeronáutica na verdade urdira a história das cenouras e tratara de transmiti-la ao serviço de informação alemão para induzi-los a sair à procura daquelas, em vez de antenas de radar.

As cenouras podem não ter melhorado a visão dos pilotos, mas pesquisas recentes revelam que o betacaroteno desempenha de fato um papel muito significativo na manutenção da saúde. Isso se deve provavelmente à sua capacidade de agir como antioxidante, neutralizando radicais livres. Um estudo da Universidade Johns Hopkins com mais de 25 mil pessoas que tiveram seu sangue testado ao longo de um período de dez anos corrobora essa noção. Sujeitos com níveis baixos de betacaroteno tinham uma taxa quatro vezes maior de certa forma de câncer de pulmão. O Estudo da Western Electric em Chicago, que monitorou o estado de saúde de 2.107 trabalhadores ao longo de 19 anos, também constatou que a incidência de câncer de pulmão em fumantes com baixo consumo de caroteno era sete vezes maior que naqueles que comiam muitos alimentos com esse elemento. No Albert Einstein College of Medicine, em Nova York, pesquisadores descobriram um risco três vezes maior de câncer cervical em mulheres com baixo consumo de caroteno.

Há também interessantes relações entre o consumo de betacaroteno e doença cardíaca. Cerca de 22 mil médicos envolvidos no Estudo sobre a Saúde dos Médicos (iniciado no outono de 1982 para testar os benefícios e riscos da Aspirina e do betacaroteno na prevenção primária da doença cardiovascular e do câncer) foram solicitados a consumir ou um tablete de 50 miligramas de betacaroteno ou um placebo em dias alternados. Embora não tenham sido notadas diferenças significativas nas taxas de câncer, os suplementos de fato reduziram o risco de ataque cardíaco à metade, entre os sujeitos que mostravam sinais de doença cardíaca ao ingressar no estudo.

O maior estudo a longo prazo de mulheres já feito no mundo é o Estudo sobre a Saúde das Enfermeiras, coordenado pela Escola de Medicina de Harvard. Durante o período de acompanhamento, mulheres que consumiam uma dieta diária contendo mais de 15 a 20 miligramas de betacaroteno corriam risco 40% menor de sofrer um derrame e 22% menor de sofrer um ataque cardíaco se comparadas a mulheres que tomavam menos de 6 miligramas. Em mil mulheres que tinham angina, as maiores consumidoras de caroteno corriam um risco 80% menor de sofrer um ataque cardíaco.

Esses estudos tiveram enorme divulgação na imprensa leiga, e não foi uma surpresa que muitas pessoas tenham passado a tomar suplementos de betacaroteno. Mas a onda sofreu uma parada estrepitosa em 1994 com a revelação de um estudo finlandês: fumantes que tomavam esses suplementos haviam desenvolvido na verdade *mais* casos de câncer de pulmão. Críticos tentaram desprezar esses achados como anômalos, mas foram silenciados quando um estudo norte-americano de fumantes também mostrou um aumento de quase 30% em câncer de pulmão entre sujeitos que tomavam diariamente suplementos de 30 miligramas de betacaroteno. O que estava acontecendo?

Pesquisadores da Universidade Tufts tentaram deslindar o problema. Ministraram altas doses de betacaroteno a doninhas, animais que metabolizam o composto da mesma maneira que os seres humanos. Algumas das doninhas também inalaram uma quantidade de fumaça equivalente a 30 cigarros por dia durante seis meses. A incidência de tumores de pulmão aumentou, especialmente entre as fumantes. Mas uma análise do sangue dos animais sugeriu uma solução para o paradoxo. Em níveis altos, o betacaroteno age na verdade como um oxidante, e não como um antioxidante!

O efeito antioxidante do betacaroteno pode ser atribuído ao fato de que ele é capaz de neutralizar radicais livres doando um elétron. No processo, contudo, o próprio composto se torna um radical livre que pode danificar o tecido, a menos que seja apaziguado por alguma outra molécula da qual possa arrancar um elétron. É aí que as vitaminas E e C entram em cena. Esses compostos são muito competentes em depurar o radical caroteno sem gerar espécies perigosas. Como os fumantes têm sabidamente níveis sanguíneos baixos de vitamina C, pode-se esperar que suplementos de betacaroteno os exponham a um risco maior.

Mais evidências desse comportamento incomum vêm, por incrível que pareça, da ração de frangos. Geralmente adiciona-se gordura para aumentar a eficiência das rações agrícolas. Gorduras não saturadas são preferíveis, porque melhoram o perfil nutricional do produto final, mas lamentavelmente elas se oxidam mais facilmente na carne que as saturadas, degradando o gosto e a textura. Os produtores experimentaram fortificar a ração com vitamina E e betacaroteno para reduzir a oxidação. Descobriram que quando o segundo era adicionado, ele se comportava como um oxidante, a menos que se adicionasse também a primeira. Com suficiente vitamina E, porém, o betacaroteno exercia o esperado efeito antioxidante.

O que devemos então fazer com essa informação? Por enquanto, talvez seja aconselhável deixar em paz os suplementos de betacaroteno, mas não reduzir nosso consumo de alimentos ricos nesse composto. Isso porque ele pode requerer a presença de outros componentes alimentares para exercer seus benefícios. Não há um consumo diário recomendado, mas uma revisão da literatura revela que deveríamos nos esforçar por consumir cerca de

20 a 25 miligramas por dia. Para pôr essa quantidade em perspectiva, note que uma batata-doce tem cerca de 15 miligramas de betacaroteno, uma cenoura, 12 miligramas, meio melão-cantalupo, 5 miligramas, meia xícara de espinafre, 4 miligramas, e uma haste de brócolis, 2 miligramas.

Vimos portanto os benefícios do betacaroteno. E por falar em ver... Há uma última história, e ela nada tem a ver com cegueira noturna. Tem a ver com a catarata, a principal causa de cegueira no mundo. À medida que envelhecemos, reações de radicais livres podem fazer a proteína no cristalino do olho grumar-se e formar os depósitos opacos que chamamos de catarata. A luz que penetra no cristalino se espalha antes de poder atravessar a retina. Vários estudos recentes mostraram que um consumo elevado de nutrientes antioxidantes, particularmente carotenóides, está associado a menor risco de formação de catarata.

As cenouras podem não ter derrotado os alemães, mas talvez nos ajudem a vencer a guerra contra o câncer e a doença cardíaca. E, ao reduzir o risco de catarata, podem até nos ajudar a ver o futuro com mais clareza.

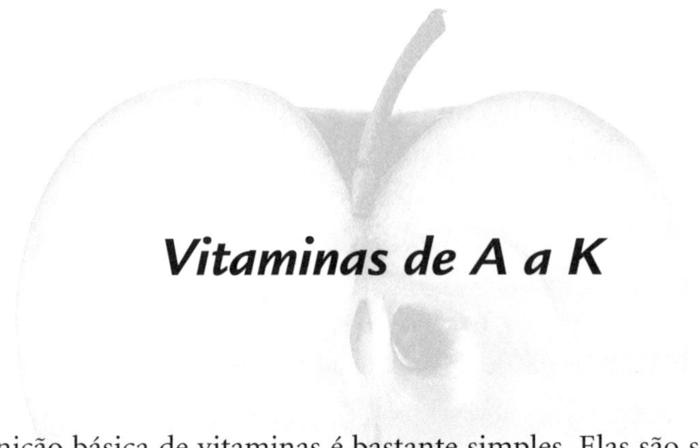

Vitaminas de A a K

A definição básica de vitaminas é bastante simples. Elas são substâncias que devem fazer parte da dieta para manter a saúde e evitar certas doenças de deficiência. Quais, exatamente? A primeira reconhecida foi o escorbuto, descrito já em 1550 a.C. pelos egípcios no Papiro Ebers. Nos séculos XVI e XVII, quando as longas viagens oceânicas tornaram-se comuns, milhares de marinheiros morreram por sua causa. A primeira pista para a solução do problema veio quando os navios do explorador francês Jacques Cartier ficaram presos pelo gelo em Quebec, em 1536. Somente três dos 100 homens escaparam da devastação do escorbuto. Os nativos da região foram então em seu socorro e aconselharam-nos a fazer um chá fervendo as folhas de uma árvore, provavelmente o cedro-branco. Os homens recuperaram-se rapidamente após apenas uma ou duas doses, mas o remédio parece ter sido esquecido. Houve outros casos de tratamento eficaz. No século XVII, alguns navios da Companhia das Índias Orientais levaram provisões de suco de limão para evitar a doença. Mas esses foram casos isolados, e milhares de marinheiros continuaram a perecer.

O médico escocês James Lind ouvira relatos de tratamento do escorbuto com vários alimentos ou bebidas, e decidiu tirar a questão a limpo. A bordo do HMS *Salisbury*, escolheu seis pares de homens com a doença. Para cada par, deu as seguintes doses diárias: sidra; ácido sulfúrico diluído; vinagre; água do mar; uma mistura de alho, sementes de mostarda e raiz de rabanete; ou duas laranjas e um limão. Houve também um grupo de controle de doentes que recebeu as rações regulares do navio. Dentro de dias, os dois homens que tinham tido a sorte de receber a dieta de cítricos começaram a se restabelecer. Assim, embora Lind não tenha sido o primeiro a descobrir um tratamento para a doença, foi certamente o primeiro a documentar um "ensaio clínico" que mostrava a eficácia do remédio cítrico, o que fez em seu "Tratado sobre o escorbuto" em 1753. Não obstante, foi só a partir de 1795 que a Marinha Real começou a fornecer uma provisão diária de suco de lima ou limão para todos os seus homens, dando assim origem à expressão "Limey" para descrever os nativos da Grã-Bretanha. Por volta da mesma época, o capitão James Cook descobriu que frutas frescas e chucrute também preveniam a doença. Finalmente, nos anos 1930, Albert Szent Gyorgyi isolou o fator protetor contra o escorbuto e o chamou de vitamina C. Por quê? Porque a idéia de denominar as vitaminas por letras já havia sido introduzida cerca de 20 anos antes, e A e B haviam sido usadas.

Quando o beneficiamento mecanizado do arroz foi introduzido na Ásia, uma nova doença se manifestou. Ela veio a ser chamada de "beribéri", que significa "não consigo, não consigo" em cingalês e descreve um estado de degeneração muscular progressiva, irregularidades cardíacas e emaciação. Entre 1878 e 1883, Kanehiro Takaki, um oficial médico japonês, estudou a elevada incidência da doença entre marinheiros de seu país. Ele descobriu que, num navio em que a dieta era em sua maior parte composta de arroz polido, 169 dos 276 homens desenvolveram casos de beribéri, e 25 morreram durante um período de nove meses. Em outro navio, não houve nenhuma morte e registraram-se apenas 14 casos da doença. A diferença era que os homens na segunda embarcação tinham recebido mais carne, leite e hortaliças. Takaki pensou então que a discrepância tinha a ver com o teor de proteína da dieta, mas estava errado.

Cerca de 15 anos mais tarde, um médico holandês nas Índias Orientais, Christiaan Eijkman, observou que frangos cuja ração continha principalmente arroz polido também contraíam beribéri, mas se recuperavam quando recebiam farelo de arroz. Ele pensou que o amido no arroz polido era tóxico para os nervos, mas também estava errado. Finalmente, Casimir Funk, um químico polonês, compreendeu o que se passava. Ele mostrou que um extrato de cascas de arroz prevenia o beribéri. Acreditando que essa substância caía na categoria química das aminas, e sendo ela indispensável para a vida, chamou-a de "vitamina". A palavra inglesa era *vitamine* – o *e* final caiu quando se revelou que a substância não era uma amina.

Pouco tempo depois, E.V. McCollum e Marguerite Davis, da Universidade de Wisconsin, descobriram que ratos que recebiam banha de porco como única fonte de gordura não cresciam e desenvolviam problemas oftalmológicos. Quando gordura de leite e um extrato etéreo de gema de ovo foram adicionados à dieta, o crescimento recomeçou e as afecções nos olhos foram curadas. McCollum sugeriu que tudo que estava presente no extrato etéreo fosse chamado de fator A solúvel em gordura, e que o extrato aquoso que Funk havia usado para prevenir o beribéri fosse chamado de fator B solúvel em água. Quando se descobriu que o extrato aquoso era uma mistura de compostos, seus componentes receberam designações com subscritos numéricos. O fator antiberibéri específico acabou sendo chamado de vitamina B_1, ou tiamina. Essas vitaminas tinham uma função comum. Elas faziam parte dos vários sistemas enzimáticos necessários para a metabolização de proteínas, carboidratos e gorduras. Alguns dos compostos no extrato aquoso de Funk acabaram se revelando inúteis na proteção contra qualquer doença específica, e seus nomes tiveram de ser retirados da lista de vitaminas. À medida que outras substâncias solúveis em água requeridas pelo organismo foram descobertas, elas foram acrescentadas à lista das vitaminas B.

Posteriormente outras vitaminas foram identificadas e receberam as designações D e E, na ordem de sua descoberta. A vitamina K foi chamada assim porque seu descobridor, o bioquímico dinamarquês Henrik Dam, propôs a expressão "*koagulations vitamin*", uma vez que ela promovia a coagulação sanguínea. Haverá vitaminas ainda não reconhecidas? Provavelmente não. Hoje há pacientes que foram mantidos vivos durante muitos anos através de nutrição parenteral total – o uso de uma fórmula intravenosa que incorpora todas as vitaminas conhecidas. Embora seja extremamente improvável que novas vitaminas venham a ser descobertas, é certamente possível que novos usos para as vitaminas venham a se destacar. Atualmente reconhecemos que elas podem fazer mais que evitar as doenças de deficiência nutricional clássicas. Podem também desempenhar um papel na prevenção da doença cardíaca, do câncer e talvez até do mal de Alzheimer.

Espinafre e as vitaminas B

O mais famoso marco de Crystal City, Texas, é uma estátua do marinheiro Popeye. Ele está espremendo a lata de espinafre que é sua marca registrada, pronto para salvar Olívia Palito das garras de Brutus. Essa cidade, convém que você saiba, é a capital mundial do espinafre. Seus habitantes ergueram a estátua em 1937 para homenagear o homem que, sozinho, fomentou o consumo dessa hortaliça e ajudou a salvar uma indústria. E talvez Popeye tenha feito mais que dar um impulso econômico a Crystal City. É possível que tenha contribuído também para melhorar a saúde de seus cidadãos. Isso porque o espinafre é uma importante fonte de ácido fólico, uma vitamina B que está sendo cada vez mais associada a uma pletora de benefícios para a saúde.

Nossa história se inicia nos veneráveis edifícios da Universidade Harvard, longe dos campos de espinafre de Crystal City. Foi ali, em 1969, que o dr. Kilmer McCully envolveu-se no caso inusitado de um menino que morreu de derrame aos oito anos. Ele sofrera de uma doença rara, que causava o acúmulo no sangue de uma substância conhecida como homocisteína. Trata-se de um metabolito normal da metionina, um aminoácido comum presente em praticamente todas as proteínas dietéticas. O organismo de uma pessoa saudável processa rapidamente a homocisteína, mas ela se acumula naqueles que sofrem de homocistinúria, como o jovem paciente de McCully. Foi realizada uma autópsia e a causa da morte ficou clara: as artérias do menino eram como as de um velho! McCully indagou-se se o dano poderia ter sido causado por um excesso de homocisteína. Para investigar isso mais a fundo, precisou examinar outras crianças que sofressem da mesma doença.

O dr. McCully não levou muito tempo para chegar a uma conclusão. Crianças com homocisteína elevada mostravam danos arteriais típicos daqueles vistos em homens mais velhos. Para provar seu ponto, ele injetou homocisteína em coelhos, e isso provocou danos arteriais. Era evidência suficiente para sugerir uma idéia revolucionária: a homocisteína era um fator de risco para a doença cardíaca. McCully propôs que níveis altos causavam dano rapidamente, ao passo que níveis apenas ligeiramente elevados levavam um tempo maior para causar estragos. Entusiasmado com suas descobertas, submeteu um artigo para publicação no *American Journal of Pathology*. Em vez de alcançar a fama, porém, foi posto no olho da rua.

Harvard destituiu McCully de seu cargo, supostamente em razão da teoria heterodoxa sobre a doença cardíaca. O establishment médico havia declarado que o colesterol era o principal culpado, e parecia não haver lugar para a homocisteína. Mas o dr. McCully provaria finalmente estar com a razão. Pelo menos durante algum tempo. De forma bastante apropriada, um dos primeiros estudos para mostrar a possível validade da teoria da homocisteína foi realizado na Escola de Saúde Pública de Harvard. Em 1992, pesquisadores relataram a análise de padrões de doença em mais de 14 mil médicos. Aqueles que estavam entre os 5% com níveis mais altos de homocisteína corriam um risco três vezes maior de sofrer um ataque cardíaco que os com níveis mais baixos. Numerosos outros estudos mostraram uma relação similar. Homocisteína elevada parece ser um claro fator de risco isolado para doença cardíaca.

Saber sobre um fator de risco não adianta muito, a menos que algo possa ser feito com relação a ele. E, no caso da homocisteína, pode. Vamos nos deter um momento para explorar a bioquímica relevante. A homocisteína se forma através da ação de certas enzimas sobre a metionina. Depois que ela se forma, uma de duas coisas acontecerá. Ou ela é reconvertida em metionina ou é metabolizada e convertida em glutationa, um poderoso antioxidante. Ambos esses caminhos requerem a presença de vitaminas B. Ácido fólico e vitamina B_{12} são necessários para transformar a homocisteína de volta em metionina, e vitamina B_6 é necessária para a rota da glutationa. Você está provavelmente começando a compreender o quadro. Níveis inadequados dessas vitaminas B levam a um aumento da homocisteína circulante, criando um fator de risco para a doença cardíaca. Mas para provar que a homocisteína elevada causa doença cardíaca era necessário realizar estudos de intervenção.

O estudo Heart Outcomes Prevention Evaluation (HOPE) foi planejado para determinar o efeito da redução da homocisteína sobre ataques cardíacos ou derrames. Mais de 5 mil pacientes em risco devido a doença vascular ou diabetes já existentes receberam vitaminas B ou um placebo. Após cinco anos, os sujeitos que tomaram 2,5 miligramas de ácido fólico, 50 miligramas de vitamina B_6 e 1 miligrama de vitamina B_{12} diariamente não estavam em melhores condiçoes que aqueles que tomaram o placebo. Esses resultados ocorreram apesar de uma redução de 25% nos níveis de homocisteína sanguínea. Um estudo norueguês que envolveu a administração de vitaminas B a homens e mulheres após um ataque cardíaco chegou à mesma conclusão. Mais uma vez, a homocisteína foi reduzida, mas o risco de um segundo ataque cardíaco ou de morte súbita, não. A homocisteína, ao que parece, pode indicar a aproximação de uma doença cardíaca, mas não é a sua causa. Portanto, a teoria de McCully sobre a doença cardíaca não está tão firmemente estabelecida como pareceu antes. Mas a saga do ácido fólico ainda não terminou.

Um estudo recente com 25 mil mulheres mostrou que aquelas que consumiam mais ácido fólico corriam risco 1/3 menor de desenvolver pólipos pré-cancerosos no cólon. E se isso não for motivação suficiente para procurar alimentos ricos em ácido fólico, considere que ele pode até reduzir o risco de mal de Alzheimer. Pesquisadores da Universidade do Kentucky exploraram a conexão com Alzheimer porque estavam cientes das amplas evidências de que suplementos de ácido fólico durante a gravidez podiam ajudar a prevenir defeitos de nascimento como espinha bífida. Diante disso, perguntaram-se: poderia o ácido fólico afetar o sistema nervoso mais tarde na vida? Um grupo de freiras em Minnesota que haviam doado seus corpos para a pesquisa científica forneceu a resposta. Aquelas que tinham tido um consumo adequado de ácido fólico durante suas vidas eram menos propensas a sucumbir ao mal de Alzheimer. Esse achado foi corroborado por pesquisadores da Universidade Tufts, que alimentaram ratos com espinafre e descobriram que isso não só prevenia como revertia a perda de memória. Mais uma vez, porém, quando consideramos ensaios de intervenção em humanos, os resultados são ambivalentes. Quando quase 300 pessoas idosas saudáveis com níveis altos de homocisteína receberam um suplemento diário de 1.000 microgramas de ácido fólico, 500 microgramas de vitamina B_{12} e 10 miligramas de vitamina B_6, os pesquisadores foram incapazes de detectar qualquer diferença em desempenho cognitivo ao compará-los com um grupo de controle. Por outro lado, Jane Durga, da Universidade de Wageningen, nos Países Baixos, descobriu que adultos idosos com níveis altos de homocisteína que recebiam 800 microgramas de ácido fólico por dia tinham suas funções cognitivas significativamente melhoradas.

As vitaminas B têm um ótimo perfil de segurança e as doses necessárias para manter a homocisteína sob controle não são extremas. Cerca de 400 microgramas de ácido fólico, 3 microgramas de B_{12} e 3 miligramas de B_6 diariamente devem dar conta da tarefa. Embora seja certamente possível obter isso a partir da dieta, o fato é que muita gente não o faz. Na realidade, o consumo médio de ácido fólico na América do Norte é de cerca de 200 microgramas, provavelmente longe do adequado. É aí que o espinafre entra em cena. Ele é uma fonte excepcional de ácido fólico, particularmente se não for cozido. Portanto, prefira a salada de espinafre! Posso sugerir regá-la com suco de laranja? Apenas uma xícara de suco de laranja contém 100 microgramas de ácido fólico. Você pode também adicionar alguns feijões-verdes, feijões-mulatinhos cozidos ou aspargos, também excelentes fontes de folato. E se você não conseguir se lembrar de tudo isso, provavelmente precisa consumir mais ácido fólico.

Óleos, castanhas, grãos integrais e vitamina E

Mais de meio século atrás, o dr. Evan Shute e o dr. Wilfrid Shute, de Londres, Ontário (Canadá), pensaram ter dado um passo gigantesco rumo à solução do problema da doença cardíaca. Apenas 200 UI de vitamina E por dia, afirmaram, eram benéficas na sua reversão e no tratamento da angina. Os Shute acompanharam milhares de pacientes, combinaram dados e submeteram artigos a revistas médicas. "Anedotal", "faltam controles", "ensaios mal planejados", disseram os editores ao rejeitar os manuscritos. Mas rumores sobre os supostos sucessos obtidos se espalharam, assim como a popularidade do suplemento, apesar do ceticismo da comunidade médica. Desde o tempo dos Shute, numerosos estudos foram realizados, e você pensaria que a esta altura sabemos bastante bem se é ou não o caso de recomendar suplementos de vitamina E. Infelizmente não é assim. Após uma enorme quantidade de pesquisas, apenas duas certezas vieram à luz. Primeiro, de que a vitamina E pode se comportar como um antioxidante; segundo, de que ela não é uma panacéia.

Qualquer discussão sobre essa célebre vitamina deveria realmente começar com uma descrição de sua química. O que é exatamente vitamina E? E quase imediatamente deparamos com um problema, porque a resposta para essa pergunta não é simples. Diferentemente da vitamina C, por exemplo, a vitamina E não é um único composto; e, mais uma vez diferentemente da vitamina C, a versão sintética não é idêntica à natural. Mas comecemos pelo princípio. Nos idos da década de 1920, pesquisadores notaram que ratos machos com pouca gordura em sua dieta tornavam-se estéreis, e que as ratas não conseguiam levar sua prenhez a termo. Finalmente, o problema foi atribuído a uma substância solúvel em gordura para a qual foi cunhado o termo "tocoferol", derivado do grego *tokos* para "nascimento" e *pheroi* para "carregar". Como não podia ser produzida no organismo de um rato e tinha de ser fornecida pela dieta, a substância correspondia à definição de vitamina, e o tocoferol tornou-se a vitamina E.

Não levou muito tempo para que surgisse a primeira questão. A análise química revelou que essa vitamina não era um único composto: havia na realidade oito substâncias estreitamente relacionadas que tinham "atividade de vitamina E". As diferenças na estrutura molecular eram sutis, mas apesar disso resultavam em efeitos fisiológicos diferentes. O d-alfa tocoferol revelou ter a maior atividade biológica, tal como determinada por sua eficácia na prevenção de problemas reprodutivos em ratos. Os químicos logo aprenderam a isolar essa forma específica de vitamina E a partir de produtos naturais como germe de trigo e soja, e suplementos "naturais" de vitamina E chegaram ao mercado. Químicos engenhosos não só aprenderam a isolar o d-alfa tocoferol, mas também descobriram como sintetizá-la em laboratório. No entanto, havia uma nuance aí. Quando feito em laboratório, o composto se formava inevitavelmente junto com sua forma em imagem especular não idêntica, o 1-alfa tocoferol, que não existia na natureza. O "1-isômero", como foi chamado, tinha muito menos atividade biológica que a versão "d".

Nessa altura, porém, surgia um problema. Como os oito componentes de ocorrência natural da vitamina E e a versão "1" sintética tinham todos atividades biológicas diferentes, havia necessidade de alguma unidade padronizada de medida para a atividade do composto como um todo. O peso poderia ser enganoso, porque 1 miligrama de vitamina E sintética, composta da forma ativa "d" e da forma menos ativa "1", não teria o mesmo efeito que um miligrama de "d" pura. Por isso foi estabelecida a expressão Unidade Internacional (UI) para representar a atividade biológica de 1 miligrama de vitamina E sintética. Por essa escala, o d-alfa tocoferol tem uma atividade de 1,49 UI. Portanto, todos os tabletes apresentados como contendo 200 UI de vitamina E têm exatamente a mesma capacidade de prevenir problemas em ratos, embora possam não ter exatamente a mesma composição.

A maioria das formas "naturais" de vitamina E contém d-alfa tocoferol extraído da soja, embora algumas versões disponíveis incluam todos os oito componentes da vitamina. A versão "sintética" consiste em quantidades iguais de d-alfa tocoferol e 1-alfa tocoferol. É claro que, atualmente, o interesse não está focalizado no efeito da vitamina E sobre a reprodução;

o que intriga as pessoas são os vários benefícios para a saúde que lhe são atribuídos. E esses são abundantes. A vitamina E supostamente aumenta a longevidade, reduz o risco de mal de Parkinson e mal de Alzheimer, tem propriedades anticâncer, protege a próstata e, dependendo de a quem você dá ouvidos, é benéfica para praticamente qualquer outra enfermidade humana. Seu único defeito parece ser a falta de evidências corroborantes sólidas.

No final do século XX, pesquisadores mostraram que, pelo menos em laboratório, a vitamina E tinha a capacidade de neutralizar radicais livres. Era um achado animador, uma vez que radicais livres estão envolvidos num grande número de doenças, e isso parecia estar de acordo com os estudos epidemiológicos que demonstraram uma incidência reduzida de ataques cardíacos e derrames em pessoas que tomavam suplementos de vitamina E. Bons ventos pareciam soprar, exceto por um pequeno senão. Em doses altas, a vitamina E tinha um efeito anticoagulante, mas isso não era um problema no nível de 200 UI a 400 UI que a maioria das pessoas tomava. Mesmo assim, persistia a suspeita de que quem tomava vitamina E era mais saudável não graças à vitamina, mas porque era mais provável que seguisse um estilo de vida saudável. Essa questão seria resolvida, pensavam os cientistas, com estudos de intervenção adequados. Dê vitamina E a alguns sujeitos, placebo a outros, acompanhe-os durante anos e veja o que acontece.

Hoje muitos desses estudos de intervenção foram realizados, e os resultados, publicados. Os esperados benefícios da vitamina E não se materializaram. Pessoas que tomavam esse suplemento não se saíram melhor em termos de doença cardíaca que aquelas que tomavam um placebo. Quando o dr. Edgar Miller, da Universidade Johns Hopkins, reuniu os dados dos melhores estudos numa metanálise, encontrou um resultado alarmante. A vitamina não só não protegia contra doenças como parecia aumentar a mortalidade! Os consumidores ficaram chocados. Os fabricantes de suplementos, enfurecidos, sugeriram que a maioria dos estudos envolvia pessoas que já tinham câncer, mal de Alzheimer ou doença cardíaca, e portanto não se podia esperar que os resultados se aplicassem a uma população saudável. Não era realmente uma crítica válida. De fato, o maior efeito seria esperado em pessoas que já tivessem alguma doença. A Aspirina, por exemplo, é de grande valia na prevenção de ataques cardíacos em pessoas que já sofrem de doença cardíaca, mas ainda não se chegou a uma conclusão sobre a eficácia do seu consumo por pessoas saudáveis. Assim, se a vitamina E não oferecer ajuda aos que sofrem de alguma enfermidade, é pouco provável que beneficie os saudáveis.

As críticas apontaram também o fato de que Miller não havia separado estudos que usaram a vitamina E natural daqueles que usaram a versão sintética. É mais provável que haja benefícios com a vitamina natural, disseram alguns. Na verdade, a diferença entre elas é muito sutil e foi neutralizada pela padronização das doses em Unidades Internacionais. Mesmo fortes defensores do suplemento, porém, tiveram grande dificuldade em contornar o fato de que não foi verificado nenhum benefício com o consumo de vitamina E em 136 mil pessoas, e que houve uma relação dose-resposta em termos de mortalidade. Em geral, quando um efeito – seja positivo ou negativo – aumenta com a dose, isso significa que é real, não um artefato estatístico. A metanálise da vitamina E sugeriu que o risco de morte prematura começa a aumentar com uma dose diária de cerca de 150 UI, e que com uma dose de 400 UI por dia o risco de morrer por qualquer causa fica 10% maior que para pessoas que não tomam a vitamina. É possível que os consumidores não tomem tanto cuidado com sua dieta e hábitos de exercício porque sentem que estão protegidos, mas essa não é uma explicação provável dado o grande número de sujeitos envolvidos nos estudos. O fato é que à medida que um número cada vez maior de estudos de alta qualidade sobre suplementos vem à luz, começamos a discernir um padrão emergente. Embora os antioxidantes desempenhem indubitavelmente um papel na saúde, suas quantidades relativas são essenciais. Mais não é necessariamente melhor. Os alimentos parecem conter o melhor equilíbrio desses nutrientes, e quando inundamos o organismo com antioxidantes de uma fonte externa, o equilíbrio é perturbado a tal ponto que reações adversas podem ocorrer.

Mas o livro sobre vitamina E não está encerrado. Há indicações de que ela pode desempenhar um papel na prevenção do mal de Parkinson, de que pode funcionar contra herpes labial e de que um consumo inadequado durante a gravidez pode expor a criança a um risco maior de ser asmática. E se você quiser treinar camundongos para serem artistas de circo, trate de introduzir bastante vitamina E em sua dieta. Isso se você se guiar pelo trabalho de pesquisadores da Universidade de Cádiz, na Espanha, e da Universidade de Buenos Aires, na Argentina. Ana Novarro e Alberto Boveris estudaram as proezas acrobáticas de camundongos no arame a uma grande altura – grande pelo menos para camundongos. Eles esticaram um fio meio metro acima do chão e fizeram os animais correr através dele, prestando especial atenção ao grau exato de equilíbrio que eram capazes de manter. O desempenho dos roedores foi avaliado regularmente durante um período de 60 semanas. Os pesquisadores não estavam fazendo testes para um espetáculo de variedades; estavam interessados em estudar os efeitos do consumo de vitamina E sobre a coordenação dos camundongos.

Os 300 animais no estudo receberam a ração normal do laboratório, mas metade recebeu também um suplemento diário de vitamina E. Adivinhe o que aconteceu? Todos os camundongos perderam parte de sua capacidade de equilíbrio com a idade, mas, mesmo assim, na idade avançada de 78 semanas, os que receberam vitamina E tiveram um desempenho cerca de 45% melhor. Os camundongos receberam o equivalente humano a 2.000 UI, o que está muito acima do limite superior recomendado pela maioria das autoridades nutricionais. Em razão da alta dose utilizada, poderíamos ser tentados a desprezar o estudo, especialmente porque a maioria dos idosos não considera a caminhada na corda bamba uma habilidade necessária em suas vidas. Mas espere! Os pesquisadores descobriram que os suplementos de vitamina E não só ajudaram os camundongos em sua agilidade na corda bamba, como os fez viver cerca de 40% mais tempo que o esperado. Entusiasmados com esse resultado, os cientistas autopsiaram os animais para ver se conseguiam encontrar alguma evidência molecular do aparente efeito antienvelhecimento. E conseguiram! É bem sabido que o envelhecimento é acompanhado por danos celulares atribuídos à ação de radicais livres. No caso dos camundongos da vitamina E, foram encontrados menos dos compostos produzidos por radicais livres, em particular no cérebro.

Pode a vitamina E prevenir o declínio cognitivo em seres humanos? Bem, não temos nenhum estudo sobre o desempenho humano na corda bamba, mas temos alguns resultados interessantes gerados pelo trabalho de Martha Clare Morris no Centro Médico da Universidade Rush, em Chicago. A dra. Morris fez com que cerca de 3.700 idosos com idade média de 74 anos preenchessem extensos questionários sobre freqüência de alimentos, e avaliou seu estado mental administrando-lhes quatro testes diferentes. O exercício foi repetido três anos depois, e novamente passados mais três. A conclusão? Comparadas com pessoas que haviam consumido menos de uma porção de hortaliças por dia, as que haviam consumido pelo menos três viram sua taxa de alteração cognitiva ficar aproximadamente 40% mais lenta. Hortaliças folhosas verdes tiveram a associação mais forte com proteção, mas as frutas, surpreendentemente, não mostraram nenhum efeito. Quando os pesquisadores tentaram correlacionar os vários componentes sabidamente presentes nas hortaliças com melhor desempenho mental, a vitamina E sobressaiu. E a observação pôde explicar a falta de um efeito protetor das frutas. As hortaliças são muitas vezes consumidas com algum tipo de gordura, como nos molhos de salada, e sabe-se que a gordura aumenta a absorção de vitamina E. Se você precisava de mais evidências para aumentar seu consumo de hortaliças, esse estudo a fornece.

Como não temos nenhuma indicação clara de benefício com doses elevadas de vitamina E, e como há sugestões de possíveis danos, o conselho prudente é evitar doses elevadas. É pouco provável que doses de até 400 IU sejam nocivas, mas é melhor obter nossa vitamina E de alimentos como hortaliças folhosas verdes, castanhas e grãos integrais. Embora exista quem atribua vários benefícios ao consumo de suplementos dessa vitamina, suas opiniões não são corroboradas por ensaios randomizados e controlados por placebo de alta qualidade.

Óleo de fígado de bacalhau e vitamina D

Quando a Revolução Industrial se estabeleceu na Inglaterra, os médicos começaram a perceber um fenômeno inusitado: muitas crianças estavam ficando com as pernas arqueadas. Seus ossos, ao que parecia, eram simplesmente fracos demais para suportar o peso do corpo. Ninguém na época compreendeu que o raquitismo, como a doença veio a ser chamada, era causado pela falta de sol. Os céus estavam tomados pela densa fumaça preta cuspida pelas fábricas que se alastravam rapidamente. Isso reduzia grandemente a exposição à luz ultravioleta necessária para a produção de vitamina D no organismo. Esta desempenha um papel decisivo na absorção do cálcio, fundamental para a formação dos ossos. A conexão entre luz solar, vitamina D e raquitismo, contudo, só foi estabelecida nos primeiros anos do século XX. Foi então que o dr. Alfred Hess e a dra. Mildred Weinstock, da Universidade Columbia, lançaram as bases para nossa compreensão do papel da vitamina D na formação dos ossos com um engenhoso experimento.

Os pesquisadores de Columbia privaram ratos de sol até que desenvolvessem raquitismo. Depois cortaram um pedaço da pele dos animais, colocaram-na sob intensa luz solar e em seguida a acrescentaram à comida dos ratos. Veja! Os roedores recuperaram-se rapidamente. A luz solar havia provocado a produção de algum tipo de fator anti-raquitismo na pele exposta. Por volta da mesma época, na Inglaterra, o dr. Edward Mellanby acrescentou mais uma peça ao quebra-cabeça. Professor do King's College for Women, em Londres, Mellanby pensava que o raquitismo podia se dever a algum tipo de deficiência dietética. A dieta britânica carecia então de variedade, e muitos dentre a população mais pobre subsistiam com pouco mais que mingau. Mellanby decidiu alimentar um bando de cães exclusivamente com aveia, e para sua grande satisfação eles apresentaram raquitismo. Isso o convenceu de que alguma substância necessária para a prevenção da doença estava ausente da aveia.

Como nem todos que tomavam mingau eram afetados por raquitismo, a misteriosa substância devia estar presente em outros alimentos, concluiu Mellanby. Talvez a chave para uma dieta saudável para os ossos fosse consumir produtos animais. Por alguma razão bizarra, ele resolveu tentar adicionar óleo de fígado de bacalhau à dieta dos cães. Para seu espanto, os animais foram curados. Logo óleo de fígado de bacalhau estava sendo empurrado goela abaixo de crianças relutantes em toda a Grã-Bretanha, e o raquitismo tornou-se essencialmente uma relíquia de uma época mais antiga. Mellanby havia descoberto um tratamento, e surpreendentemente o havia feito com base numa conclusão errada. Aveia não tinha nada a ver com o início do raquitismo. Inadvertidamente, os cães no experimento de Mellanby tinham sido mantidos no escuro, e foi a falta de luz quc causou a doença. Mas Mellanby estava certamente correto ao supor que o óleo de fígado de bacalhau continha uma substância capaz de curar o raquitismo. Essa substância, é claro, vinha a ser a vitamina D.

Nossos ossos são essencialmente compostos de fosfato de cálcio, cujos componentes se originam na dieta. Mas a absorção do cálcio a partir do trato digestivo requer a presença de uma proteína de transporte. É aí que a vitamina D entra em cena; a proteína de transporte não pode ser feita sem ela. E para tornar as coisas mais confusas, uma forma específica dessa vitamina – a saber, a 1,25-dihidroxivitamina D_3 – é necessária. Essa não é a forma encontrada em alimentos ou formada através da exposição à luz do sol. A vitamina D_3, a forma sintetizada na pele através da exposição ao sol, é convertida em 25-hidroxivitamina D_3 no fígado, e depois é modificada para a forma ativa no rim.

Tão logo sua relação com raquitismo veio à luz, surgiu a idéia de fortificar alimentos com vitamina D. Mas isso exigia uma produção em grande escala, um desafio que foi enfrentado de maneira engenhosa expondo-se pele de vacas, porcos ou ovelhas à luz do sol e extraindo com um solvente a vitamina D_3 que se formava. O leite, por conter cálcio, foi escolhido como o veículo ideal para aumentar o consumo da vitamina. Na década de 1940, a fortificação generalizada do leite foi adotada, e a incidência de raquitismo, praticamente eliminada.

Hoje enfrentamos um problema diferente. O medo do sol resultou em baixos níveis sanguíneos de vitamina D em adultos, particularmente em idosos. Os níveis não são baixos o suficiente para causar raquitismo, mas podem causar um amolecimento dos ossos (osteomalacia) ou, em casos extremos, uma osteoporose que torna os ossos quebradiços. Durante os meses de inverno no hemisfério norte, os comprimentos de onda de luz solar eficazes não penetram a atmosfera, e suplementos de vitamina D têm de ser considerados. A quantidade exata de vitamina D de que precisamos, no entanto, é discutível. A recomendação usual tem sido 2.000 UI diárias para pessoas com menos de 50 anos, 400 UI para pessoas entre 50 e 70 anos, e 600 UI para pessoas com mais de 70 anos. Muitos pesquisadores, contudo, pensam que essas recomendações deveriam ser aumentadas, uma vez que estudos indicaram que um consumo de 1.000 UI por dia é necessário para reduzir o risco de fraturas.

Mas a vitamina D pode fazer mais do que isso. Na década de 1940, o dr. Frank Apperley, num artigo que marcou época na revista *Cancer Research*, relatou que as taxas de mortalidade entre seres humanos por vários tipos de câncer aumentavam proporcionalmente segundo a distância que separava as pessoas do equador. Apperley perguntou-se se o efeito da luz solar poderia explicar essa observação. Em 1980, pesquisadores haviam confirmado que câncer de cólon, mama e próstata era mais comum em latitudes com menor exposição solar anual. Evidentemente, é importante não tirar conclusões apressadas, porque padrões dietéticos e níveis de atividade poderiam explicar a diferença. Ainda assim, a relação com a vitamina D é intrigante, porque foram encontrados receptores para esse hormônio em células de muitos órgãos diferentes, inclusive a mama, a próstata e até o cérebro. A vitamina D parece, portanto, fazer muito mais que afetar a formação dos ossos.

Liderados pelo dr. Cedric Garland, pesquisadores da Universidade da Califórnia confirmaram esse achado. Quando amostras de sangue de 701 pacientes de câncer de mama foram comparadas com as de um grupo similar de mulheres saudáveis, os pesquisadores constataram que um nível elevado de vitamina D oferecia significativa proteção contra o câncer de mama. Para alcançar esse nível de proteção, porém, as pessoas precisariam tomar uma dose diária de 1.000 UI, uma quantidade que muito poucos consomem. Essas doses só podem ser obtidas mediante suplementação dietética, não pela exposição ao sol.

Isso não significa que o sol não desempenha um papel importante. Um estudo canadense realizado no Hospital Mount Sinai, em Toronto, comparou a história de mil pacientes de câncer de mama com a de controles emparelhados livres da doença. Questionários preenchidos pelas mulheres revelaram que aquelas que haviam passado mais tempo ao sol – sobretudo quando adolescentes –, bem como as que tinham tido um consumo elevado de vitamina D através da dieta (cerca de dez copos de leite fortificado por semana quando jovens), eram significativamente menos propensas a desenvolver câncer de mama mais tarde na vida. Os pesquisadores observaram uma redução no risco de aproximadamente 30%. Parece que o momento crítico para um consumo elevado de vitamina D é enquanto o tecido da mama está sendo formado. Após os 45 anos, não foi encontrada nenhuma relação com a proteção contra o câncer.

Talvez a evidência mais convincente dos benefícios potenciais da suplementação da dieta com vitamina D venha de uma metanálise de ensaios publicada nos *Archives of Internal Medicine* em setembro de 2007. Esse "estudo de estudos" recebeu ampla cobertura da imprensa, muitas vezes gerando manchetes do tipo "Vitamina D reduz risco de morte em 7%". Isso, é claro, é uma hipérbole. A vitamina D não ajudará ninguém a viver para sempre. O que os pesquisadores realmente mostraram foi que pessoas tomando esses suplementos estavam menos sujeitas a morrer, seja da causa que for, que aquelas que tomavam um placebo. Ao todo, os pesquisadores examinaram 18 estudos que investigaram o efeito da vitamina D sobre fraturas ósseas, câncer e doença cardíaca. Embora nenhum deles tivesse sido planejado para estudar a mortalidade, todos registravam as mortes dos sujeitos envolvidos. A combinação dos dados levou à conclusão de que as pessoas que tomavam aproximadamente 500 UI de vitamina D por dia na forma de suplementos tinham uma probabilidade 25% menor de morrer durante o estudo.

Estão se acumulando também evidências de que a vitamina D pode prevenir a diabetes em pessoas sob risco, melhorar a função imunológica e retardar a progressão da osteoartrite. Mas é provável que todos esses efeitos requeiram dosagens maiores que as recomendações usuais. A melhor estimativa é que 1.000 UI por dia é um bom alvo. Mesmo o consumo de 2.000 a 3.000 UI diárias parece não oferecer risco, exceto talvez em pessoas propensas a cálculos renais. Os suplementos de vitamina D podem se revelar um daqueles raros casos em que pelo menos parte do que a publicidade alardeia se justifica.

Leite e cálcio

Seria de esperar que, se houvesse um alimento incapaz de provocar debate com relação a seus benefícios para a saúde, seria o leite. Afinal, das substâncias que consumimos ele é a única que se desenvolveu com o exclusivo propósito de nos servir como alimento. Dizer que o leite provoca debate, no entanto, é um eufemismo. Discussões sobre seus benefícios ou danos levam a batalhas violentas que transcendem controvérsias nutricionais. De um lado, temos organizações como o Physicians' Committee for Responsible Medicine (PCRM), a AntiDairy Coalition e o People for the Ethical Treatment of Animals (PETA) que sustentam que ele é um veneno mortal e que "o leite da vaca é para bezerros". De outro, temos a Dairy Association e vários pesquisadores independentes que afirmam que tomar leite contribui significativamente para a boa saúde. Ambos os lados brigam para convencer o público da "verdade", com amplas e dispendiosas campanhas publicitárias apoiadas por referências à literatura científica.

Há, é claro, mais do que ciência envolvido aqui. A Dairy Association defende os interesses dos produtores e faz o que pode para promover a venda do leite e de seus derivados. Os grupos antileite usam a questão para promover os direitos dos animais e as propostas vegetarianas. Parece que os dois combatentes não têm nada em comum, mas é bem assim. Ambos saltam sobre qualquer estudo que apóie sua causa e rejeitam imediatamente os que não o façam. E com a overdose de pesquisas produzidas atualmente, é possível encontrar "evidências" para qualquer idéia. A ciência responsável, no entanto, requer que abandonemos os programas, retiremos os antolhos e examinemos a totalidade das evidências antes de chegar a uma conclusão.

O leite é acusado de contribuir para doença cardíaca, derrame, câncer de mama, câncer de próstata, câncer de ovário, diabetes, alergias, câibras estomacais, diarréia, autismo, produção de muco e, veja só, fraturas ósseas! Mas está também associado a redução da doença cardíaca, do câncer de mama, do câncer colorretal e, é claro, de fraturas ósseas. Tudo depende de a quem você dá ouvidos. Os argumentos antileite começam muitas vezes com a observação de que nenhuma outra espécie, exceto o ser humano, toma leite depois de ser desmamado. Esse está longe de ser um argumento convincente. Nenhuma outra espécie tampouco projeta aviões, desenvolve antibióticos ou assa pão.

A doença cardíaca é de fato mais comum em países onde o consumo de laticínios é alto. Mas esses países têm uma dieta muito rica em gordura saturada total. Sim, leite contém gordura saturada, mas o que importa é a soma de toda a gordura consumida. E pode-se evitar a que existe no leite consumindo laticínios com baixo teor de gordura. É interessante notar que, num estudo recente, o professor Peter Elwood, da Universidade de Cardiff, no País de Gales, rastreou 400 mil adultos no mundo inteiro durante 28 anos e descobriu que aqueles que tomavam mais leite corriam menor risco de sofrer doença cardíaca ou derrame que os que tomavam pouco ou nenhum. E não, ele não foi financiado pela indústria de laticínios. O estudo de Elwood não foi o único a encontrar tal resultado. Na Universidade de Bristol, fizeram com que 764 homens se pesassem e registrassem cada item alimentar e cada bebida consumida durante uma semana. Depois eles foram acompanhados por 20 anos. Os que tomavam grandes quantidades de leite tinham um risco menor de sofrer doença cardíaca e derrame que os que tomavam as menores quantidades. Foi sugerido que a capacidade do cálcio de reduzir a pressão sanguínea pode estar envolvida – sabe-se que ele aumenta a taxa em que o organismo produz óxido nítrico, uma substância química capaz de relaxar as paredes dos vasos sanguíneos, reduzindo a pressão.

Seriam os produtos laticínios um fator de risco para câncer de próstata? Há um aumento mundial nos tipos de câncer relacionados a hormônios, e leite de vaca é uma fonte de estrógenos. As vacas da indústria de laticínios moderna estão usualmente prenhes e são ordenhadas durante esse período, quando as concentrações de estrógenos são altas. Os laticínios também contêm um fator de crescimento semelhante à insulina (IGF-1), que pode causar multiplicação celular irregular. Além disso, o leite contém traços de dioxinas originadas de poluentes que podem ter se assentado nos campos em que os animais pastam. E é rico em cálcio, o qual evidentemente forma ossos, mas também depaupera os níveis sanguíneos de uma forma de vitamina D que foi associada à proteção contra o câncer.

Essa é a teoria, mas o que dizem as evidências epidemiológicas? Muitos estudos mostram uma correlação entre a incidência de câncer de mama e de próstata e o consumo de laticínios. Mas as correlações tendem a desaparecer quando é feito um ajuste para o não-consumo de gordura de leite. Gorduras de origem animal de modo geral têm efeito adverso sobre os tipos de câncer relacionados a hormônios, mas o leite não está especificamente envolvido. No caso do câncer de próstata, estudos mostraram uma relação com o consumo de cálcio, mas não com o consumo total de laticínios. Um ou dois copos de leite por dia não são um problema, e já se mostrou que cálcio nessas quantidades oferece proteção contra câncer de cólon.

Há algumas evidências de que o leite pode de fato reduzir a incidência de câncer de mama. O consumo de nove copos de leite por semana entre os 20 e 29 anos, em contraposição ao de menos de cinco copos, foi associado a proteção contra a doença. Um estudo finlandês rastreou quase 5 mil mulheres durante 25 anos e constatou que as que consumiam mais leite integral tinham a mais baixa incidência de câncer de mama. Compostos chamados ácidos linoléicos conjugados (CLAs) podem ser protetores e de fato se mostrou que detêm tumores em animais. No que diz respeito ao câncer ovariano, tomar leite aumenta um pouco o risco, mas isso é contrabalançado pela redução do risco de câncer colorretal, muito mais comum.

Alguns anos atrás, um estudo que sugeriu uma relação entre leite e diabetes juvenil causou alvoroço, mas nunca foi corroborado. Tampouco há qualquer evidência de que leite cause muco, embora pessoas alérgicas a ele possam ficar congestionadas. Sem dúvida, porém, quem sofre de intolerância à lactose pode desenvolver sintomas gastrointestinais. Essa afecção resulta da incapacidade de digerir lactose, um açúcar presente no leite. Cerca de 70% da população mundial é incapaz de produzir a enzima beta-galactosidase (mais conhecida como lactase), essencial para que essa digestão seja feita de forma adequada. A intolerância à lactose é mais comum entre pessoas de origem asiática, africana e, em menor medida, mediterrânea. Muitas partes da Ásia e da África foram outrora afligidas pela doença do sono (tripanossomíase africana), transmitida pela mosca tsé-tsé e responsável pela destruição de populações de gado. Geneticistas acreditam que a indisponibilidade de leite nessas áreas levou à intolerância à lactose. Em termos de evolução, tal resposta seria apropriada, já que a interrupção da síntese de uma enzima não necessária seria vantajosa para o organismo humano. Embora tal intolerância seja rara em bebês, a capacidade de produzir a enzima diminui drasticamente em indivíduos predispostos durante o ano seguinte ao desmame. Muitas pessoas intolerantes à lactose conseguem consumir pequenas quantidades de leite sem sofrer os sérios efeitos adversos normalmente associados à afecção, a saber, diarréia e cólicas abdominais.

A diarréia é provavelmente resultado de um maior fluxo de água para o intestino (por osmose) em resposta ao acúmulo de lactose. Ao mesmo tempo, a fermentação de pequenas quantidades de lactose por bactérias comumente presentes no trato digestivo resulta na produção de gases que podem levar a cólicas. Um dos gases produzidos, o hidrogênio, é usado como indicador da intolerância à lactose num teste de respiração amplamente aplicado. Como o leite é a fonte dietética mais comum de cálcio, quem sofre dessa intolerância tem muitas vezes deficiência desse elemento. Queijo e iogurte contêm muito menos lactose, e a maioria das pessoas intolerantes a ela consegue consumi-los. Apenas 28 gramas de queijo cheddar contêm tanto cálcio quanto um copo (250 ml) de leite, mas menos de um décimo da quantidade de lactose. Uma preparação que contém a enzima ausente é comercialmente disponível hoje. A ingestão de Lactaid antes do consumo de leite ou de qualquer outro laticínio leva à destruição da maior parte da lactose em 24 horas e previne os temidos efeitos colaterais.

Bem, e quanto à necessidade de leite para "formar ossos fortes"? O lobby antileite salienta que os asiáticos têm menor incidência de osteoporose que os ocidentais, embora consumam menos laticínios. É verdade, mas eles têm também uma dieta total e um estilo de vida muito diferentes. Além disso, há o Estudo sobre a Saúde das Enfermeiras, que descobriu que aquelas que tomavam dois ou mais copos de leite por dia quebravam de fato mais ossos e corriam um risco maior de sofrer fraturas no quadril. A principal autora desse estudo propõe uma interpretação interessante. Ela sugere que as mulheres sob maior risco de sofrer osteoporose tomavam mais leite, mas era "muito pouco e tarde demais". De todo modo, quando consideramos a totalidade das evidências, um número esmagador de estudos mostra que a força dos ossos, no contexto da dieta norte-americana, melhora com o consumo de cálcio. E os laticínios são a melhor fonte biodisponível desse elemento. Quando o cálcio é adicionado ao suco de laranja, por exemplo, a biodisponibilidade varia dependendo do tipo usado. O citrato malato é muito melhor absorvido que a combinação de fosfato tricálcio e lactato de cálcio.

Como saber qual é o consumo ideal de cálcio? Uma pista importante vem da medição da quantidade eliminada na urina. Quando o consumo diário é maior que cerca de um grama (1.000 miligramas), a concentração de cálcio na urina aumenta, significando que o organismo reteve tudo de que necessitava. Parece portanto que 1.000 miligramas por dia é uma boa estimativa aproximada. Um copo de leite contém cerca de 300 miligramas de cálcio; uma xícara de iogurte, 400. Por comparação, a melhor fonte vegetal são os brócolis, com cerca de 100 miligramas por xícara.

Lactato de cálcio, gluconato de cálcio, citrato de cálcio e carbonato de cálcio são todos suplementos adequados, e é melhor tomá-los com as refeições. O citrato de cálcio é absorvido mais rapidamente, mas contém menos cálcio que o carbonato de cálcio, 24% por peso comparados a 40%. É também mais caro. Lembre-se que as recomendações dietéticas são sempre em termos de cálcio, que constitui apenas uma parte do peso de um suplemento. O carbonato de cálcio é portanto a fonte mais eficiente, embora possa causar ligeira constipação. No que diz respeito ao organismo, não faz diferença que o carbonato de cálcio seja manufaturado ou venha de pérolas. Se mascamos um tablete de antiácido Tums, pastamos nas falésias brancas de Dover ou comemos giz é uma questão de preferência pessoal. Atualmente muitos suplementos de cálcio incluem vitamina D, o que é uma boa idéia.

O leite talvez não seja um alimento milagroso, mas pode contribuir significativamente para uma dieta saudável. Certamente não é um veneno, como sugerem o People for the Ethical Treatment of Animals e congêneres. Essa é a organização que patrocinou cartazes do ex-prefeito de Nova York, Rudolph Giuliani, exibindo um bigode de leite depois de ter recebido um diagnóstico de câncer de próstata. Explorando o slogan da indústria de laticínios, "Tem leite?", os anúncios do PETA perguntavam: "Tem câncer de próstata?" O que eu perguntaria ao PETA é: "Que tal dar um tratamento ético às pessoas?"

PARTE II

A manipulação de nossos alimentos

Fortificar com ferro

A deficiência de ferro é a desordem nutricional mais comum no mundo, afetando até 25% da população, embora apenas 5% dos norte-americanos. A questão foi levada à atenção do público na década de 1930 – embora indiretamente – por aquele ícone nutricional que já encontramos, o marinheiro Popeye. Como quase todos sabem, quando Popeye precisava de uma força extra, ele não tomava esteróides: devorava uma lata de espinafre. E por que Elsie Segar, o criador do personagem, escolheu esse como o impulso energético mágico do marinheiro? Porque o ferro pode aumentar a energia, e espinafre de fato contém ferro. Mas há vários problemas com a conexão Popeye-espinafre. Antes de mais nada, aumentar o consumo de ferro para impulsionar a energia só funciona se houver primeiro uma deficiência dele, e mesmo nesse caso haverá apenas uma restauração dos níveis normais de energia. Mas há ainda outras duas questões. Para começar, espinafre não contém tanto ferro assim, e o que ele contém não é facilmente absorvido pelo organismo.

Quando Popeye apareceu pela primeira vez na história em quadrinhos de Segar, em 1929, pesquisadores haviam estabelecido o papel vital que o ferro desempenhava na nutrição. Ele era parte integrante da hemoglobina, a molécula que transporta oxigênio nos glóbulos vermelhos do sangue. Falta de ferro causava anemia, caracterizada por cansaço, prejuízo da acuidade mental e até coceiras. (Será por isso que coçamos a cabeça quando pensamos?) O aumento do consumo resolvia o problema e restaurava a energia.

À medida que o papel do ferro na saúde começou a ser desenredado, tornou-se importante saber que alimentos o continham e em que quantidade. Há muitas maneiras químicas de determinar o teor de ferro. Uma das mais interessantes é baseada na reação desse elemento com o tiocianato, que forma uma cor vermelha. A intensidade da cor pode ser usada para calcular a quantidade de ferro por comparação com determinados padrões. Por exemplo, para determinar o teor de ferro do espinafre, uma amostra é queimada até que restem somente cinzas. O tratamento de um extrato aquoso disso com tiocianato produz um vermelho cuja intensidade pode ser analisada por um colorímetro. Revela-se que o espinafre não é uma fonte tão boa assim. No século XIX, pesquisadores se enganaram e colocaram uma vírgula decimal na posição errada quando calcularam o teor de ferro da hortaliça! Esse erro foi propagado em muitos textos, levando Segar a escolher espinafre como a fonte da força de Popeye. Um problema adicional é que o ferro presente no espinafre não está facilmente disponível. Oxalato e taninos que ocorrem naturalmente se ligam ao mineral e impedem sua absorção.

Assim, se espinafre não é uma fonte confiável de ferro, onde podemos encontrá-lo? Carne contém ferro "heme", que é a forma mais absorvível, mas feijão, castanhas e ameixas secas também são boas escolhas. A principal fonte para a maioria das pessoas, porém, é farinha de trigo fortificada. Em meados do século XX, quando as autoridades nutricionais descobriram que nosso consumo de ferro estava caindo, provavelmente porque estávamos trocando nossas velhas panelas de ferro pelos modernos utensílios de alumínio e aço inoxidável, decidiram fortificar a farinha de trigo, e conseqüentemente pães e cereais.

A fortificação de alimentos com ferro não é uma novidade, e foi descrita muito antes que as pessoas soubessem qualquer coisa sobre bioquímica. Na mitologia grega, para impulsionar sua energia, Jasão e os argonautas tomaram vinho tinto misturado com limalha de ferro que haviam guardado após afiar suas espadas. Isso só teria sido eficaz se, em primeiro lugar, os marinheiros sofressem de anemia por deficiência de ferro, um evento improvável. No século XVII, o dr. Thomas Sydenham, um médico britânico, tratava anemia rotineiramente com ferro "banhado em vinho do Reno frio". Um século mais tarde, os médicos recomendavam aos pacientes com fadiga que comessem maçãs furadas com pregos de ferro (depois de removê-los, é claro!). Tratava-se de uma técnica surpreendentemente eficaz, porque a acidez da maçã ajudava a dissolver um pouco de ferro, e a vitamina C presente na fruta aumentava sua absorção.

A absorção é um problema muito significativo em se tratando de fortificação com ferro. Sulfato ferroso é solúvel em água e biodisponível, mas pode afetar a cor, o gosto e as qualidades de conservação do alimento. Não faz muito sentido melhorar as propriedades nutricionais de um alimento se as pessoas não vão comê-lo. É por isso que pó de ferro elementar é usado, ainda que essa forma não seja tão bem absorvida. Quer fazer um experimento simples? Bata um pouco de cereal fortificado com ferro num liquidificador e depois mexa usando um ímã. Você não vai demorar a ver uma camada de minúsculas partículas de ferro!

Em razão do problema generalizado de deficiência de ferro no mundo, pesquisadores estão constantemente em busca de melhores métodos de fortificação. Grande parte dos países em desenvolvimento consome farinha de trigo integral, difícil de fortificar por causa da presença de fitatos, que se ligam fortemente ao ferro. A adição de vitamina C para aumentar a absorção é uma possibilidade em alimentos não aquecidos, assim como o uso de compostos de ferro quelados. Nestes últimos, o ferro é combinado com o aminoácido glicina ou com ácido etilenodiaminotetracético (EDTA), que impedem a ligação com fitatos e aumentam a absorção. A pesquisa sobre o aumento do consumo de ferro em países em desenvolvimento é essencial. Embora as pessoas pensem que a anemia por deficiência desse elemento causa sobretudo fraqueza e falta de energia, o fato é que ela pode ter conseqüências muito mais sérias, como complicações durante a gravidez, maior mortalidade infantil e prejuízo do desenvolvimento físico e mental.

Um pouquinho de ferro é necessário, mas isso não significa que quanto mais, melhor. Na África do Sul, por exemplo, muitos bantos sofrem de uma sobrecarga, porque cozinham tudo em panelas de ferro e tomam cerveja fermentada em recipientes desse mesmo material. Para os que vivem no mundo desenvolvido, porém, um motivo de preocupação mais imediata é o aumento da absorção do ferro devido a uma doença conhecida como hemocromatose, que afeta três pessoas em mil. Os sintomas podem ser muito parecidos com os da anemia, e o diagnóstico incorreto seguido da recomendação de tomar suplementos de ferro pode ser fatal. O tratamento apropriado, acredite ou não, é sangria. Como a vitamina C aumenta a absorção do ferro, suplementos dessa vitamina podem ser danosos para quem sofre de hemocromatose. E infelizmente o único meio de diagnóstico é um exame de sangue. A maioria das pessoas não sabe que tem a doença até os sintomas começarem a aparecer.

Há uma outra questão com o ferro no organismo. Em 1992, um estudo finlandês descobriu que homens com níveis mais altos de ferritina, a proteína que armazena esse elemento, tinham um risco mais alto de sofrer um ataque cardíaco. A teoria é que o ferro pode catalisar a formação de radicais livres, que por sua vez podem danificar o revestimento das artérias e levar à formação de placa. A maioria dos estudos subseqüentes não corroborou a relação com doença cardíaca, mas alguns sugeriram uma ligação com afecções neurológicas como o mal de Parkinson. Obviamente, não queremos exagerar no consumo de ferro. Homens e mulheres mais velhos precisam apenas de cerca de 8 miligramas por dia, o que está facilmente disponível na dieta. Não há necessidade de suplementos. Mulheres na pré-menopausa que sangram muito durante a menstruação, mulheres grávidas, pessoas sob dietas de restrição calórica e atletas de resistência requerem cerca de 18 miligramas por dia e podem se beneficiar com suplementos, mas isso tem de ser discutido com um médico ou um nutricionista. Aumentar o consumo de carne, aves ou peixe pode ser suficiente. Mas espinafre não será a solução. Lembremos também que aumentar o consumo de ferro para "ganhar energia" só funciona se a falta de energia se dever a uma anemia por deficiência de ferro. E se essa doença for diagnosticada, ela precisa ser mais bem investigada, porque pode estar havendo perda de sangue em razão de uma doença subjacente, como câncer de cólon.

Nada disso significa, porém, que não deveríamos seguir o conselho de Popeye sobre o espinafre. Ele estava errado com relação ao ferro, mas espinafre é uma excelente fonte de ácido fólico e de betacaroteno, que contribuem ambos para a boa saúde. Portanto, salada de espinafre é uma excelente idéia – regada com um óleo monoinsaturado, pode propiciar os propalados benefícios da dieta mediterrânea.

Temperar com sal

A indústria de alimentos processados adora sal. Cloreto de sódio é barato, permite que a água seja retida, age como conservante e realça o sabor. Como diz um defensor da substância, "o sal dá um gosto ruim às coisas quando não está presente nelas". É verdade. A ânsia humana por sal pode ser explicada em parte por nossa necessidade fisiológica de sódio. Sem ele, as células nervosas não podem transmitir impulsos elétricos, os músculos não podem se contrair apropriadamente e os fluidos orgânicos ficam em más condições. Não deveria surpreender, portanto, que "salgado" seja um dos paladares humanos básicos. Mas o sal faz mais que deixar a comida salgada; ele pode também modificar a maneira como percebemos os outros gostos comuns: azedo, amargo e doce.

O sal inibe o amargor e realça a doçura. É por isso que você o encontrará em comidas tão improváveis quanto chocolate, torta de maçã e cereais matinais. De fato, estudos mostraram que a aceitação do consumidor cai fortemente quando os níveis de sal nos alimentos processados declinam. Isso explicaria a grande aceitação de alimentos como picles de aneto, cachorro-quente, chucrute, suco de hortaliças, queijo cottage, azeitona, sopa enlatada e pizza, que podem ter até um grama de sal por porção. Não é difícil ver como o consumo recomendado de 6 gramas por dia pode ser excedido.

Sal foi o primeiro tempero usado por nossos ancestrais. Eles o obtinham mediante a evaporação da água do mar, ou minerando-o. Como a origem dos depósitos de sal no solo pode também ser atribuída a oceanos que não mais existem, todo sal é basicamente "sal marinho". Ele foi minerado perto de Salzburgo ("Cidade do Sal"), na Áustria, desde os idos de 6.500 a.C., e os romanos antigos construíram grandes tanques de evaporação perto do mar para coletá-lo. De fato, os romanos apreciavam tanto o sal que os soldados recebiam uma ajuda de custo especial, conhecida como o "*salarium*", para comprá-lo. Nossa palavra *salário* deriva daí. O sal era considerado tão importante que se pensava que quem o derramasse promovia a má sorte, atraindo espíritos malévolos. Jogar um pouquinho de sal sobre o ombro era o antídoto. Supunha-se que os grãos de sal caíam nos olhos do espírito e o distraíam do mal que estava planejando. A idéia de que sal derramado agourava coisas ruins foi uma crença duradoura. O quadro *A última ceia*, de Leonardo da Vinci, mostra claramente um saleiro caído diante de Judas, prenunciando sua traição de Jesus.

Não era apenas por seu sabor que o sal era tão apreciado; seu valor conservante era muito útil. Quando a concentração de sal fora de uma célula bacteriana ou fúngica é mais alta que em seu interior, a água é extraída da célula para reduzir a concentração exterior. Esse processo de osmose desidrata a célula e acaba por destruí-la. É por isso que se costumava esfregar sal em ferimentos para reduzir a possibilidade de infecção bacteriana. É claro que isso transtorna também as células teciduais, causando a irritação que associamos a "esfregar sal na ferida". Para preservar a carne, costumava-se mergulhá-la numa solução de salmoura ou cobrir sua superfície com sal grosso. Talvez o uso mais extraordinário de sal como conservante tenha sido concebido na Inglaterra do século XVII, quando as cabeças dos bandidos eram postas em exibição pública para dissuadir outros criminosos. Mas as cabeças apodreciam rapidamente e atraíam aves que arrancavam fora a carne, deixando para trás um crânio limpo, algo aparentemente menos amedrontador para o populacho. A solução para esse probleminha foi ferventar as cabeças em água salgada para que não apodrecessem.

Esses bandidos eram salgados após a morte. Mas e quanto à possibilidade de o salgamento ser a causa dela? Nosso organismo tenta manter certa concentração de sódio no sangue. Se a quantidade de sódio aumenta, mais água precisa ser retida para manter a mesma concentração. Isso significa que o volume sanguíneo aumenta e que há mais sangue para o coração bombear pelo corpo. A pressão que o sangue exerce contra as paredes das artérias aumenta, e isso pode levar a derrames e ataques cardíacos. Se menos sódio for ingerido, porém, menos água é retida, e a pressão sanguínea deve cair. "Reduza o sal" é o conselho dos médicos para pacientes com diagnóstico de pressão alta.

Muitos estudos mostraram que 50% desses pacientes respondem a uma dieta de pouco sódio. Por que não todos? Porque na realidade a situação é mais complicada que um mero equilíbrio entre sódio e água. Cálcio e potássio desempenham papéis importantes também. De fato, muitos pesquisadores acreditam hoje que aumentar o consumo de potássio e cálcio de pessoas que sofrem de pressão sanguínea alta é tão importante quanto reduzir o sal. Isso significa mais leite desnatado, mais bananas, mais laranjas.

Embora ninguém conteste a dieta com baixo teor de sódio para quem tem pressão sanguínea alta, especialistas divergem quando se trata de fazer recomendações para o público em geral. Alguns dizem que pedir a todos que reduzam seu consumo de sal de cerca de 9 para 6 gramas por dia não é algo baseado na ciência. A meu ver, estão errados. Muitas pessoas têm pressão sanguínea alta não diagnosticada e se beneficiariam de um consumo reduzido. Experimentos com chimpanzés mostraram que à medida que o sal na dieta aumenta, a pressão sanguínea se eleva. Estudos epidemiológicos humanos mostraram o mesmo. Populações com menor consumo de sal têm pressão sanguínea mais baixa. Os índios ianomâmis do Brasil não adicionam nenhum sal a seus alimentos, e não sofrem de hipertensão – embora estejam cercados de cobras venenosas, insetos e pesquisadores querendo lhes medir a pressão a toda hora. Em contraposição, os norte-americanos, com sua predileção por batatas fritas, pizzas e cachorros-quentes salgados, estão em plena "epidemia" de hipertensão. De fato, alimentos conservados são responsáveis por 75% de nosso consumo de sal – uma única fatia de pão pode conter nada menos que meio grama. Se uma dieta com menos sal baixa a pressão sanguínea em pessoas que não têm pressão alta para começar, é irrelevante. Comer menos alimentos processados salgados conduz automaticamente a uma dieta mais saudável. Pesquisadores calculam que uma redução do consumo de sal de uma média de 9 gramas para 6 gramas salvaria milhares de vidas por ano! Tenho certeza de que porta-vozes do influente Salt Institute, uma organização que promove o uso do sal, contestarão essa afirmação. Mas eu receberia seus comentários *cum grano salis*.

Realçar o sabor com glutamato monossódico

O professor de química Kikunae Ikeda gostava muito de comer. Como a maioria dos japoneses, apreciava especialmente sopas preparadas com *dashi*, extrato de uma alga marinha conhecida como *kombu*. Embora o gosto do próprio *dashi* fosse muito suave, ele parecia revelar sabores espetaculares quando acrescentado a outros alimentos. O que seria responsável por essa mágica culinária? O professor Ikeda decidiu tirar a limpo. A partir de uma enorme quantidade de caldo de *kombu*, conseguiu isolar um punhado de cristais brancos que forneceram uma resposta para o mistério. Quando colocados sobre a língua, eles não tinham praticamente nenhum sabor, mas davam a outros alimentos um gosto muito melhor.

O gosto delicioso que os cristais conferiam era diferente das sensações clássicas – doce, azedo, amargo ou salgado – associadas aos alimentos. Ikeda deu-lhe o nome *umami*, do adjetivo japonês *umai*, que significa "delicioso". Em 1909, ele descreveu seu trabalho num artigo que marcou época, publicado no *Journal of the Chemical Society of Tokyo*, identificando a substância que tinha um gosto *umami* como ácido glutâmico. O sal sódico desse ácido era estável e solúvel em água, observou ele, e um candidato à exploração comercial. E foi assim que o glutamato monossódico, mais conhecido como MSG, começou sua carreira como um aditivo amplamente usado para "revelar sabores ocultos". O próprio Ikeda deu o pontapé inicial ao patentear e vender MSG como um condimento de mesa sob o nome Aji-no-moto (essência de sabor). O inventor nunca poderia imaginar que sua descoberta acabaria sendo envolvida numa controvérsia nutricional, mas o MSG foi acusado de ser uma substância química capaz de ocasionar males que variavam desde a hipertensão, a asma e a depressão até a desordem do déficit de atenção e a "síndrome do restaurante chinês". Acusações, no entanto, não são o mesmo que fatos.

O sucesso comercial do MSG foi quase imediato. Poucos anos depois da descoberta de Ikeda, os químicos inventaram uma maneira econômica de produzir ácido glutâmico através da fermentação de açúcar de beterraba ou xarope de milho. Logo sopas em lata, carnes processadas, molhos de salada, pratos congelados e grande número de outros alimentos se beneficiavam da deliciosa intensificação de sabor proporcionada pela adição de MSG. Foi então que, em 1968, apareceu uma pedra no caminho. Ela surgiu na forma de uma carta ao *New England Journal of Medicine* (*NEJM*) escrita pelo dr. Ho Man Kwok, que pensava que suas aventuras pessoais em restaurantes chineses mereciam a atenção da comunidade médica. Kwok escreveu: "Tenho experimentado uma síndrome estranha sempre que como em um restaurante chinês, especialmente um que sirva comida do norte da China. A síndrome, que geralmente começa 15 a 20 minutos depois do primeiro prato, dura cerca de duas horas, sem efeito de ressaca. Os sintomas mais proeminentes são entorpecimento na nuca, que se irradia gradualmente por ambos os braços e as costas, fraqueza geral e palpitações." Os editores do *NEJM* publicaram a carta sob o interessante título "Síndrome do restaurante chinês", e desencadearam uma complexa controvérsia.

Kwok não acusou o MSG por seus sintomas, mas mencionou-o como uma possibilidade. Em pouco tempo ela se transformou em probabilidade, em função de uma enxurrada de cartas provocada pela observação de Kwok. Médicos e farmacologistas afirmavam terem visto em pessoas sensíveis claras associações entre a ingestão de MSG e sintomas como os descritos por Kwok. Além disso, acrescentavam desmaio, taquicardia, náusea e pontadas musculares à lista de possíveis efeitos. E houve acusações mais sérias. O dr. John Olney, da Universidade de Washington, relatou ter encontrado lesões nos cérebros de camundongos aos quais havia sido dado MSG numa quantidade equivalente à presente numa lata de sopa. Embora as evidências fossem restritas, os produtores decidiram eliminar o MSG de alimentos para bebês.

Vieram então as refutações. Num estudo, seres humanos receberam até 150 gramas de MSG por dia durante seis semanas, sem efeitos adversos. (Uma refeição chinesa pode conter no máximo 5 gramas de MSG.) Com base nessas descobertas, os pesquisadores concluíram que a "síndrome do restaurante chinês" é uma lenda aplicada a uma variedade de males pós-prandiais (que se desenvolvem após as refeições); não foi possível encontrar evidências científicas rigorosas e realistas associando-a ao MSG. Outros notaram também que os sintomas subjetivos da "síndrome do restaurante chinês" não são coerentes, e sintomas objetivos como ritmo cardíaco, pressão sanguínea e temperatura da pele permanecem inalterados durante um "ataque". Vários estudos com primatas não mostraram nenhum efeito após injeção ou ingestão forçada de MSG.

A controvérsia se reacendeu em 1992, quando o influente programa da CBS, *60 Minutes*, transmitiu uma reportagem em que uma mulher alegava que o não-reconhecimento do MSG como a causa de suas dores de estômago havia levado a uma cirurgia desnecessária, e uma mãe afirmava que a hiperatividade e as notas baixas do filho se deviam ao aditivo. O dr. John Olney apareceu, vestindo um jaleco branco de laboratório, e sugeriu, sem apoio de qualquer evidência, que o MSG pode causar danos cerebrais em algumas pessoas. O programa foi irresponsável, fazendo apenas uma alusão *pro forma* à enorme quantidade de pesquisas que, desde 1968, mostravam que, embora pudesse haver reações idiossincráticas isoladas, o MSG não era responsável pelo sofrimento das pessoas ali apresentadas.

Relatos levianos não estão restritos a programas de TV em busca de reportagens sensacionalistas. A National Organization Mobilized to Stop Glutamate (que talvez tenha gasto toda a sua acuidade mental para criar um nome que produzisse o acrônimo impronunciável NOMSG) distribui rotineiramente resmas de informação sobre os males da substância. As acusações, porém, não são corroboradas pelas evidências científicas. Em 1992, a Food and Drug Administration (FDA), incitada pela preocupação do público, pediu a um painel independente de cientistas – a Federation of American Societies for Experimental Biology (FASEB) – que estudasse a questão. Em 1995, um relatório abrangente, baseado em estudos duplo-cego e bem controlados, concluiu que o MSG não apresenta nenhum problema nos níveis normalmente usados, mas uma dose grande pode causar sensação de queimação, pressão facial, dor de cabeça, sonolência e fraqueza numa porcentagem muito pequena de pessoas.

Significativamente, porém, havia um ponto de virada. Os sintomas eram observados apenas em pessoas que haviam ingerido mais de 2,5 gramas de MSG de uma só vez, o que pode acontecer com algumas refeições chinesas. Apesar disso, pareceu aos pesquisadores que seria injusto onerar a comida chinesa com um rótulo pejorativo, uma vez que muitos outros tipos de refeição poderiam ter níveis igualmente altos de glutamato. Em vez de "síndrome do restaurante chinês", preferiram "complexo de sintomas do MSG". Um estudo canadense sublinhou ainda mais a segurança do MSG. Um ensaio com 61 sujeitos que se diziam sensíveis à substância mostrou claramente que em níveis inferiores a 2,5 gramas não havia nenhuma diferença entre ela e placebo. O consumo médio norte-americano do aditivo é 0,55 grama por dia.

O glutamato monossódico foi acusado também de desencadear asma e enxaquecas, com alguns casos tendo sido bem documentados. Isso não surpreende: centenas de substâncias, tanto de ocorrência natural quanto sintéticas, podem produzir esse efeito. Curiosamente, essas associações raramente foram relatadas em populações asiáticas, entre as quais o consumo de MSG é muito maior que entre norte-americanos. É interessante notar também que queijo parmesão e tomates são fontes ricas de glutamato de ocorrência natural, no entanto nunca ninguém se queixou de sofrer da "síndrome do restaurante italiano". E ninguém sugeriu que o glutamato, presente no leite materno em níveis dez vezes maiores que os registrados em leite de vaca, é um risco para a saúde dos bebês. Os adversários do MSG afirmam que o glutamato natural formado pela decomposição de proteínas tem um efeito sobre o organismo diferente daquele usado como aditivo alimentar. Eles não explicam claramente por que isso ocorre, mas por vezes murmuram sobre impurezas que podem ser encontradas na substância produzida comercialmente.

O conjunto das evidências científicas não corrobora a afirmação de que o MSG é danoso. Ele pode, no entanto, funcionar como um bode expiatório conveniente para qualquer mal-estar depois de uma refeição. Surpreendentemente, cerca de 40% da população relatam sintomas desagradáveis após serem testados com qualquer alimento! Reconhecidamente, algumas pessoas têm de fato uma resposta ao MSG, a maioria após comer uma quantidade significativa de estômago vazio, mas os sintomas podem variar. Seja como for, eles são passageiros e benignos, e não se refletem em medições objetivas ou nos níveis sanguíneos de glutamato. Mas essas observações não aquietam os temores dos críticos sem papas na língua, que consideram a substância um vilão nutricional despejado sobre o público por uma indústria negligente propensa a forrar seus bolsos à custa da saúde humana.

Alguns restaurantes chineses, preocupados com o bem-estar dos clientes (ou de suas caixas registradoras), levaram a sério as críticas e enfeitaram suas vitrines com tabuletas que declaram "Não usamos MSG", embora continuem inundando os pratos com enormes quantidades de glutamato proveniente de algas. A indústria do glutamato adotou outra tática: apelou para o expediente do "natural", usando o slogan "Natural, saboroso, seguro" para qualificar o produto. "Muita gente acredita que MSG é feito a partir de substâncias químicas", declara um website, "mas ele é uma substância química tanto quanto a água que tomamos e o oxigênio que respiramos."

Claro que MSG é uma substância química. O que mais haveria de ser? E não há nenhum demérito nisso. Tudo no mundo é feito de substâncias químicas. Para determinar se uma substância química é segura, não é necessário apurar se ela vem de fonte natural. O que determina isso são seus efeitos no corpo, avaliados através de testes cuidadosos. Se o MSG tem um perfil de segurança louvável, isso se deve aos resultados de estudos, não à sua origem "natural". Seria mais apropriado que os produtores de glutamato se referissem ao fato de que nenhum órgão governamental ou acadêmico jamais emitiu qualquer advertência sobre o consumo de glutamato monossódico.

Adoçar com açúcar e xarope de milho rico em frutose

Adoramos coisas doces. Bolos açucarados, biscoitos, sorvetes e refrigerantes são comidas norte-americanas típicas. Há açúcar em nossos cereais, pães e até no ketchup. Nós o adicionamos ao café e ao chá. Tudo somado, consumimos em média cerca de 50 colheres de chá (ou 200 gramas) de açúcar por dia, uma quantidade verdadeiramente estarrecedora. Uma única lata de refrigerante pode conter nada menos de 10 colheres de chá (ou 40 gramas). Neste caso, por "açúcar" queremos dizer não apenas sacarose, os cristais brancos refinados produzidos a partir de cana-de-açúcar ou da beterraba-branca; incluímos também "xarope de milho rico em frutose" (HFCS), que está cada vez mais substituindo o açúcar de cana como o principal adoçante em alimentos processados. Por quê? Porque sua produção é mais barata.

Xarope de milho rico em frutose é feito de glicose, que pode ser facilmente obtida de amido de milho. E como nos Estados Unidos a produção de milho recebe freqüentemente subsídios governamentais, há uma abundância da substância em toda parte. Enzimas bacterianas são usadas para decompor maisena em glicose, que pode ser usada ela própria como adoçante. A glicose, contudo, tem apenas 70% da doçura da sacarose, o que é um problema. É aí que outra enzima entra em cena. A glicose isomerase, de uma linhagem especial de *Streptomyces murinus*, é capaz de converter glicose em frutose, que é 30% mais doce que sacarose. Além disso, a frutose é mais solúvel em água que a glicose, tornando possível a produção de um xarope estável com um teor de frutose de aproximadamente 55%. Esse "xarope de milho rico em frutose" (HFSC), além de barato, mistura-se mais facilmente a refrigerantes e alimentos que a sacarose.

Obviamente, a indústria da cana não ficou feliz com a competição emergente do HFSC, mas e quanto ao impacto sobre o consumidor? Há alguma implicação sobre a saúde? À primeira vista isso parece improvável. A sacarose é um dissacarídeo, composto de uma molécula de glicose unida a uma de frutose. De fato, quando ingerimos sacarose, a maior parte dela se decompõe em glicose e frutose, de modo que a sacarose pode ser realmente pensada como um produto constituído em 50% por frutose. Será possível que os 5% a mais de frutose presentes no HFSC podem fazer uma diferença na maneira como o organismo lida com o adoçante? Talvez.

A digestão, a absorção e o metabolismo da frutose diferem dos da glicose. Esta, por exemplo, é mais hábil em estimular a produção de leptina, um hormônio que inibe o apetite. Isso é conseqüência do fato de que ela provoca a liberação de insulina, que por sua vez leva à produção de leptina. A frutose, em contraposição, não provoca nenhuma secreção de insulina pelo pâncreas, uma vantagem para diabéticos, mas não para pessoas tentando controlar o peso. Um problema adicional é que a leptina reduz a taxa em que um importante hormônio da fome, a grelina, é liberado por células no estômago. Assim, menor produção de leptina significa maior agonia de fome. E para complicar ainda mais as coisas, a frutose é convertida em gordura dentro das células mais rapidamente que a glicose. Sua má absorção é outro problema. Muitas pessoas podem experimentar gases, dores abdominais e fezes moles em conseqüência de um maior consumo de frutose, mas podem nunca relacionar esses sintomas à presença de HFCS em sua dieta.

Pode parecer estranho que a frutose, o açúcar comumente presente nas frutas, possa estar associada a tais problemas. Afinal, somos sempre instados a comer mais frutas. Mas é importante lembrar que, nas frutas, ela está acompanhada de muitos outros nutrientes saudáveis. Não se pode dizer o mesmo em relação ao HFCS presente nos refrigerantes. Comparemos uma maçã com uma dose de refrigerante. A maçã tem cerca de 10 gramas de frutose; o refrigerante, cerca de 25. E a fibra presente na maçã retarda a absorção da glicose, resultando num efeito menor sobre o metabolismo. Além disso, é claro, a maçã contém uma variedade de antioxidantes ausentes no refrigerante.

Nem a sacarose nem a frutose são um veneno, como alguns gurus nutricionais mal instruídos gostariam de nos fazer acreditar. O problema é o consumo excessivo. Segundo a Organização Mundial da Saúde, nosso consumo de açúcares adicionados a alimentos ou bebidas não deveria contribuir com mais de 10% para nosso consumo total diário de calorias. Consumimos muito mais que isso, e as calorias extras contribuem para a epidemia de obesidade na América do Norte – e para as cáries também.

As bactérias que vivem em nossa boca simplesmente adoram açúcar. Quando o metabolizam, produzem ácidos que corroem o esmalte e causam cáries. Mas essas bactérias banqueteiam-se também com amidos que elas podem decompor em glicose, subseqüentemente produzindo ácidos. Sendo assim, o que é pior em termos de causar cáries, jujubas ou batatas fritas? O açúcar nas balinhas é solúvel e removido pela saliva, mas os carboidratos complexos nas batatas fritas são insolúveis e se introduzem entre os dentes, fornecendo comida para as bactérias produtoras de ácidos. De maneira semelhante, refrigerantes açucarados não passam muito tempo em contato com nossos dentes, mas chupar balas constantemente levará a cáries.

Esses são os fatos com relação ao açúcar. Que dizer dos mitos? Talvez o maior deles envolvendo o açúcar seja seu pretenso efeito sobre o comportamento, sobretudo em crianças. Quantas vezes você ouviu pais se queixando de crianças que ficam incrivelmente agitadas depois de um lanche açucarado? A relação foi sugerida pela primeira vez em 1922, mas foi nos anos 1970 que a literatura leiga assumiu a causa, denominando a questionável doença de "hipoglicemia reativa funcional". Procurando desesperadamente uma razão para mau comportamento, pais e professores começaram a ver ligações entre o consumo de açúcar e a hiperatividade. Mas espere um minuto. Não será possível que as crianças simplesmente comam mais alimentos açucarados durante atividades conducentes a mau comportamento, como festas de aniversário? E que o açúcar não seja a causa do problema?

Estudos nos dizem que esse é realmente o caso. Quando pesquisadores comparam crianças que receberam açúcar com outras que receberam um placebo, constatam que o açúcar não só não causa hiperatividade como pode ter um efeito calmante! Há de fato uma razão para esse achado. O consumo de açúcar eleva os níveis no cérebro de uma substância chamada serotonina, que tem efeito calmante. Por que os resultados de estudos controlados diferem tanto das impressões dos pais? Isso pode se dever às expectativas destes, como foi mostrado por um intrigante experimento realizado por uma série britânica de programas de TV. *The Truth About Food* decidiu submeter a relação açúcar–hiperatividade a um teste mais ou menos científico. Os produtores organizaram duas festas para crianças. Ao deixar seus filhos para a primeira, os pais viam mesas repletas de doces. Assim que eles iam embora, porém, a baboseira era substituída por alimentos saudáveis e as crianças eram entretidas com música agitada e atividades. Duas semanas depois as mesmas crianças foram convidadas para outra festa, desta vez com um tranqüilo contador de histórias fornecendo o entretenimento. Um banquete de alimentos saudáveis foi arrumado para os pais verem, mas rapidamente substituído por bolos, biscoitos e refrigerantes assim que saíram. Depois de cada festa, os pais foram solicitados a avaliar o comportamento dos filhos, e houve consenso de que a primeira festa os havia tornado mais hiperativos. Isso não foi nenhuma surpresa para os pais, que tinham visto os alimentos açucarados com que seus filhos haviam supostamente se regalado. Se a artimanha não tivesse sido revelada, o experimento teria reforçado a convicção dos pais de que açúcar causa hiperatividade. Na verdade, o mau comportamento após a festa foi causado pela excitação do evento, a música frenética e as correrias. A segunda festa foi um evento calmo e as crianças foram entregues aos pais num estado pacífico, apesar da alta carga de açúcar.

Recentemente, os defensores da relação açúcar–hiperatividade encontraram alguma munição num estudo norueguês que examinou os hábitos dietéticos de cerca de 5 mil adolescentes. Os pesquisadores encontraram uma associação significativa entre consumo de refrigerantes e hiperatividade, bem como uma associação complexa com outros problemas mentais. Os piores problemas de hiperatividade foram vistos em adolescentes que tomavam mais de quatro refrigerantes por dia. Essa não é uma quantidade muito inusitada – cerca de 10% dos estudados tomavam pelo menos quatro latas por dia. Curiosamente, os que não tomavam nenhum refrigerante tinham maior probabilidade de ter problemas mentais. De todo modo, associações desse tipo não podem provar relações de causa e efeito, e é possível que adolescentes hiperativos sejam mais propensos a consumir refrigerantes. Quer a relação com a hiperatividade seja real ou não, reduzir o açúcar é um conselho científico seguro. A inundação da corrente sanguínea com açúcar faz com que haja uma grande e súbita liberação de insulina que pode então baixar o nível de açúcar no sangue rapidamente, por vezes a níveis abaixo do normal. Isso pode resultar em pensamento confuso e mau desempenho em classe. Mas outros fatores nutricionais, como o tipo de gordura na dieta, provavelmente desempenham um papel maior na determinação do comportamento das crianças. As gorduras são um componente integrante das membranas celulares e determinam a fluidez destas, a qual por sua vez afeta a maneira como as células se comunicam entre si através de substâncias químicas chamadas neurotransmissores.

Com o advento dos alimentos processados, nosso padrão de consumo de gorduras mudou. A ingestão de gorduras trans dos alimentos processados e de gorduras ômega-6 presentes no milho e no óleo de soja aumentou, enquanto a de gorduras ômega-3 presentes em peixes e hortaliças diminuiu. Essa diminuição pode afetar o comportamento – alguns estudos mostraram melhora no comportamento de crianças quando sua dieta é suplementada com gorduras ômega-3. Há também algumas evidências de que o glúten no trigo e a caseína no leite podem ter efeito adverso sobre o comportamento, assim como certos corantes alimentares. Embora esses achados sejam discutíveis, não há dúvida de que uma dieta com menos alimentos processados e menos açúcar é preferível por todo tipo de razão. Assim, na próxima festa, sirva às crianças maçãs e palitos de cenoura em vez de bolos e sorvete, mas se quiser bom comportamento, contrate um violoncelista em vez de um palhaço.

Reduzir calorias com adoçantes naturais "não nutricionais"

Olhe-se no espelho. Há uma boa chance de você não gostar do que vê. Os quilos extras, muitas vezes resultado do consumo excessivo de doces, certamente não são lisonjeiros. Mas eliminar o açúcar de nossa dieta é uma tarefa difícil. Seu sabor é simplesmente sedutor demais! Assim, a questão é encontrar uma maneira de manter o sabor doce, mas eliminar as calorias. Várias possibilidades vêm à mente. A idéia mais óbvia é encontrar uma substância que seja muito mais doce que o açúcar, sendo necessárias apenas quantidades minúsculas para um efeito adoçante. Outra opção é procurar substâncias que forneçam um gosto doce, mas sejam mal absorvidas pelo organismo. Se não são absorvidas, não podem fornecer calorias.

Podemos procurar essas substâncias no mundo natural ou recorrer à engenhosidade dos químicos para produzir substitutos sintéticos. Mas não é apenas a ciência que está em jogo aqui. Como os lucros potenciais no mercado de adoçantes são enormes, a competição é feroz. A indústria do açúcar pretende manter seu domínio sobre nossas papilas gustativas e ataca vigorosamente os competidores sempre que se sente ameaçada. Os produtores de adoçantes "não nutritivos" defendem-se com afinco, mas têm de reservar alguma energia para lutar entre si por fatias do mercado. E para complicar ainda mais, grupos especiais de interesse com diferentes objetivos envolvem-se na batalha, muitas vezes afirmando que os adoçantes artificiais são substâncias perniciosas inventadas por uma indústria perversa que só se preocupa com lucros. Lamentavelmente, na guerra dos adoçantes, a ciência freqüentemente fica em segundo plano.

Comecemos nossa viagem pelo atoleiro dos adoçantes com a estévia, um adoçante "natural" muito propalado. Haveria realmente uma conspiração para manter esse "substituto do açúcar natural, seguro e não calórico" fora do mercado? É exatamente isso que afirmam os anunciantes de várias preparações de estévia. E quem estaria por trás dessa conspiração? Os produtores de açúcar e fabricantes de adoçantes artificiais, é claro, que temem que seus lucros despenquem se for permitido o uso da estévia como aditivo alimentar. Conversa fiada, segundo a Food and Drug Administration e o Health Canada. O uso da estévia como aditivo alimentar não é permitido pela simples razão de que há importantes questões quanto à sua segurança.

Bem, os nativos guaranis do Paraguai não pensam assim. Há séculos eles adoçam com estévia sua tradicional infusão de erva-mate. *Stevia rebaudiana* é um arbusto nativo da América do Sul que contém vários compostos de ocorrência natural de sabor notavelmente doce. O esteviosídeo e os rebaudiosídeos relacionados são centenas de vezes mais doces que o açúcar, significando que é necessária uma quantidade muito pequena desses compostos para se obter um gosto doce. No Japão, o esteviosídeo purificado é amplamente usado em alimento e bebidas como aditivo, inclusive na Coca-Cola Diet e em gomas de mascar sem açúcar. O mesmo acontece no Paraguai e no Brasil. Por que a estévia é considerada segura nesses países, mas não no Canadá e nos Estados Unidos? As autoridades afirmam que é porque temos um sistema regulador muito rigoroso, e os produtores de estévia não forneceram a documentação necessária para comprovar sua segurança.

Se querem vender seu produto como um aditivo alimentar, os produtores de estévia têm de atender aos mesmos padrões que os fabricantes de qualquer outro adoçante artificial. Isso, segundo os governos tanto do Canadá quanto dos Estados Unidos, não aconteceu, e questões acerca da segurança da estévia não foram propriamente respondidas. Cientistas governamentais apontam para estudos em que ratos machos que receberam doses altas de estévia por 22 meses mostraram uma redução na produção de esperma e um aumento na proliferação celular nos testículos. Nas ratas, doses grandes de esteviol, um produto da quebra do esteviosídeo, reduziram o número e o peso da prole.

Obviamente, os japoneses, chineses, coreanos e sul-americanos não atribuem muita importância a esses estudos, a julgar por sua aprovação do esteviosídeo como aditivo alimentar. E aparentemente não observaram nenhuma reação adversa em seres humanos. Mas o fato é que a quantidade de produtos adoçados artificialmente nesses países é baixa. Esse dificilmente seria o caso na América do Norte se a estévia fosse aprovada como aditivo. Pessoas desconfiadas do aspartame e da sacarina poderiam adotá-la e, com toda a probabilidade, consumir quantidades muito maiores que os japoneses, atualmente os maiores usuários.

Tanto o Canadá quanto os Estados Unidos considerariam a aprovação da estévia como aditivo alimentar se os fabricantes fornecessem dados sobre o uso seguro a longo prazo. Nesse meio tempo, preparações com estévia podem ser legalmente vendidas como suplementos dietéticos, que são regulados de maneira diferente dos aditivos alimentares. Tabletes contendo as folhas esmagadas ou extrato líquido destas, bem como esteviosídeo purificado, estão todos disponíveis. A julgar pelas evidências históricas, o uso desses produtos em doses moderadas provavelmente é seguro. No que diz respeito ao uso freqüente, porém, ninguém pode dizer. Não é nenhuma conspiração que impede a estévia de ser comercializada como aditivo alimentar; é a não-apresentação de evidências de segurança.

Devo admitir que a consideração da situação da estévia aguçou minha curiosidade por esse adoçante. E que maneira melhor de experimentá-lo senão o adicionando à tradicional infusão de mate? Afinal, eu tinha visto vários anúncios na Web ressaltando os "poderosos efeitos rejuvenescedores" dessa poção. Bem, quem não gostaria de rejuvenescer um pouquinho? Acontece que mate é um chá feito com a infusão das folhas secas da planta *Ilex paraguariensis*, um pequeno arbusto que, como a estévia, cresce no Paraguai, no Brasil e em outros países sul-americanos. A bebida, por vezes também chamada de chá-do-paraguai, tem fama de aumentar os níveis de energia e até de inteligência. Na Europa, o extrato de mate é freqüentemente usado para perda de peso, embora não haja evidências científicas que mostrem que a planta acelere o metabolismo ou aja como um supressor do apetite. Mas que dizer sobre seus poderes rejuvenescedores?

Uma análise de extratos retirados da planta mate revela a presença de cerca de 200 compostos, como seria de esperar de qualquer material vegetal. Há vitaminas e minerais e a série usual de antioxidantes, mas nenhum ingrediente mágico se manifesta. Qualquer estimulação provocada pela bebida pode provavelmente ser atribuída à cafeína, embora o mate a contenha em menor quantidade que o café ou outros chás. Afirmações de que o mate é "a bebida mais perfeita da natureza" ou "a bebida dos deuses" são pura bazófia. Ademais, o mate é tradicionalmente tomado quente, e isso pode ser um problema. Seu consumo foi relacionado ao câncer de esôfago na América do Sul, onde é servido em temperaturas extremamente altas.

Talvez eu não tenha feito minha infusão de forma adequada, mas ao meu paladar ela pareceu uma mistura de café ruim, chá verde e capim fermentado. Senti-me mais nauseado que rejuvenescido. Aliás, os nativos guaranis tomam tradicionalmente o mate num chifre de touro, o que parece apropriado, dadas algumas das esquisitas propriedades atribuídas à bebida. Ela certamente teria tido um gosto bem pior, porém, se eu não tivesse acrescentado as folhas de estévia. Embora possamos não saber o bastante sobre os efeitos a longo prazo do consumo de grandes doses de estévia, posso certamente atestar o assombroso poder edulcorante das pequenas doses presentes nas folhas dessa planta notável.

Mas você não precisará de um efeito edulcorante tão intenso se puder encontrar um adoçante que não seja facilmente absorvido pelo organismo. De fato, além de reduzir a preocupação com as calorias, esses adoçantes têm uma vantagem. Eles podem dar consistência a um produto. Considere barras de chocolate, por exemplo. No que diz respeito ao poder edulcorante, o açúcar no chocolate pode ser substituído por adoçantes artificiais como aspartame, acesulfame-K ou sucralose. Todos esses são centenas de vezes mais doces que o açúcar, o que significa que apenas pequenas quantidades são necessárias. Mas o açúcar não somente adoça, ele também dá consistência e uma textura atraente ao chocolate. É simplesmente impossível fazer uma barra tentadora com a mera substituição do açúcar por adoçantes artificiais. É aí que os álcoois de açúcar – ou, como são comumente conhecidos, os polióis – entram em cena.

Os polióis são carboidratos que conferem doçura, mas são metabolizados pelo organismo de maneira diferente do açúcar. Eles ocorrem naturalmente em várias frutas e hortaliças, mas podem também ser sintetizados sem dificuldade a partir de açúcares de ocorrência natural. O lactitol, por exemplo – o poliol usado em muitos produtos de chocolate –, é feito pela reação do açúcar de leite, a lactose, com gás hidrogênio. De maneira semelhante, a glicose pode ser convertida em sorbitol, a maltose em maltitol e a manose em manitol, todos polióis usados numa variedade de gomas de mascar, sorvetes, balas e biscoitos sem açúcar. Os polióis são substitutos eficazes porque valem por uma quantidade igual de açúcar. Como são um pouco menos doces que este, um adoçante artificial como a sucralose é comumente adicionado para aumentar a doçura. Mas qual é o sentido de substituir um carboidrato por outro?

A sacarose, ou açúcar de mesa, é composta de uma molécula de glicose associada a uma de frutose. Durante a digestão no estômago e no intestino delgado, a ligação é quebrada e glicose e frutose são absorvidas na corrente sanguínea, prontas para servir como fonte de energia. Um grama de sacarose "contém" quatro calorias, o que significa que temos de "gastar" o equivalente a quatro gramas em exercícios para consumir o açúcar. Se não o fizermos, o excesso de açúcar pode ser convertido em gordura, pronta para ser armazenada pelo corpo. Agora voltemos para o lactitol. O composto resiste à absorção na corrente sanguínea a partir do estômago e do intestino delgado. Embora um pouco seja absorvido lentamente, grande parte atravessa o intestino delgado e migra para o cólon. Ali encontra uma variedade de bactérias. Alguns desses micróbios consideram o lactitol uma guloseima e o devoram. Infelizmente, essas bactérias são muito flatulentas e produzem gases enquanto se banqueteiam. Além disso, o organismo tenta eliminar o lactitol não absorvido, o que resulta num desagradável efeito laxativo. Então quais são os aspectos positivos?

Em primeiro lugar, um nutriente que não é absorvido pelo organismo não pode fornecer calorias. O lactitol, que só é parcialmente absorvido, fornece duas calorias por grama, comparadas às quatro fornecidas pelo açúcar. Basicamente, isso significa que apenas a metade da atividade é necessária para "queimar" as calorias de um grama de lactitol quando comparado a um grama de açúcar. Lembremos, porém, que a maior parte das calorias numa barra de chocolate vem não do açúcar, mas da gordura presente na manteiga de cacau usada, e chocolates sem açúcar não contêm menos gordura que chocolates comuns. A substituição do açúcar por lactitol resulta numa redução de apenas 20% em calorias, não uma quantidade particularmente significativa. Um interessante benefício potencial, porém, reside na capacidade do lactitol de servir como um "prebiótico". Em doses diárias de 5 a 10 gramas, ele estimula o crescimento de bactérias benéficas no cólon em detrimento de bactérias causadoras de doenças. Alguns dos ácidos orgânicos, metabolitos das bactérias benéficas, têm propriedades anticâncer potenciais. Além disso, há o fato de que embora as bactérias que residem em nosso cólon gostem de lactitol, as que residem em nossa boca não gostam, e por isso não produzem ácidos causadores de cáries, ao contrário do que ocorre quando entram em contato com açúcar.

Bem, e quanto à porção de lactitol que é absorvida na corrente sanguínea? Diferentemente da maioria dos carboidratos, ela não é facilmente convertida em glicose e por isso tem menor probabilidade de provocar uma resposta de insulina. Isso significa que diabéticos que têm de calcular as substituições de carboidratos podem comer mais do chocolate sem açúcar que do comum pelo mesmo valor de troca. Se as pessoas têm ou não vontade de comer mais desse chocolate é outra questão. Em princípio, o lactitol e outros álcoois de açúcar, quando consumidos com moderação, não deveriam produzir nenhum efeito colateral indesejável. Mas o fato é que, em certas pessoas, mesmo doses pequenas podem causar inchações temporárias, diarréia e impressionante flatulência.

Os álcoois de açúcar, portanto, têm algum apelo comercial, mas não são os adoçantes "naturais" ideais. Não seria ótimo se pudéssemos descobrir um substituto natural do açúcar que tivesse o mesmo gosto, pudesse ser usado para dar consistência da mesma forma, também ficasse dourado quando aquecido mas não apodrecesse seus dentes e pudesse ser até bom para você? Provavelmente você está pensando: isso é um sonho! Bem, esse sonho pode se tornar realidade. A tagatose pode ser um desses produtos que correspondem ao que foi anunciado. Seu atrativo vem em parte do fato de que não é exatamente um substituto para o açúcar – *é* um açúcar.

Substituir açúcar por açúcar? Isso provavelmente parece desconcertante. Mas o termo "açúcar" tem sentidos diferentes para o químico e para o leigo. Para a maioria das pessoas, açúcar é sacarose, os cristais doces isolados da cana-de-açúcar ou da beterraba-branca. Para o químico, entretanto, "açúcar" é um termo que descreve uma família de carboidratos que têm estruturas químicas muito semelhantes e sabor doce. Assim, sacarose, lactose, glicose e frutose são todos exemplos de açúcares. E o mesmo vale para a tagatose, a estrela de nossa história.

A doçura de uma substância é um reflexo de sua estrutura molecular. Moléculas com uma forma particular encaixam-se em receptores de doçura em nossas papilas gustativas, mais ou menos como uma chave se encaixa numa fechadura. Em seguida, essa interação estimula nervos a enviar a mensagem de "doçura" para o cérebro. A sacarose, ou açúcar de mesa, tem um excelente ajuste. A frutose, comumente conhecida como açúcar de fruta, se ajusta ainda melhor e tem um gosto mais doce. O problema, porém, é que depois de estimular nossas papilas gustativas esses açúcares são absorvidos na corrente sanguínea, e, se não são queimados para a produção de energia, são convertidos em gordura e contribuem para o ganho de peso. A taxa de absorção de açúcares através da parede intestinal é também uma função da estrutura molecular. Isso sugere, portanto, a possibilidade da sintetização de açúcares com estruturas moleculares que se encaixem em receptores de doçura mas não sejam bem absorvidos a partir do intestino.

Tudo no mundo, exceto talvez um vampiro, tem uma imagem especular. As moléculas não são exceção. Mas imagens especulares são coisas curiosas. Imagine pôr uma bola de pingue-pongue diante de um espelho. Se você pudesse de algum modo captar essa imagem de trás do espelho, ela lhe pareceria idêntica à original, podendo ser exatamente sobreposta a ela. Mas agora imagine que você ponha sua mão esquerda diante de um espelho. O reflexo que você vê é uma mão direita. Se fosse capaz de captar essa mão em imagem especular, ela não pareceria idêntica à original. Qual é a diferença entre uma bola de pingue-pongue e sua mão? A bola é simétrica; a mão, não. Basicamente, qualquer objeto não simétrico terá uma imagem especular não idêntica. Os açúcares não são simétricos, podendo portanto existir nas formas "canhota" e "destra". Com poucas exceções, aqueles encontrados na natureza têm todos a mesma "mão", ou quiralidade, e são chamados de açúcares-D.

Uma idéia é sintetizar em laboratório um açúcar em imagem especular, ou açúcar-L, e esperar que ele conserve a doçura do açúcar-D, mas não suas propriedades de absorção rápida. Ocorre que esse é de fato o caso para a glicose e sua prima mais doce, a frutose. Infelizmente, até agora esses açúcares-L desafiaram as tentativas de uma síntese comercial viável. Um astuto pesquisador na Spherix Corporation observou, no entanto, que a tagatose, um açúcar encontrado em pequenas quantidades em laticínios, tem uma estrutura molecular muito semelhante à da frutose-L. Esse açúcar, quase tão doce quanto a sacarose, é conhecido há muito tempo, tendo sido isolado inicialmente a partir da resina gomosa de um tipo de árvore sempre-verde, mas ninguém havia examinado anteriormente suas propriedades de absorção. Experimentos feitos primeiro com ratos e depois com seres humanos mostraram que a absorção da tagatose era muito ineficiente; a maior parte de uma dose passava para o intestino grosso. Isso significa que seu teor calórico efetivo é muito menor que o do açúcar, apenas 1,5 caloria por grama, em contraposição a quatro. E há notícias ainda melhores. No intestino grosso, as bactérias decompõem a tagatose em ácidos graxos de cadeia curta, associados a proteção contra o câncer de cólon. Pode haver ainda outros benefícios. Constatou-se que, tomada junto com as refeições, a tagatose melhora os níveis de glicose no sangue de diabéticos tipo 2. Ampla testagem em seres humanos não revelou nenhuma reação adversa, mas em alguns casos o consumo excessivo pode causar um desconforto intestinal brando e talvez fezes moles.

A Food and Drug Administration, convencida da segurança da tagatose, aprovou seu uso em alimentos. Já foram elaborados métodos para produzir esse açúcar de maneira econômica a partir da lactose (açúcar de leite), que pode ser facilmente obtido de soro de leite. Como nenhuma proteína do leite ou lactose permanece no produto final, consumidores que sofrem de alergia a leite ou intolerância à lactose podem consumir tagatose com segurança. É claro que a tagatose por si só não resolverá o problema da obesidade na América do Norte, mas certamente pode ajudar a reduzi-lo...

Reduzir calorias com adoçantes artificiais "não nutricionais"

Dado o seu potencial lucrativo, seria de imaginar que os adoçantes artificiais tivessem sido desenvolvidos por químicos brilhantes, trabalhando para companhias dedicadas ao problema de encontrar um substituto para o açúcar. Este, no entanto, não é o caso. A maioria dos adoçantes artificiais no mercado foi descoberta acidentalmente, muitas vezes em decorrência de atividades de laboratório desleixadas. Os cientistas envolvidos, contudo, foram inteligentes o suficiente para compreender que uma descoberta importante havia sido feita.

O primeiro adoçante artificial a chegar ao mercado foi a sacarina. E como os outros que seguiriam suas pegadas, esteve envolvido em controvérsia desde seu aparecimento. Constantine Fahlberg, um químico alemão, fora para os Estados Unidos trabalhar com o professor Ira Remsen, um luminar da Universidade Johns Hopkins, em Baltimore. O projeto confiado a Fahlberg não era particularmente empolgante. Pediram-lhe que estudasse a oxidação de certos derivados do coltar conhecidos como sulfonamidas de tolueno. Ao que parece, o alemão era um químico bastante desleixado, que em geral não se dava sequer ao trabalho de lavar as mãos após sair do laboratório. Esse desleixo, contudo, veio a ser seu golpe de sorte.

Um dia, durante o jantar, Fahlberg notou que a fatia de pão que pegara tinha um gosto extraordinariamente doce e rapidamente atribuiu a doçura a uma substância que estivera manuseando no laboratório. Levou isso à atenção de Remsen, e em 1880 os dois cientistas publicaram o achado no *American Chemical Journal*, observando que o novo composto era cem vezes mais doce que o açúcar. Remsen encarou isso como mera curiosidade, mas Fahlberg percebeu imediatamente o potencial para exploração comercial. Sabia que os preços do açúcar flutuavam enormemente e que um adoçante barato seria extremamente bem-vindo. Pessoas em dieta, pensou ele, também achariam o novo produto atraente. Fahlberg cunhou o termo "sacarina" para sua descoberta, a partir da palavra grega para açúcar, e patenteou secretamente o processo de fabricação. Dentro de poucos anos a sacarina tornou-se o primeiro adoçante não nutritivo comercial do mundo, e fez de Fahlberg um homem rico.

Remsen não se ressentiu do fato de que nem ele nem a Universidade Johns Hopkins jamais ganharam um centavo com a sacarina. No fundo, era um cientista puro e não se preocupava muito com a pesquisa ser ou não financeiramente lucrativa. Mas desenvolveu uma intensa aversão por Fahlberg, que, segundo todos os relatos, tentou se apoderar de todo o mérito pela descoberta. "Fahlberg é um canalha", disse Remsen muitas vezes, "e sinto náuseas ao ouvir meu nome mencionado junto ao dele!" Mas, quer ele gostasse ou não, a importância da descoberta da sacarina associou para sempre os nomes dos dois. Para começar, a produção comercial de sacarina representou o primeiro exemplo de "transferência de tecnologia" da pesquisa universitária para o mercado. Mais importante ainda, porém, é o fato de que a substância introduziu o conceito de adoçante não nutritivo, uma idéia que permaneceu envolta em controvérsia.

A sacarina começou a ser produzida comercialmente primeiro na Alemanha, onde Fahlberg obtivera uma patente. Foi só em 1902 que John Francis Queeny, ex-agente de compras para uma companhia farmacêutica em St. Louis, decidiu arriscar-se a fabricar sacarina nos Estados Unidos. Ali o adoçante não teve de enfrentar nenhum dos problemas legais que estavam surgindo na Europa. Ele tomou 1.500 dólares emprestados e fundou uma empresa que de início teve apenas dois empregados, ele mesmo e sua mulher. Queeny resolveu dar à companhia o nome de solteira da mulher, e nasceu a Monsanto. De início, o único produto era sacarina, mas houve uma rápida diversificação e ela se tornou uma das maiores companhias químicas do mundo.

O adoçante encontrou seu primeiro inimigo na pessoa do dr. Harvey W. Wiley, que em 1883 fora nomeado chefe da Secretaria de Química do Departamento de Agricultura. Wiley começara a se preocupar com o uso não regulado de aditivos alimentares, um problema para o qual se sensibilizara quando era professor de química na Universidade Purdue. Tornou-se fanático por segurança alimentar, e a sacarina caiu na rede que lançou para apanhar culpados químicos. Atacou-a vigorosamente como um "subproduto do coltar totalmente desprovido de valor alimentar e extremamente prejudicial à saúde". Infelizmente para Wiley, o médico do presidente Theodore Roosevelt lhe prescrevera o adoçante e ele o apreciava muito. "Quem quer que diga que a sacarina é prejudicial à saúde é um idiota", proclamou Roosevelt, e decidiu restringir a autoridade de Wiley. O presidente estabeleceu um "conselho arbitral de cientistas", ironicamente com Ira Remsen como chefe, para examinar as recomendações de Wiley. O conselho considerou a sacarina segura, mas sugeriu que seu uso fosse limitado ao alívio das privações dos diabéticos. Essa sugestão não tinha nenhum amparo legal e logo foi esquecida diante da enorme indústria que manobrava para satisfazer a demanda do público por adoçantes não nutritivos.

Em 1977, a sacarina voltou a ter problemas quando um estudo canadense sugeriu uma maior incidência de câncer de bexiga em ratos machos que recebiam o equivalente a 800 bebidas dietéticas por dia, mas apenas se suas mães também tivessem recebido a mesma dose. Com base nesse estudo, ridicularizado pelos defensores da sacarina como irrelevante para seres humanos, o Canadá proibiu seu uso como aditivo alimentar, mas permitiu que continuasse sendo usada como adoçante de mesa. A Food and Drug Administration (a sucessora da secretaria de Wiley) também propôs uma proibição, mas um enorme clamor público levou o Congresso a retardar a retirada da sacarina do mercado até que outros estudos fossem feitos. A continuação do uso como aditivo foi permitida, mas os conhecidos pacotinhos cor-de-rosa deveriam exibir um rótulo de advertência afirmando que "foi constatado que a sacarina causa câncer em animais de laboratório".

Pesquisas subseqüentes não conseguiram isentar a sacarina de toda culpa como carcinógeno, mas estudos epidemiológicos humanos mostraram que, se houver risco, é muito pequeno. Em 2000, o governo norte-americano finalmente retirou-a de sua lista de carcinógenos humanos e o presidente Clinton sancionou um projeto de lei que eliminava a exigência de um rótulo de advertência no produto. O Canadá ainda não permite seu uso como aditivo.

Uma situação muito diferente é a do ciclamato de sódio, que aparentemente causa câncer nos Estados Unidos, mas não no Canadá ou em cerca de 55 outros países. Esse adoçante artificial foi proibido pela FDA em 1969, mas tem ótima vendagem em outros lugares, demonstrando que diferentes países chegam a diferentes conclusões sobre as mesmas evidências científicas. Como isso é possível? Ou as evidências não são conclusivas, ou talvez outros fatores além da pura ciência estejam envolvidos.

O poder adoçante do ciclamato de sódio foi descoberto em 1937 por Michael Sveda, um estudante de pós-graduação da Universidade de Illinois que estava pesquisando medicamentos antipiréticos. Hoje isso seria inconcebível, mas o fato é que Sveda costumava fumar no laboratório. Um dia, ao limpar restos de tabaco nos lábios, notou um gosto incomum. Como comentou mais tarde, "era doce o bastante para despertar minha curiosidade". Na época o único substituto do açúcar disponível era a sacarina, mas ela deixava um ressaibo amargo e o mercado estava pronto para um adoçante melhor. Sveda, reconhecendo o potencial da descoberta, solicitou uma patente, que foi mais tarde comprada pelos Laboratórios Abbott. Uma década de pesquisas sobre a segurança do produto levou à aprovação da FDA em 1950. Nessa altura a obesidade estava se tornando um problema, e a Abbott começou a anunciar o ciclamato como um adoçante de baixas calorias e não como uma alternativa barata para o açúcar. O ciclamato era apenas 30 vezes mais doce que o açúcar, um poder adoçante muito menor que o da sacarina. Mas a mistura de 10 partes de ciclamato com uma de sacarina gerava um produto que não deixava ressaibo. "Sweet'N Low" conquistou rapidamente o mercado de adoçantes artificiais. No final de 1960, cerca de 955 mil quilos de ciclamato estavam sendo consumidos anualmente pelo público americano em produtos que iam de refrigerantes a molhos para salada.

Os seres humanos não eram os únicos se entupindo de ciclamato. Ratos estavam fazendo o mesmo. Embora a substância tivesse sido aprovada pela FDA, a pesquisa sobre suas propriedades continuava, e começaram a aparecer fendas na armadura. Em 1966, cientistas descobriram que bactérias presentes no intestino podiam converter ciclamato em cicloexilamina, uma substância com potencial tóxico. Isso desencadeou vários estudos que envolviam alimentar ratos com a substância ou injetá-la em frangos. Num desses experimentos, uma mistura de sacarina e ciclamato em quantidades equivalentes ao consumo de 30 latas de refrigerantes diet por dia por um ser humano causou tumores de bexiga em ratos. O resultado mais impressionante, porém, foi observado em 1969, quando a cientista da FDA Jacqueline Verrett apareceu no programa *Nightly News* da NBC com fotografias de pintos que haviam recebido injeções de ciclamato e tinham ficado com má-formação. "Mais perigoso que talidomida", declarou ela, e o FDA proibiu o ciclamato prontamente em 1970.

O governo canadense não viu o grande risco, mas restringiu o ciclamato ao uso como adoçante de mesa. Desde então, mais de 30 estudos, alguns com primatas, não conseguiram corroborar o suposto perigo, mas a substância continua proibida nos Estados Unidos. Alguns observadores afirmam que isso é o resultado do eficiente lobby da indústria açucareira. Infelizmente, não há estudos epidemiológicos humanos disponíveis, porque praticamente ninguém usa apenas ciclamato como adoçante; as pessoas tendem a usar uma combinação de produtos. Alguns pesquisadores sustentam que, embora talvez não seja um carcinógeno, o ciclamato pode aumentar o potencial cancerígeno de outras substâncias, mas não há evidências para essa crença. De todo modo, o ciclamato polvilhado no café tem menor potencial carcinogênico que carcinógenos como o benzeno e o furfural, que ocorrem naturalmente na bebida.

Como no caso do ciclamato e da sacarina, o poder adoçante do acesulfame de potássio (acesulfame-K) foi descoberto através de uma técnica de laboratório desleixada. Dessa vez foi Karl Claus, sintetizando algumas novas moléculas na Hoechst Chemical Company na Alemanha, que lambeu o dedo em 1967 e notou um gosto doce. Reconheceu imediatamente o mercado potencial para sua descoberta, mas foram necessários cerca de 20 anos de testes antes que o acesulfame ganhasse aprovação como adoçante artificial. O composto é cerca de 200 vezes mais doce que o açúcar e, diferentemente do aspartame, não perde a doçura quando aquecido. Como cerca de 95% do acesulfame consumido é excretado inalterado na urina, e como agências americanas, canadenses e européias reviram cuidadosamente estudos de avaliação de segurança e não encontraram nenhum problema, seria de imaginar que não haveria oposição a seu uso. Mas isso seria um erro. Não importa o que seja introduzido no mercado, haverá alguns indivíduos e organizações fazendo acusações de testagem inadequada e afirmando que a indústria está jogando roleta-russa com a saúde de consumidores.

No caso do acesulfame, o que se afirma é que os testes foram realizados pela Hoechst, uma companhia com especial interesse no produto. Os estudos com ratos não foram longos o suficiente, dizem os críticos, ou as dosagens usadas foram muito baixas, ou um aumento nos tumores de mama em ratas foi ignorado. De fato, autoridades examinaram todas essas afirmações e consideraram-nas desprovidas de substância. A opinião científica corrente é que uma quantidade aproximada de 10 a 15 miligramas por quilo de peso corporal é uma ingestão diária aceitável e não acarreta nenhum problema. E como isso se relaciona com o consumo? Bem, uma lata de 220 mililitros de Coca-Cola Zero tem 30 miligramas de acesulfame, portanto um adulto médio poderia tomar pelo menos 20 delas por dia e ainda ficar abaixo do consumo diário aceitável. Por que há acesulfame na Coca-Cola Zero? Diferentemente da Coca-Cola Diet, adoçada com aspartame, a Zero usa uma mistura de aspartame e acesulfame. Isso realça uma das características interessantes do acesulfame: em combinação com outros adoçantes, ele mascara ressaibos desagradáveis, ao mesmo tempo em que aumenta sinergisticamente a doçura. Uma combinação de acesulfame e aspartame é cerca de 300 vezes mais doce que o açúcar, uma melhora em relação à capacidade adoçante dos compostos individuais.

O aspartame é o adoçante artificial mais amplamente usado e talvez o mais controverso. Foi em 1965 que o químico Jim Schlatter, da G.D. Searle Company, provou o composto que acabara de sintetizar em seu laboratório. Ele não estava à procura de um substituto para o açúcar: realizava pesquisas sobre úlceras gástricas. Sabia que a entrada de alimento no estômago estimula a secreção de gastrina, um hormônio que provoca a produção de ácido gástrico. Na época, acreditava-se que as úlceras eram causadas por excesso de ácido estomacal, e Schlatter estava interessado em descobrir um medicamento que pudesse inativar a gastrina. No curso da pesquisa, sintetizou alguns compostos-modelo que incorporavam certas características do hormônio. Um dia, após lamber o dedo para pegar uma folha de papel, notou um gosto doce, que acabou por atribuir ao éster metílico de aspartilfenilalanina que acabara de sintetizar. Schlatter nem sonhava que dentro de 20 anos sua descoberta estaria proporcionando à companhia um lucro de um bilhão de dólares por ano! E com toda a certeza nunca imaginou que seus cristais doces se veriam envolvidos numa virulenta controvérsia científica.

A melhor maneira de tentar entender a controvérsia é discutir os fatos sobre o aspartame. O adoçante é comumente rotulado de "não calórico", embora essa terminologia não seja tecnicamente precisa. O aspartame é decomposto no trato digestivo em seus componentes, a saber, ácido aspártico, fenilalanina e metanol, que são absorvidos e metabolizados. Coletivamente, eles fornecem cerca de quatro calorias por grama, mas como a substância é cerca de 180 vezes mais doce que o açúcar, basta usar uma quantidade muito pequena em alimentos e bebidas para obter um grau satisfatório de doçura. Assim, a contribuição calórica é essencialmente irrelevante. O aspartame não pode ser usado em alimentos cozidos ou assados no forno, porque se decompõe ao ser exposto ao calor e perde o poder adoçante.

Bebidas dietéticas contêm normalmente cerca de 60 miligramas de aspartame por 100 mililitros, o que se traduz em aproximadamente 200 miligramas por porção. Para pôr isso em perspectiva, precisamos introduzir o conceito de "consumo diário aceitável" que a FDA usa para descrever um nível de consumo que, se mantido diariamente durante toda a vida de uma pessoa, seria considerado seguro. O nível para o aspartame é 50 miligramas por quilo de peso corporal. O consumo diário médio real é menos de 2% disso, e mesmo os maiores consumidores de aspartame ingerem apenas cerca de 16% do nível aceitável. Para alcançar esse nível, um adulto teria de tomar 20 refrigerantes de 355 mililitros, e uma criança, sete. Um adulto teria de consumir 97 embalagens de adoçante de mesa. Números da indústria mostram que 99% dos usuários de aspartame consomem menos de 43 miligramas por quilo de peso corporal por dia. O consumo médio é de cerca de 500 miligramas diários. Isso é muito menos que os 3.500 miligramas aceitáveis para uma pessoa que pese 70 quilos.

Não há dúvida de que, em altas doses, os três produtos da decomposição do aspartame são tóxicos. A fenilalanina é um aminoácido essencial que deve estar incluído na dieta para o crescimento normal e a conservação dos tecidos, mas níveis sanguíneos permanentemente altos dela podem levar a dano cerebral. Essa é a principal preocupação para aproximadamente uma em 20 mil crianças, que nascem com uma doença hereditária chamada fenilcetonúria ou PKU. Como essas crianças não podem metabolizar adequadamente a fenilalanina, ela se acumula em níveis perigosos no cérebro. A doença exige uma restrição severa do consumo da substância pelo menos durantes os seis primeiros anos de vida. Isso significa que o aspartame, dado seu teor de fenilalanina, não é conveniente para os que sofrem de PKU, e uma advertência nesse sentido aparece nos produtos em que ele é um ingrediente. O neotame, um descendente do aspartame, evita esse problema. Sendo uma molécula ligeiramente alterada, conserva a intensa doçura do aspartame mas não produz fenilalanina no organismo.

Na população em geral, os níveis de fenilalanina no sangue após a ingestão de aspartame estão na mesma faixa que após o consumo de qualquer alimento que contenha proteínas. Mesmo em quantidades abusivas, equivalentes à ingestão de 100 pastilhas adoçantes por uma criança, os níveis não se elevam acima daqueles considerados seguros em crianças que sofrem de PKU. Os efeitos do ácido aspártico, outro produto da decomposição do aspartame, foram também rigorosamente examinados. A administração de quantidades extremamente grandes a primatas não produziu nenhum dano, embora os níveis sanguíneos sofressem grande elevação. Em seres humanos, mesmo doses altas são rapidamente eliminadas. E, o que é ainda mais significativo, os níveis de ácido aspártico no sangue não se elevam após o consumo de alimentos ou bebidas contendo aspartame, mesmo na taxa de três doses em quatro horas.

Mas que dizer sobre outras questões afora a toxicidade aguda ou os temores pelos que sofrem de PKU? Por que o aspartame é um dos aditivos alimentares mais contestados no mercado, apesar dos rigorosos processos de regulação em vigor? Grande parte da preocupação é alimentada por uma pletora de websites dedicados a demonizar o aspartame como causa de câncer, doença cardíaca, depressão, dores de cabeça, convulsões, problemas visuais, esclerose múltipla, mal de Parkinson, perda de cabelo e até crescimento dos seios em homens. A bioquímica envolvida nessas afecções é diversa, e de fato somente uma substância extraordinária poderia causar todos esses problemas – não uma que é metabolizada em dois aminoácidos comuns e uma pequena quantidade de metanol!

Talvez as acusações mais veementes lançadas contra o aspartame tenham envolvido seu potencial de liberar metanol. Em doses grandes, este pode levar à cegueira e até a morte, e alarmistas apontaram o metanol liberado a partir do aspartame como uma substância não segura. Mas não existem substâncias seguras – apenas doses seguras. Um litro de bebida dietética adoçada com aspartame libera 56 miligramas de metanol. Que significa isso em termos de toxicidade? Não muito, como podemos ver ao comparar a quantidade com outras fontes de metanol em nossa dieta. Ele ocorre naturalmente em sucos de fruta, numa média de cerca de 140 miligramas por litro, e o vinho por ter até 320 miligramas por litro. Os adversários do aspartame sustentam que o organismo lida com o metanol de maneira diferente quando ele é ingerido juntamente com outros álcoois, como o etanol, presente em sucos ou no vinho.

Eles raciocinam da seguinte maneira: o metanol em si não é um grande problema, mas ele é metabolizado por enzimas no organismo e se torna o altamente tóxico ácido fórmico. Isso é verdade. As mesmas enzimas metabolizam etanol. Isso também é verdade. Elas preferem trabalhar sobre o etanol; assim, quando etanol e metanol estão ambos presentes no sangue, as enzimas se ocuparão com o primeiro e não incomodarão o segundo. O metanol é então excretado antes de poder fazer qualquer dano. Igualmente verdade.

Mas quando não há nenhum etanol por perto, as enzimas têm a chance de trabalhar sobre o metanol e convertê-lo em ácido fórmico. Mais uma vez, verdade. E é esse ácido fórmico que causa a "toxicidade do metanol". É aí que essa argumentação torna-se obscura. Onde está a evidência de que os níveis de ácido fórmico no sangue se elevam com a ingestão de aspartame? Uma busca na literatura médica não revela esse achado. Vários estudos apresentam dados indicando que os níveis de ácido fórmico não mudam mesmo após o consumo de grandes doses do adoçante. O mesmo pode ser dito sobre os níveis sanguíneos de metanol.

Na realidade, o aspartame talvez seja simplesmente o aditivo alimentar mais pesquisado que já entrou no mercado. Como com qualquer outra substância recém-introduzida, relatos de reações adversas eram esperados, já que nenhuma quantidade de testes pode excluir a possibilidade de reações idiossincráticas numa pequena minoria da população. De fato, o número desses relatos foi pequeno. Mais de 70 milhões de pessoas na América do Norte usam aspartame regularmente, contudo o número de queixas notificadas é, em média, de apenas 300 por ano. A maioria delas (67%) refere-se a dores de cabeça, vertigens, dificuldades visuais e alterações do humor. Problemas gastrointestinais (24%) e sintomas alérgicos como urticárias, brotoejas e inchação de tecidos (15%) também foram relatados. Ocasionalmente, convulsões foram relacionadas à exposição ao aspartame. Na maioria dos casos, essas dificuldades foram notadas quando o consumo foi muito superior ao uso normal.

Realizaram-se testes duplo-cego com aspartame. Na Universidade Duke, num dos mais bem planejados desses estudos, foram investigados os efeitos de uma única dose grande em pessoas que se diziam sensíveis à substância. Os resultados não mostraram nenhuma diferença na freqüência de dores de cabeça, pressão sanguínea ou concentrações sanguíneas de histamina (uma medida do potencial alergênico) entre os grupos experimental e de controle.

Outro estudo, na Universidade de Illinois, concentrou-se em diabéticos – e os sujeitos no grupo placebo tiveram na verdade mais reações que aqueles no grupo aspartame. Por outro lado, levantamentos feitos por médicos em clínicas de dor de cabeça revelam que esse adoçante precipita crises em cerca de 8% dos pacientes. Dados conflitantes como esses são característicos da pesquisa sobre os possíveis efeitos colaterais do aspartame. Experiências anedóticas relatadas não são confirmadas por estudos científicos cuidadosamente controlados. Isso não significa, é claro, que os problemas não sejam reais, mas sugere que em muitos casos os sintomas podem não ser causados pela substância. As pessoas sentem dor de cabeça, indisposição estomacal e dores de todo tipo regularmente, sem nenhuma razão facilmente determinável. Caso se lembrem de ter consumido aspartame quando um desses males ataca, ele pode ser julgado culpado por associação. Isso é ainda mais provável quando as pessoas têm familiaridade com um pouco da publicidade adversa que o adoçante recebeu.

O que foi talvez o melhor estudo duplo-cego já realizado nessa área não conseguiu encontrar nenhum efeito do aspartame. O dr. Paul Spiers e colegas no Massachusetts Institute of Technology deram aspartame numa dose equivalente a mais de 12 bebidas dietéticas por dia aos sujeitos do teste e não encontraram nenhuma diferença em ondas cerebrais, humor, memória, comportamento ou fisiologia. Relatos de dores de cabeça, fadiga e náusea ocorreram com igual freqüência nos grupos aspartame e placebo. Adversários lançam uma sombra sobre esse estudo porque ele recebeu apoio financeiro da indústria. Mas onde deveriam os pesquisadores buscar fundos para pesquisas sobre adoçantes? De um fabricante de lâmpadas? Se um pesquisador recebe subvenção, isso não significa necessariamente que foi subornado.

Certamente houve alguns estudos que encontraram reações adversas. Pelo menos um deles confirmou sintomas alérgicos como urticárias e inchação em indivíduos sensíveis. Não está claro como a alergia se dá, já que nenhum dos componentes do aspartame é considerado capaz de produzir tais reações. Foi sugerido que a dicetopiperazina, um composto formado quando o aspartame se decompõe, pode ser o responsável. Nesse caso, alguns consumidores realmente podem ter reação adversa ao aspartame. Parece haver muita fumaça para que não haja absolutamente nenhum fogo.

Mas se você der ouvidos a pessoas como Betty Martini, não estamos falando sobre combater um pequeno incêndio, estamos enfrentando as chamas do inferno. Perdoem-me, deveria ser "dra. Martini", como ela assina agora a copiosa literatura com que inunda a Web. Afinal, tem um doutorado honorário em humanidades dado por alguma instituição religiosa não autorizada. Não tem nenhum diploma em ciência, mas está convencida de que a "doença do aspartame" está arruinando milhões de vidas no mundo todo. Despeja alguns fatos cientificamente legítimos e em seguida os desfigura até deixá-los irreconhecíveis. É absolutamente apaixonada e acredita entusiasticamente na causa.

Por exemplo, após afirmar corretamente que o metanol no organismo é metabolizado em formaldeído, a srta. Martini surge com a estarrecedora declaração de que "metanol/formaldeído é a base orgânica mais forte no organismo vivo e é um agente de polimerização, convertendo tecido em plástico". Isso é um absurdo inominável. Ela conclui também prontamente, sem nenhuma evidência, que a morte do lançador do Baltimore Oriole, Steve Bechler, que foi atribuída ao uso de éfedra para controlar o peso, foi na verdade causada pelo aspartame, que "destrói o coração". Ah, e os problemas atribuídos aos implantes mamários de silicone deviam-se também, evidentemente, ao aspartame. Segundo Martini, esse fato nunca veio à luz porque informantes potenciais foram subornados.

Martini não percebe, mas esse palavreado bombástico, associado à sua retórica furiosa e virulenta, serve de fato para solapar a sua causa. Quando somos confrontados com seus "fatos", a maioria dos quais equivale a prodigiosas bobagens, nossa tendência pode ser descartar o conteúdo todo – mesmo o que estivesse correto. Embora Martini precise desesperadamente de alguns consertos em sua maquinaria mental, ela certamente teve o mérito de reunir uma grande quantidade de evidências anedóticas sobre reações adversas ao aspartame. A maioria de suas afirmações, como "atletas parecem estar caindo de repente como moscas em toda parte porque o aspartame prejudica a condução cardíaca", podem ser rejeitadas como pueris. Mas algumas merecem atenção. Embora a maioria dos estudos científicos tenha dado um certificado de saúde ao aspartame, alguns sugeriram que ele pode realmente estar ligado a dores de cabeça, problemas visuais e distúrbios do humor. Vale a pena notar que embora todos os estudos patrocinados pela indústria tenham considerado o aspartame seguro, 90% daqueles independentemente patrocinados encontraram algum potencial para efeitos adversos. A maior preocupação surge, é claro, quando o espectro de uma carcinogenicidade potencial é suscitado.

O dr. John Olney, da Universidade de Washington, de quem já falamos a propósito de sua cruzada contra o glutamato monossódico, foi o primeiro a soar o alarme ao afirmar que um aumento em tumores cerebrais na população norte-americana fora paralelo à introdução do aspartame. Outros demonstraram que o aumento começou cerca de oito anos antes e se estabilizou enquanto o uso de aspartame subiu vertiginosamente. A resposta de Betty Martini para essa divergência de opinião é que a FDA e muitos pesquisadores foram subornados pelos fabricantes. Provavelmente ela diria o mesmo sobre pesquisadores na Califórnia que publicaram em 1997 um artigo no *Journal of the National Cancer Institute* descrevendo como colheram informação sobre exposição ao aspartame de 56 pacientes de câncer de cérebro, todos com menos de 19 anos, e compararam seu consumo com o de 94 controles. Os pacientes com tumores não eram mais propensos a consumir aspartame, e o consumo materno não elevou o risco em crianças amamentadas no peito ou não.

Mais recentemente, o dr. Morando Soffritti, um respeitado pesquisador sobre câncer da Fundação Ramazzini de Oncologia e Ciências Ambientais, causou comoção com seu estudo amplamente divulgado envolvendo 1.900 ratos que receberam quantidades variadas de aspartame durante suas vidas. Ele constatou que o equivalente a 3 litros de refrigerante diet por dia estava associado a uma taxa inusitadamente alta de linfomas e leucemias nos animais. Material amedrontador. Mas havia algumas curiosas incoerências nos dados. As ratas, por exemplo, não mostraram nenhuma relação dose–resposta em termos de câncer, e alguns dos ratos que mais tempo viveram foram aqueles que consumiram mais aspartame, o equivalente a 1.750 latas de refrigerante por dia. Apesar disso, agências reguladoras como a European Food Safety Authority decidiram examinar cuidadosamente as evidências de Soffritti, para ver se alguma mudança na regulamentação se justificava. Após rever os dados, o painel independente de cientistas considerou errada a conclusão de que o aspartame levava a taxas mais altas de leucemia e linfoma nos ratos, e destacou uma série de falhas metodológicas. De fato, os toxicólogos afirmaram não ver razão para se empreender qualquer outro exame sobre a segurança da substância.

No mesmo momento em que essa notícia chegou à imprensa, outro estudo, conduzido pelos National Institutes of Health dos Estados Unidos, foi publicado e levou o clã Martini a correr para um dicionário de sinônimos em busca de palavras denigridoras apropriadas. Tratava-se de um estudo enorme, envolvendo mais de meio milhão de homens e mulheres que, em meados da década de 1990, preencheram detalhados questionários alimentares que permitiram aos pesquisadores calcular a quantidade de aspartame em suas dietas. Em anos posteriores, muitas dessas pessoas desenvolveram algum tipo de câncer, mas não foi encontrada nenhuma relação entre consumo de aspartame e tipo ou número de tumores.

Atualmente, não há nenhuma evidência epidemiológica que associe o aspartame ao câncer. Se essa relação existisse, ela teria se manifestado num enorme estudo publicado em 2007 nos *Annals of Oncology*. Durante 13 anos, pesquisadores italianos liderados pelo dr. Silvano Gallus colheram dados de todo o país, comparando o consumo de adoçante em pacientes de câncer com controles saudáveis. Absolutamente nenhuma correlação foi encontrada entre o consumo de aspartame (ou o de qualquer outro adoçante) e nove cânceres de ocorrência comum. Podemos observar também que os diabéticos estão entre os maiores consumidores de aspartame, e nenhum vínculo entre a substância e qualquer forma de câncer foi jamais encontrado nesse grupo. Sem dúvida, há pessoas que podem sofrer reações adversas com um consumo elevado, mas, para a vasta maioria, o aspartame não representa um risco sério para a saúde.

Essa opinião é respaldada pela que foi talvez a mais abrangente revisão do aspartame jamais conduzida, publicada em 2007 na *Critical Reviews in Toxicology*, uma revista avalizada por profissionais do meio. Um painel de oito cientistas especializados em toxicologia examinou mais de 500 estudos e relatórios sobre o aspartame, inclusive o estudo original da Fundação Ramazzini e um seguimento em que Soffritti e colegas sugeriram que doses de aspartame comparáveis àquelas consumidas por seres humanos causam câncer em ratos. O painel encontrou muitas falhas metodológicas nos ensaios da Ramazzini e concluiu que "segundo a maior parte das evidências existentes, o aspartame é seguro nos níveis correntes de consumo". Esses níveis, aproximadamente 5 miligramas por dia por quilo de peso corporal, estão muito abaixo do consumo máximo de 50 miligramas aprovado pelo governo.

Acaso essa ampla revisão do aspartame encerra a controvérsia? Nem de longe. Mais que depressa, a multidão antiaspartame tratou de mostrar que o trabalho do painel fora financiado pela Ajinomoto, uma companhia que produz aspartame. Sugeriram que suas conclusões não eram dignas de confiança. Não é verdade. Os membros do painel ignoraram a origem do financiamento até a apresentação do manuscrito final, e a Ajinomoto ignorava a identidade dos cientistas. E mais uma vez: afinal, quem estaria interessado em financiar uma revisão do aspartame? Um fabricante de carros? Não. Aqueles que têm potencialmente algo a ganhar com semelhante estudo. Ainda assim, a questão de quem financiou a pesquisa não invalida o processo ou os achados.

A sucralose ("Splenda") é uma adição mais recente ao mercado de adoçantes e se mostrou um digno rival do aspartame em vendas – e em controvérsias. Novamente, sua descoberta em 1976 no Queen Elizabeth

College, Universidade de Londres, foi acidental. O professor Leslie Hough trabalhava em pesquisas em colaboração com a Tate & Lyle, uma companhia açucareira britânica interessada em descobrir novos usos para seu produto. Hough pedira ao estudante de pós-graduação Shashikant Phadnis para fazer alguns açúcares clorados e testá-los. O estudante estrangeiro provavelmente confundiu "testar" com "provar" e descobriu a incrível doçura de sua nova molécula. A sucralose, como o novo composto veio a ser chamado, revelou-se 600 a mil vezes mais doce que açúcar, dependendo daquilo a que era adicionada.

O composto é altamente solúvel em água, bem como estável a calor e ácido, o que facilita seu uso em bebidas dietéticas e alimentos assados no forno. Ele é tão doce que, em quantidades muito menores, proporciona a mesma doçura que o açúcar. Este, no entanto, não fornece apenas doçura, mas também dá consistência a produtos de padaria. O problema da falta de consistência é resolvido combinando-se a sucralose com a maltodextrina, um amido consistente; essa mistura pode substituir o açúcar perfeitamente. Mas, como o açúcar dá também uma cor dourada aos alimentos assados, iguarias adoçadas com sucralose podem parecer bastante anêmicas.

Como seria de esperar, a segurança da sucralose foi amplamente testada. Durante 15 anos ela foi submetida a uma bateria de estudos de curto e de longo prazo em que era ministrada a animais. Os resultados foram conclusivos. Cerca de 85% de uma dose de sucralose eram excretados inalterados, e mesmo a pequena porcentagem metabolizada produzia compostos que também eram excretados. Todos os átomos de cloro presentes na sucralose fornecida aos animais podiam ser traçados em seus excrementos. Qualquer preocupação sobre armazenamento no organismo ou interferência com vias metabólicas era infundada. Como um benefício adicional, diferentemente do açúcar, esse adoçante não tem efeito prejudicial sobre os dentes. Embora nossos organismos não possam decompor a sucralose, microrganismos presentes na água e no solo o fazem facilmente. Em outras palavras, a sucralose é biodegradável e não representa nenhum risco ambiental. Como com qualquer substância, não pode haver garantia absoluta quanto à segurança da sucralose para todos. Qualquer alimento ou aditivo, seja amendoim ou maçã, aspartame ou sucralose, pode causar problema para algumas pessoas. Mas as reações à sucralose são realmente raras.

Outro atributo desse composto é não deixar nenhum ressaibo amargo, mas infelizmente não se pode dizer o mesmo sobre parte de sua exagerada publicidade. "É feito de açúcar, por isso tem gosto de açúcar" é o slogan popular que pretende transmitir a mensagem de que a sucralose é de alguma maneira mais "natural" que outros adoçantes artificiais. Natural não é o mesmo que seguro, mas essa não é a questão. Aquilo de que uma substância é feita é irrelevante; o que importa é o produto final. Suas propriedades são determinadas não por sua ancestralidade, mas por sua estrutura molecular. O hidrogênio, por exemplo, pode ser obtido a partir da água, mas seria absurdo sugerir que tem por isso o mesmo perfil de segurança. É uma substância diferente, assim como a sucralose é diferente do açúcar. A incorporação de três átomos de cloro na molécula de açúcar a converte numa substância totalmente nova. A sucralose é segura porque foi amplamente testada, não porque é feita a partir do açúcar.

Cabe fazer um último comentário sobre adoçantes artificiais em geral. Suas vendas aumentaram espetacularmente nas duas últimas décadas, mas a obesidade também. Adoçantes artificiais podem ser de grande valia para diabéticos, mas definitivamente *não* são a solução para nossos problemas de controle de peso.

Melhorar o gosto com sabores artificiais

Um sorvete de morango gaba-se de ser feito "unicamente com sabores naturais", enquanto outra versão, mais barata, arrola "sabor artificial" entre seus ingredientes. De qual deles um amante de sorvetes esperaria uma experiência mais autêntica de morangos? Certamente o sabor natural deve ser muito superior. Como esperar que algo "artificial" se equipare à coisa verdadeira? Bem, surpresa! O sabor artificial de morango pode ser de fato mais aproximado do gosto de morangos de verdade que o sabor "natural". Há uma química interessante envolvida nisso.

É claro que somente um morango real tem o gosto de um morango real. Essa é uma das razões por que os consumidores procuram "sabor natural" no rótulo. Mas estão eles realmente obtendo sabor natural de morango? Provavelmente não! E como sabemos disso? Bem, a quantidade de essência natural de morango vendida anualmente no mundo todo ultrapassa a quantidade que poderia ser produzida com todo o morango cultivado no mundo por um fator de cerca de três. Então que tipo de mágica está sendo operada? É aí que reside a surpresa. O termo "essência natural" no rótulo do sorvete de morango não significa que todos os componentes têm de vir de morangos. Significa, no entanto, que todos os componentes provêm de fontes naturais. O ideal, é claro, seria usar suco de morango verdadeiro, mas ele é caro demais, e não existe em quantidade suficiente para saciar a ânsia do mundo por sabor de morango.

É aí que o químico do sabor, ou "flavorista", entra em cena. Sua tarefa é reproduzir o sabor e o aroma do morango (o aroma tem grande influência sobre o sabor) misturando componentes naturais facilmente disponíveis. Suco de morango verdadeiro é usado como base, mas outras substâncias – como essência de cravos-da-índia ou extrato de rizoma de lírio-florentino –

são acrescentadas na esperança de imitar o aroma e o gosto de morango em seu todo. O resultado pode ser uma estreita aproximação do sabor desejado, mas não será idêntico a ele. Não pode ser. Já foram identificados mais de 300 componentes do sabor natural de morango, e não é possível reproduzir exatamente essa composição particular usando substâncias naturais que não se originam de morangos. A mistura de substâncias artificiais ou "sintéticas", no entanto, pode chegar perto.

A criação de um sabor artificial de morango requer o conhecimento especializado de químicos analíticos, químicos orgânicos sintéticos e flavoristas. Primeiro, um químico analítico identifica os compostos que constituem o sabor de morango. Essa não é uma tarefa fácil, dado o grande número envolvido. O advento da instrumentação moderna – especificamente a cromatografia de gás, a espectrometria de massa e a espectrometria por ressonância magnética nuclear (RMN) –, porém, facilitou enormemente o trabalho. Um cromatógrafo de gás pode separar os componentes de uma mistura, o espectrômetro de massa pode então determinar o peso molecular de cada um e oferecer pistas importantes sobre sua composição, e um espectrômetro de RMN pode determinar a estrutura molecular específica. Depois que um composto foi identificado, um químico orgânico pode tentar sintetizá-lo a partir de matérias-primas simples que podem ser derivadas de petróleo, de fontes vegetais ou de fontes animais. Se a síntese tiver sucesso, o composto não pode ser distinguido de maneira alguma de um fabricado pelo pé de morango. Por exemplo, butanoato de metila é um dos compostos que dominam o sabor natural de morango. Ele pode ser facilmente feito em laboratório com metanol e ácido butanóico, mas, de acordo com a regulamentação, tem de ser denominado "sintético" ou "artificial", embora seja idêntico em todos os aspectos ao butanoato de metila extraído de morangos. Teoricamente, cada um dos mais de 300 compostos presentes no sabor de morango poderia ser sintetizado e combinado em quantidades apropriadas para reproduzir o sabor natural. Ele teria o mesmo gosto e o mesmo perfil de segurança que um extrato de morango verdadeiro, mas ainda assim teria de ser denominado "artificial". Sintetizar todos os componentes envolvidos no sabor de morango seria uma tarefa monumental. Seria também desnecessária, já que relativamente poucos deles dão uma contribuição importante para o aroma e sabor gerais.

Por que então não selecionar aqueles realmente importantes e criar um sabor artificial a partir deles? Entra em cena o flavorista. Entre as centenas de frascos de substâncias químicas puras em suas prateleiras, sintetizadas pelos químicos orgânicos, ele escolhe aproximadamente 10 a 20 contendo aquelas que, segundo químicos analíticos, foram encontradas nos morangos e são as que mais provavelmente contribuem para o sabor. E agora a arte começa a se misturar à ciência. O flavorista cheira, prova, mistura, adiciona, subtrai ou substitui compostos até que um excelente sabor de morango seja obtido. Esse sabor "artificial" é de fato constituído por compostos realmente presentes nos morangos. Não terá o mesmo sabor que morangos frescos, porque este se deve à sinfonia de numerosos compostos, muitos dos quais dão contribuições sutis.

Se o flavorista ainda não estiver plenamente satisfeito com sua criação, poderá tentar aperfeiçoá-la adicionando compostos de sabor que não são realmente encontrados nos morangos. Estes podem vir dos mais de 6 mil compostos identificados como contribuintes para o sabor de vários alimentos ou de uma série de compostos sintéticos que os químicos formularam para produzir sabores não encontrados na natureza. Por exemplo, 3-metil 2-butiletanoato não é encontrado na natureza, mas tem sem dúvida um gosto de fruta. É usado para condimentar a goma de mascar Juicy Fruit, mas pode servir para aperfeiçoar outros sabores também.

Embora seja impossível garantir a inexistência de qualquer reação adversa a algum componente de um sabor artificial (ou de um sabor natural), é tranqüilizador saber que os compostos à disposição dos flavoristas sofrem revisão por várias autoridades de saúde e foram "geralmente reconhecidos como seguros". Mas há um último ponto a lembrar: sabores artificiais são usados principalmente em alimentos processados, que não deveriam ser o esteio de uma dieta nutritiva. Suas papilas gustativas podem reagir da mesma maneira à gama-undecalactona que ocorre naturalmente no suco fresco de pêssego e a seu análogo sintético numa bebida com sabor de pêssego, mas o suco é certamente uma escolha nutricional melhor.

Prevenir botulismo com nitritos

Todo dia 4 de julho uma multidão de mais de 30 mil pessoas se reúne em frente a um quiosque de cachorros-quentes, o Nathan's Famous Hot Dog, em Coney Island, Nova York, para incentivar entusiasticamente os participantes da mais célebre competição de ingestão de comida do mundo. Em 2006, os espectadores observaram estupefatos enquanto o campeão reinante Takeru Kobayashi devorava quase 54 pãezinhos com salsicha (53 e três quartos, para ser exato) em 12 minutos, quebrando seu próprio recorde mundial. Kobayashi resistiu a uma investida tardia do americano Joey Chestnut, que devorou o número espetacular de 52 cachorros-quentes no tempo designado. Uma dúzia de outros conseguiram se empanturrar com mais de 20 sanduíches. Não é preciso dizer que essas façanhas épicas exigem um amplo treino que envolve devorar cachorros-quentes o ano inteiro. Essas proezas de excesso alimentar não deveriam ser ignoradas pela comunidade científica: os competidores constituem um grupo experimental incomparável. Seu consumo de nitrito excede o de uma pessoa normal por ordens de magnitude. Dada a natureza controversa desse aditivo alimentar, o estado de saúde dos campeões da comilança merece ser monitorado.

Uma das substâncias mais mortíferas que a humanidade conhece é produzida por uma espécie de bactérias conhecidas como *Clostridium botulinum*. Sete milhões de vezes mais tóxico que veneno de naja, a botulina envenena suas vítimas bloqueando a ação da acetilcolina, um neurotransmissor. Os sintomas podem variar desde a visão dupla e a dificuldade para engolir até a morte. Os esporos desse organismo escondem-se em muitos alimentos e, sob as condições certas (falta de oxigênio e baixa acidez), tornaram-se ativos e liberam sua toxina. Salsichas são o exemplo clássico do tipo de comida que pode ser afetado, e a palavra "botulismo" deriva do latim *botulus*, que significa "salsicha".

Por sorte, o botulismo pode ser prevenido pelo uso apropriado de nitrito de sódio, uma descoberta feita de maneira acidental. O salgamento é um método antigo de conservação baseado na capacidade do cloreto de sódio de matar bactérias extraindo grande parte da água que contêm. Há cerca de 500 anos, um cozinheiro inteligente notou que a eficácia do sal para conservar a carne dependia de sua fonte. Além disso, o sal que funcionava particularmente bem também melhorava o sabor e a cor da carne. Descobriu-se que o segredo era uma impureza, o nitrato de potássio, mais conhecido por nós como salitre (um ingrediente importante na fabricação de pólvora). Na realidade, o segredo real não é nitr*ato*, é nitr*ito*.

Algumas bactérias na carne são resistentes ao sal e têm a capacidade de converter nitratos em nitritos. Os processadores de alimentos logo perceberam que era mais eficiente usar nitrito de sódio diretamente como conservante. A situação é ainda mais complicada, porque o verdadeiro ingrediente ativo não é o nitrito, mas o produto de sua decomposição, o óxido nítrico. É essa substância que produz o rosado-avermelhado característico das carnes curadas e melhora seu sabor. O óxido nítrico reage com a mioglobina, um dos compostos responsáveis pela cor da carne, para formar a nitrosomioglobina rosada. Ele impede também que o átomo de ferro incorporado na mioglobina catalise a oxidação de gorduras, o que torna a carne rançosa. Mas sua função mais importante é destruir as bactérias produtoras de botulina. Há o temor, contudo, de que os nitritos não destruam apenas bactérias.

A preocupação com as quantidades relativamente pequenas de nitritos usadas como aditivos alimentares começou nos anos 1960, quando pesquisadores notaram que animais domésticos alimentados com farinha de peixe conservada com nitritos estavam morrendo de falência do fígado. Descobriu-se que o problema era causado por um grupo de compostos chamados nitrosaminas, que eram formados por uma reação química entre as aminas que ocorrem naturalmente no peixe e o nitrito de sódio. As nitrosaminas são poderosos agentes cancerígenos e sua possível presença em alimentos humanos tornou-se uma preocupação imediata. O exame de uma ampla variedade de alimentos tratados com nitritos revelou que nitrosaminas podiam realmente se formar sob certas condições. Bacon frito, especialmente se bem tostado, mostrava invariavelmente a presença desses compostos. O mesmo acontecia com os cachorros-quentes. E, para grande horror de todos, a cerveja também estava contaminada! O que estava acontecendo?

No caso da carne, não havia grande mistério. As proteínas, quando se decompõem durante o cozimento, podem produzir aminas, que por sua vez reagem com nitritos para formar nitrosaminas. Mas a questão da cerveja exigiu alguma investigação antes que o problema fosse atribuído à secagem do malte a fogo direto. Quando o ar é aquecido, seus componentes de nitrogênio e oxigênio podem reagir para formar vários óxidos de nitrogênio, que por sua vez podem reagir com aminas no malte para produzir nitrosaminas. Para seu grande alívio, os cervejeiros foram capazes de alterar o processo e impedir o contato do malte com a chama.

Restringir a formação de nitrosamina em carnes curadas revelou-se um desafio maior, mas os produtores passaram a adicionar ácido ascórbico (vitamina C) ou seu parente próximo, o ácido eritórbico, porque esses compostos interferem com a reação do óxido nítrico com aminas. Eles aumentam também os efeitos conservantes do nitrito, promovendo sua conversão em óxido nítrico, permitindo que menos nitrito seja usado. Nos últimos anos, os níveis de nitrito em alimentos foram continuamente reduzidos, a tal ponto que hoje a maioria dos produtos contém menos de 100 partes por milhão.

A possível formação de nitrosaminas dentro do organismo humano é outra questão. Ingerimos tanto nitritos quanto aminas em nossa comida, e existe a possibilidade de que eles se combinem para formar substâncias carcinógenas sob as condições acídicas presentes no estômago. Alguns estudos epidemiológicos sugerem que esse processo é mais que uma possibilidade teórica. Uma recente investigação sueca descobriu que o consumo de mais de três porções de carnes processadas por semana estava associado a um aumento significativo de câncer de pulmão quando comparado com o consumo de menos de 1,5 porção por semana. Carnes vermelhas não processadas, como hambúrguer, e carne de aves ou de peixe não mostram essa relação.

A questão do nitrito tem ainda mais uma faceta. A maior parte dele em nosso organismo não vem de alimentos processados. Nitratos estão presentes em abundância em hortaliças como alface, espinafre, beterraba e aipo, e são convertidos em nitritos por enzimas de nosso organismo. Na verdade, o nitrito adicionado aos alimentos representa apenas cerca de 10% de nosso consumo total. Mas antes de nos afligirmos com os nitratos da salada, convém lembrar que numerosos estudos epidemiológicos mostraram que comer hortaliças reduz o risco de câncer. Seja qual for o risco que os nitratos de ocorrência natural possam representar, ele é largamente contrabalançado pelos vários componentes inibidores do câncer presentes nas hortaliças.

Os nitritos usados como aditivos em alimentos processados podem ser uma preocupação maior que aqueles produzidos no organismo porque chegam ao estômago de maneira mais concentrada. No entanto, para realmente estabelecer de forma conclusiva seus efeitos sobre a saúde, precisamos estudar grandes consumidores de nitritos. Assim, convém observar os concorrentes comedores de cachorros-quentes durante alguns anos. Há outro possível benefício que poderia advir da observação desses sujeitos abocanhando salsichas, entupindo a boca com elas e regando-as com pãezinhos embebidos em água: essa visão bizarra pode deixá-lo menos exposto a nitrosaminas ao tirar todo o seu apetite por cachorros-quentes.

Conservar com sulfitos e propionatos

Os sulfitos impedem que o vinho se estrague. Eles nos permitem chupar uvas no meio do inverno. Deixam a massa da pizza tostada. Preservam as frutas secas. Mas podem também ser causa de tormento para os asmáticos e, em raras ocasiões, podem até matar. Uma classe de substâncias químicas amplamente usadas no processamento de alimentos e bebidas, os sulfitos têm a capacidade de liberar dióxido de enxofre, um reagente multifuncional.

Nosso primeiro encontro com o dióxido de enxofre nos leva de volta aos escritos de Homero no século VIII a.C. O ilustre poeta grego referiu-se à queima de enxofre para fumigar casas e livrá-las de insetos. De que tipo de insetos exatamente estava falando não é claro, mas o gás de dióxido de enxofre que se forma quando o enxofre é queimado é realmente asqueroso. Se você já sentiu o odor sufocante que um fósforo desprende ao queimar, sabe do que estamos falando. Numa concentração bastante grande, o gás faz mais do que irritar: pode ser letal para pessoas, animais, plantas e micróbios. De fato, foi a necessidade de controlar a proliferação de micróbios indesejáveis no vinho que levou ao primeiro uso de dióxido de enxofre como um auxiliar no processamento pelos romanos antigos. Eles não tinham, é claro, a menor idéia sobre micróbios, mas podemos imaginar como o tratamento com dióxido de enxofre deve ter sido introduzido.

Um sinal clássico de que o vinho está se deteriorando é um gosto azedo ou ácido. Os culpados são bactérias que produzem ácidos lácticos ou acéticos a partir do açúcar, do ácido málico ou do etanol presentes na bebida. Essas bactérias podem pegar carona a bordo de moscas-das-frutas atraídas pelo gosto doce. Algum taberneiro antigo inteligente provavelmente notou que quanto mais moscas zumbiam em volta dos recipientes de fermentação, maior a chance de que o vinho se estragasse. Percebendo que queimando enxofre eliminaria esses insetos, experimentou fumigar os recipientes e foi recompensado com vinhos de melhor qualidade. E desde então temos tratado vinho com dióxido de enxofre com sucesso. Nem todo vinho é tratado dessa maneira, mas este não é um grande consolo para os que experimentam reações negativas a esse composto porque o processo natural de fermentação também o produz.

Fumigar recipientes de vinho com dióxido de enxofre revelou-se útil também de maneiras que os antigos romanos nunca imaginaram. Graças à química moderna, sabemos agora que o dióxido de enxofre é capaz de fazer muito mais que controlar bactérias indesejáveis no vinho. Ele pode reagir com oxigênio dissolvido para formar sulfatos. Isso é muito útil porque algumas das bactérias formadoras de vinagre são resistentes ao dióxido de enxofre, mas precisam de oxigênio para converter etanol em ácido acético. Se não houver oxigênio, não haverá ácido acético. Mesmo na ausência de bactérias, o oxigênio é um problema. Ele pode oxidar etanol em acetaldeído, o qual pode reagir com mais oxigênio para formar ácido acético. O dióxido de enxofre não só dá cabo do oxigênio como reage com o acetaldeído para formar um aduto que não vai adiante para formar ácido acético. Além disso, o gosto estranho que o acetaldeído dá ao vinho é também reduzido.

Embora as leveduras sejam necessárias para fermentar o açúcar em álcool, há algumas trapaceiras que podem também contaminar o vinho e produzir sabores estranhos. Elas também podem ser controladas com dióxido de enxofre. Como elas chegam ao vinho? Numa análise, constatou-se que uma tonelada de uvas vinícolas continha vários quilos de sujeira, um ninho de camundongos, 147 abelhas, 98 vespas, 1.014 centopéias, 1.833 formigas, 10.899 cigarras e uma variedade de excrementos de aves. É fácil ver por que as propriedades desinfetantes do dióxido de enxofre vêm a calhar.

Mas isso não é tudo. Suco de uva contém fenóis, e estes reagem com enzimas liberadas quando as uvas são esmagadas, produzindo pigmentos marrons que descolorem o vinho. O dióxido de enxofre pode inativar essas enzimas. Como as uvas, muitas outras frutas e hortaliças são suscetíveis a esse "escurecimento enzimático" – maçã, batata e alface cortados são os exemplos clássicos. É por isso que os restaurantes costumavam borrifar balcões de saladas com uma solução diluída de sulfito. A prática foi sustada quando ficou evidente que algumas pessoas, quase todas asmáticas, experimentavam reações de tipo alérgico quando expostas a ela. Uma pobre mulher quase morreu depois de comer batatas fritas imersas numa solução de sulfito. Conhecendo sua sensibilidade a essa substância, ela evitava vinho e alimentos que a arrolavam em seus rótulos, mas nunca pensou nas batatas de um restaurante como um possível risco. Por sorte, um rápido tratamento com adrenalina salvou-lhe a vida. Uma menina pequena que comera salada de abacate "refrescada" várias vezes com sulfitos não teve a mesma sorte. Paramédicos foram incapazes de reavivá-la depois que sofreu um colapso. Estima-se que cerca de 5% dos asmáticos, ou aproximadamente um milhão de pessoas na América do Norte, mostram alguma sensibilidade ao sulfito, e que este foi responsável por cerca de 20 mortes.

Embora seu uso em balcões de saladas esteja agora proibido, os sulfitos ainda aparecem em muitos alimentos. Eles atendem a tantas necessidades do processamento de alimentos que é difícil substituí-los. Além de conservar frutas secas, impedir que as uvas apodreçam durante o armazenamento, impedir que camarões formem "manchas negras" e combater o escurecimento de frutas e hortaliças, eles podem também melhorar as propriedades de cozimento da farinha de trigo ao alterar a estrutura do glúten, a proteína presente no trigo. Os sulfitos são substâncias químicas obviamente úteis, mas são também os únicos aditivos alimentares aprovados que, sabidamente, foram causa direta de morte. É claro que compostos de ocorrência natural podem também ser acusados do mesmo crime. Assim como pessoas com sensibilidade potencialmente letal a amendoim, mariscos, semente de gergelim e muitas outras substâncias têm de aprender a evitar esses alimentos, os indivíduos sensíveis a sulfitos têm de aprender sobre todos os lugares em que eles podem estar escondidos, como cerejas marasquino, chucrute, bolachas, batatas fritas e – *sacre bleu!* – no vinho.

Os propionatos estão presentes numa variedade de pães e produtos de padaria, nos quais impedem o mofo. Além de ocasionar feias manchas verdes, alguns mofos produzem compostos indiscutivelmente perigosos. É por isso que adicionamos conservantes como propionato de cálcio ao pão. Ele impede o crescimento de mofos ao mesmo tempo em que permite à levedura florescer. E isso não é tudo. Ele também inibe a formação de filamentos viscosos no pão. Os esporos de certas bactérias, como *Bacillus mesentericus*, estão muitas vezes presentes na farinha e germinam sob as condições úmidas e quentes necessárias para fazer o pão crescer. Essas bactérias não são prejudiciais aos seres humanos, mas alteram a textura da massa e produzem manchas filamentosas amarelas e pegajosas que dão sabor ruim ao pão. Os propionatos impedem que isso aconteça.

É seguro ingerir propionatos? Certamente. Os produtores de alimentos não podem simplesmente adicionar substâncias químicas de maneira aleatória a seus produtos. Os aditivos são rigorosamente regulados e precisam proporcionar benefícios claramente demonstrados com risco mínimo antes de seu uso geral ser autorizado. No caso dos propionatos, não é difícil demonstrar a segurança. Esses compostos transitam por nossos corpos o tempo todo, e não precisam ser introduzidos através do pão. As bactérias em nosso intestino alimentam-se de fibra, a parte indigerível das frutas, hortaliças e grãos, e convertem-na numa variedade de compostos que incluem o ácido propiônico. Este é então absorvido na corrente sanguínea. Longe de ser nocivo, alguns estudos mostraram que esses ácidos graxos de cadeia curta podem reduzir o risco de câncer de cólon e até ser úteis contra outras doenças do trato digestivo.

Os propionatos, como são chamados os derivados do ácido propiônico, também ocorrem naturalmente em nossos alimentos. Talvez o melhor exemplo seja o queijo suíço. A textura e o sabor desse queijo são devidos à adição de uma cultura iniciadora que inclui a espécie bacteriana conhecida como *Propionibacter shermanii*. Essas bactérias decompõem parte da gordura para produzir o gás dióxido de carbono, o que explica a presença dos buracos no queijo. Elas produzem também ácido propiônico, responsável em parte pelo sabor de nozes característico. O queijo suíço contém aproximadamente 1% de propionatos por peso, muito mais que a quantidade usada como conservante no pão. Assim, com todos esses propionatos por toda parte, não surpreende que eles terminem em nosso sangue, e até em nosso suor. Mas não se preocupe, eles não representam nenhum risco... exceto para mofos.

Conservar com vírus

Os vírus, em geral, são pequenos organismos detestáveis. Biologicamente, são relativamente simples, consistindo de nada mais que pedacinhos de material genético embrulhado numa camada de proteína. São capazes de se reproduzir, o que é uma das características essenciais dos organismos vivos, mas discute-se se podem ou não ser classificados como tal. Por quê? Porque não conseguem se reproduzir por si mesmos. São, no entanto, muito hábeis em invadir células vivas, inserindo seu material genético no mecanismo reprodutivo delas e obrigando-o a fabricar rapidamente mais vírus. À medida que a carga virótica aumenta, as células hospedeiras são alteradas ou mortas, e aí começa a doença. De que tipo? Bem, depende do vírus. Alguns não conseguem fazer nada além de incomodar, causando doenças benignas como verrugas, resfriado ou catapora. Outros, porém, podem devastar a saúde, desencadeando varíola, hidrofobia, síndrome respiratória aguda severa, câncer cervical e aids.

Diante disso, não é de surpreender que muitos fiquem preocupados ao saber que a Food and Drug Administration aprova a pulverização de um coquetel de vírus sobre certos produtos de carne, como salsichas e frios. Na verdade, "ficar preocupado" é pouco. Alguns ativistas que já encaram a FDA como um inimigo público entregaram-se a elucubrações frenéticas diante da perspectiva da adição de vírus a nossos alimentos. A modificação genética já é ruim o suficiente, proclamam eles, mas agora uma empedernida FDA jogou toda cautela pelos ares com relação à segurança alimentar. Estariam eles com a razão?

Há vírus e vírus. Alguns podem infectar células humanas, outros só podem atacar bactérias. Esse é o x da questão. O "coquetel de vírus" aprovado só invade bactérias e, mais especificamente, a *Listeria monocytogenes* – uma bactéria perniciosa. Batizada em homenagem a Joseph Lister, o cirurgião britânico que foi o primeiro a reconhecer a necessidade de manter os micróbios fora da sala de cirurgia, a *Listeria* pode aparecer em nossos alimentos e causar muitos problemas. Ela se esconde na terra e na vegetação, sendo portanto fácil ver como chega até os animais e os seres humanos. Leite não pasteurizado, queijos macios, peixe cru e defumado, salsichas não cozidas, frios e vegetais crus podem todos abrigá-la.

Depois que infectam o organismo, esses micróbios podem ser muito cruéis. Pessoas de sorte podem se safar apenas com sintomas semelhantes aos da gripe, febre, dor de cabeça, vômitos, cãibras e um pouco de diarréia. Mas se você não tiver sorte, as bactérias podem penetrar na corrente sanguínea e causar envenenamento do sangue (septicemia), ou, se invadirem o cérebro ou a medula espinhal, meningite. Essas doenças podem ser letais se não tratadas apropriadamente com antibióticos. As crianças, os velhos, os que têm o sistema imune comprometido e as mulheres grávidas são os mais suscetíveis a infecção. A listeriose no início da gravidez pode causar aborto ou parto de natimorto, razão por que as mulheres grávidas são muitas vezes aconselhadas a se abster de comidas como carnes fatiadas embaladas. Para complicar ainda mais as coisas, as vítimas podem não associar facilmente a doença à comida porque os sintomas podem se apresentar a qualquer momento, de alguns dias a três meses após o consumo de um produto contaminado. E para coroar as preocupações, *Listeria* é uma das poucas espécies bacterianas capazes de se multiplicar a temperatura de geladeira.

Obviamente, controlar *Listeria* em nossos alimentos é de grande importância. Lavar bem as hortaliças, cozinhar cuidadosamente os produtos de carne e evitar leite não pasteurizado (esqueça as afirmações infundadas sobre os benefícios do leite cru) podem contribuir muito, mas não eliminam todo o risco. Afinal, não lavamos nossa carne fatiada de peru ou de frango após abrir a embalagem. E é aí que os vírus podem ajudar. Especificamente, vírus chamados bacteriófagos, nome cunhado por seu descobridor, Félix d'Herelle, a partir do grego *phagein*, que significa "comer". Embora o mérito da descoberta seja atribuído a D'Herelle, ele não foi o primeiro a observar esses organismos comedores de bactérias. Nos idos de 1896, o médico britânico E. Hanbury Hankin passou água tirada do rio Ganges por um filtro fino de porcelana e notou que o líquido filtrado tinha propriedades antibacterianas. Cerca de 20 anos mais tarde, o bacteriologista Frederick Twort conseguiu isolar entidades microscópicas que destruíam culturas bacterianas, mas nunca levou o trabalho adiante.

Notavelmente, Félix d'Herelle não tinha nenhuma instrução formal, mas conseguiu montar um laboratório em casa e se formar por conta própria como microbiologista; entregou-se a pesquisas em diferentes linhas, inclusive o desenvolvimento de linhagens de levedura para fazer uísque barato a partir de frutas em putrefação. Sua principal descoberta ocorreu durante o tempo em que trabalhou como voluntário no Instituto Pasteur, em Paris, onde lhe pediram que investigasse uma epidemia de disenteria que estava grassando num esquadrão de cavalaria.

D'Herelle não sabia exatamente por que a doença se espalhara, mas desconfiou que fora através de matéria fecal. Colheu amostras dos soldados, colocou-as num filtro com poros microscópicos e passou água através dele. A idéia era ver se o líquido filtrado teria algum tipo de agente infeccioso. Mas, para grande surpresa de d'Herelle, não só o líquido estava livre de qualquer substância do gênero como, quando foi misturado com uma cultura bacteriana, causou a formação de manchas claras, indicando que bactérias haviam sido destruídas. "Num lampejo eu compreendi o que causava as manchas claras", recordou d'Herelle mais tarde. "Era de fato um micróbio invisível... um vírus que parasitava bactérias."

D'Herelle conseguiu isolar esse vírus parasítico e sugeriu que ele poderia ser usado para tratar infecções bacterianas em seres humanos e animais. Alguns sucessos iniciais inspiraram um colega seu no Instituto Pasteur, George Eliava, a voltar à sua Georgia natal e, com a ajuda de d'Herelle, fundar um instituto "bacteriófago". De fato o Eliava Institute tornou-se um líder mundial em terapia por bacteriófagos, produzindo muitas pesquisas que foram em grande parte ignoradas no Ocidente. Hoje, porém, preparações de bacteriófagos podem nos ajudar a controlar a propagação da listeriose. Como as células humanas não têm receptores para esses vírus, não podemos ser infectados. De fato, estamos expostos a eles o tempo todo; bacteriófagos estão presentes onde quer que haja bactérias, na terra, na água, em nossa comida. Há alguns temores de que as proteínas virais possam causar alergias ou de que os vírus possam afetar algumas das bactérias benéficas em nosso intestino, mas essas preocupações são teóricas. O que é fato é isto: mais de 500 pessoas morrem de listeriose por ano na América do Norte. Tratamentos com bacteriófagos podem ajudar a reduzir esse número. Assim, como você vê, nem todo vírus é ruim.

Conservar com radiação

Foi um golpe publicitário, sem dúvida, mas bastante instigante. Repórteres e fotógrafos ficaram a postos enquanto David Corbin, presidente da Sadex Corporation, com sede no Texas, sentou-se para comer um prato de espinafre. Não espinafre comum, veja bem. As folhas haviam sido inoculadas com milhões de colônias das temidas bactérias *E. coli* 0157:H7, os terríveis micróbios que haviam aterrorizado o mundo dos consumidores de espinafre naquele famoso episódio de 2006.* Corbin, contudo, não estava preocupado. Seu espinafre sofrera pasteurização eletrônica, isto é, havia sido submetido a irradiação com um feixe de elétrons destruidores de micróbios. Corbin não experimentou nenhum efeito adverso e provou sua idéia. Se alimentos prontos para o consumo, como espinafre, fossem irradiados antes de serem entregues às lojas, o risco de envenenamento alimentar bacteriano poderia ser fortemente reduzido. Não é preciso dizer que a Sadex Corporation atua no ramo da irradiação de alimentos.

Testas começam a se enrugar à simples menção de qualquer processo que envolva "radiação". Imagens de Hiroshima, Chernobyl e o símbolo amarelo "Perigo: risco de radiação" acorrem imediatamente à mente. Para alguns, a idéia de comer alimentos irradiados pode até despertar medo de se tornar radioativo e brilhar no escuro. Mas esses medos são irracionais, conseqüência da falta de compreensão do que se entende por radiação.

Se escolhermos a mais simples definição possível, radiação é a propagação de energia através do espaço. A luz proveniente de uma lâmpada é

* Nesse ano, uma safra de espinafre orgânico contaminada com *E. coli* causou um surto que matou uma pessoa, hospitalizou 75 e deixou 100 doentes em 19 estados americanos. (N.T.)

radiação. O calor proveniente de um radiador também. Quando nos aquecemos ao sol, fazemos uma radiografia ou recebemos um tratamento de cobalto-60 para câncer, somos expostos a radiação. No último caso, a radiação está na forma de raios gama gerados pela decomposição espontânea de átomos de cobalto-60. Isso é conhecido como "radioatividade". Claramente, os riscos e de fato os benefícios da radiação não podem ser avaliados sem o contexto adequado. O tipo de radiação e o grau de exposição é que determinam o risco.

Como a luz visível, diferentemente dos raios X ou dos raios gama, não tem energia suficiente para quebrar ligações químicas, você não precisa temer que a lâmpada de cabeceira inflija danos a seus constituintes moleculares. Raios X, por outro lado, podem causar mudanças significativas nas moléculas. Mesmo aqui, porém, a dosagem importa. Enquanto o risco associado a uma única radiografia de tórax pode ser mínimo, freqüentes tomografias computadorizadas axiais podem interromper a atividade celular normal. Nesse caso, essa interrupção é indesejável, mas quando se trata de irradiar alimentos, é exatamente o efeito que buscamos. A meta é perturbar o mecanismo celular de micróbios e causar sua morte.

Já em 1905 foram emitidas patentes para aparelhos que usavam raios X com o propósito de matar bactérias em alimentos. Mais tarde desenvolveram-se emissores de gama e geradores de feixes de elétrons, e em 1958 muitos países estavam usando essas técnicas de "irradiação" para preservar vários alimentos. Houve, é claro, oposição imediata à tecnologia, como há invariavelmente em todo novo empreendimento ousado. A irradiação foi inventada pela indústria da energia nuclear como um meio de dar fim a lixo nuclear, sustentavam alguns ativistas. Outros afirmavam que ela destruía nutrientes nos alimentos, dava origem a novas toxinas e fornecia aos produtores uma maneira fácil de encobrir problemas sanitários.

Deixemos uma coisa clara. Comer alimento irradiado não expõe consumidores a radiação. Os insetos e micróbios que contaminam nossos alimentos podem atestar os efeitos letais da exposição à radiação, mas o alimento não se torna radioativo. Além disso, cobalto-60 não é um subproduto residual da indústria nuclear e máquinas de raios X e aparelhos de feixes de elétrons não usam materiais radioativos. É verdade que o transporte de cobalto radioativo e seu recolhimento apresentam alguns desafios, mas há tecnologias apropriadas disponíveis. A destruição de nutrientes no alimento realmente nem merece discussão. Qualquer tratamento, seja cozimento, enlatamento, secagem ou congelamento levará a alguma perda de nutrientes; a irradiação talvez tenha até menos impacto que esses processos.

Que dizer sobre as novas "toxinas", ou "produtos radiolíticos únicos" que supostamente resultam da irradiação dos alimentos? Não há dúvida de que expor alimentos à radiação resulta em algumas mudanças químicas – assim como seu cozimento. A maior parte dos compostos formados com a exposição à radiação são também encontrados em alimentos cozidos, mas nem todos. Até agora, 2-alquilciclobutanonas (2-ACBs) só foram encontradas em alimentos irradiados, e temores foram suscitados em 2002 quando pesquisadores europeus sintetizaram esses compostos e os testaram contra linhagens de células em laboratório. Eles descobriram que 2-ACBs eram capazes de induzir mutações e que, quando dadas a ratos, promoviam formação de tumores em animais que haviam também sido tratados com um carcinógeno conhecido. Mas as concentrações usadas eram mil vezes maiores que as presentes em alimentos irradiados, e os próprios pesquisadores deixaram claro que seus dados não apresentavam nenhum tipo de acusação a eles. Benzeno, um carcinógeno conhecido, pode também resultar da exposição à radiação, mas as quantidades são irrelevantes. Carne de vaca irradiada tem cerca de três partes por bilhão de benzeno contra as 60 partes por bilhão que ocorrem naturalmente nos ovos. O fato é que durante os últimos 50 anos, aproximadamente, foram desenvolvidos numerosos estudos em que animais receberam alimentos irradiados, em muitos casos com o uso de quantidades extremas. Cães, ratos e camundongos foram alimentados com frango irradiado que compunha até 35% de sua dieta, sem nenhum efeito.

Enquanto os riscos da irradiação são teóricos, os da contaminação alimentar não são. Há mais de 80 milhões de casos de envenenamento alimentar por ano na América do Norte, com cerca de 350 mil hospitalizações e cerca de 6 mil mortes. Tudo isso poderia ser significativamente reduzido com a irradiação apropriada. A sugestão de David Corbin de proteger todo espinafre com irradiação é desnecessária, mas talvez sua bravata ajude a mudar a imagem negativa com que essa tecnologia foi injustamente onerada. O que é necessário é discussão racional, não discursos bombásticos como os de Kevin Trudeau, cujas afirmações de tipo "infomercial", como "a irradiação muda a freqüência energética do alimento, dando-lhe uma freqüência que não mais sustenta a vida, sendo antes tóxica para o corpo", são simplesmente absurdas e sem sentido.

Colorir com corantes alimentares

A jovem mãe estava realmente nervosa. Pela quarta vez em 24 horas, sua filhinha tinha enchido a fralda com uma matéria verde vivo! A menina estava comendo algo de diferente?, quis saber o médico. Nada, foi a resposta, exceto por Purple Kool-Aid, uma bebida de que ela começara subitamente a gostar muito. Não é uma escolha nutricional das melhores, disse o doutor, mas Purple Kool-Aid não produziria fezes verdes. Não convencida, a mãe começou a procurar na Web possíveis causas de "cocô verde". Para sua sorte, um aluno de faculdade em Vermont havia explorado exatamente aquela situação. Ele deparara com o espetáculo verde após consumir quantidades copiosas de Purplesaurus Rex Kool-Aid. Como química era sua área de especialização, ele ficou suficientemente intrigado para realizar uma pesquisa básica. Não teve dificuldade em encontrar voluntários. O rumor sobre as emissões verdes se espalhou e vários e-mails detalhando os resultados começaram a chegar. Sem dúvida o efeito do Purple Kool-Aid era real, e havia uma relação dose–resposta. Um copo não produzia nenhum resultado, 12 copos produziam uma cor decididamente esverdeada, e um voluntário que entornou 24 copos – por razões conhecidas apenas por alunos de faculdade – relatou uma produção verde de fato resplandecente.

Purplesaurus Rex é colorido com uma mistura de corante alimentar azul e vermelho. O colorido azul aparentemente reage com pigmentos amarelos na bile para produzir um verde espetacular que mascara outras cores. Essa foi a confortadora resposta para nossa atemorizada mãe, que compreendeu então que os efeitos coloridos que notara se deviam a um inofensivo corante alimentar.

Posso ver as sobrancelhas se arquearem aí. "O que quer dizer com corante alimentar 'inofensivo'?" Não foram essas substâncias químicas acusadas de toda espécie de crimes, podendo causar desde hiperatividade em crianças até broncospasmo em asmáticos e câncer em ratos? Sim, foram, mas essas acusações precisam ser cuidadosamente examinadas antes que entremos em pânico. Reconhecidamente, os corantes alimentares têm uma história cheia de altos e baixos e não poucos esqueletos no armário.

Nos séculos XVIII e XIX, comerciantes inescrupulosos usavam várias substâncias coloridas para melhorar o aspecto de alimentos estragados ou de má qualidade. Picles eram coloridos com sulfato de cobre, um processo que causava grande sofrimento a muitos e foi sem dúvida responsável por algumas mortes. Sais tóxicos de mercúrio e chumbo eram usados para colorir balas, e folhas de espinheiro eram coloridas com acetato de cobre de modo a se parecer com chá chinês. Hoje, a situação é muito diferente. Os aditivos alimentares têm de passar por uma bateria de testes de segurança antes que seu uso seja permitido. Regulamentações não significam muito para pessoas desonestas, é claro. Basta considerar o recente *recall* de muitos produtos no Reino Unido que foram contaminados com Pigmento Vermelho 2 ou Sudão I, dois corantes que não podem ser legalmente usados em alimentos porque foi demonstrado que são carcinogênicos em animais. Eles foram encontrados em condimentos importados como chili e pimentas-caienas, que depois apareceram como ingredientes numa variedade de alimentos processados, inclusive produtos populares como batatas fritas sabor churrasco, molho chili e patê de salmão. Embora o risco para seres humanos seja muito pequeno, ninguém gosta da idéia de um carcinógeno nos alimentos.

Mesmo com aditivos que passaram em todos os testes de segurança exigidos, a possibilidade de uma reação adversa não pode ser excluída. Os seres humanos são bioquimicamente individuais, e o inesperado por vezes acontece. Um jovem médico foi hospitalizado em quatro ocasiões diferentes ao longo de um período de dois anos com cãibras abdominais tão fortes que precisou tomar narcóticos para ter alívio. Revelou-se que tinha um tipo raro de gastroenterite alérgica provocada por um corante alimentar conhecido como Amarelo Crepúsculo (amarelo FD&C n.6), encontrado em alimentos como cereais Corn Bran e Jell-O, que consumimos regularmente. Uma reação um pouco mais comum, embora ainda rara, é a outro corante amarelo, a tartrazina (amarelo FD&C n.5). Nada menos que 20% dos pacientes asmáticos são sensíveis a Aspirina e sofrem broncospasmos agudos, inchaços e urticárias quando expostos a ela. Aproximadamente 10% dessas pessoas são também sensíveis à tartrazina e têm de examinar rótulos cuidadosamente à procura desse corante.

Na década de 1970, Benjamin Feingold, um pediatra da Califórnia, aventou a possibilidade de que certos aditivos alimentares, inclusive corantes, pudessem causar hiperatividade em crianças. Sua tese foi apoiada por testemunhos de pais que afirmavam ter visto o filho se transformar de demônio em anjo quando uma dieta livre de aditivos fora introduzida. Alguns sugeriram que os resultados refletiam meramente o desejo dos pais, ou apenas uma melhora geral da dieta causada pela eliminação de alimentos processados. Agora, porém, pesquisadores britânicos encontraram evidências científicas para a relação aditivos–hiperatividade. Num ensaio envolvendo 153 crianças de três anos e 144 de oito e nove anos, metade delas recebeu uma mistura de quatro corantes alimentares, bem como o conservante benzoato de sódio, dissolvidos numa bebida de frutas. A outra metade recebeu uma bebida placebo com aspecto e gosto iguais. As crianças, os experimentadores, os pais e os professores que foram solicitados a avaliar o comportamento delas não foram informados sobre quem tomara o quê. A análise final dos resultados revelou um ligeiro aumento do comportamento hiperativo, avaliado em cerca de 10%, no grupo que consumiu os aditivos.

O que significa isso? A responsabilidade teria sido de algum aditivo específico? Não podemos discernir. Teria o efeito se devido a alguma reação sinergística entre os aditivos, que não existiria se eles fossem consumidos independentemente? Não podemos discernir. Será possível que quando adicionadas à comida essas substâncias químicas mostrem um efeito diferente que quando combinadas numa bebida? Não podemos discernir. Mas e daí? Será que realmente precisamos de mais evidências para fazer as crianças consumirem menos refrigerantes, balas, bolos ou gelatinas cheios de açúcar? Não me parece. Previsivelmente, os porta-vozes da indústria alimentícia afirmam que o estudo é metodologicamente falho. Defensores dos "alimentos naturais" retrucam com um "eu não disse?", e continuam a qualificar todos os aditivos de toxinas. Os governos se comprometem a examinar os aditivos com mais rigor e prometem introduzir uma legislação para proteger as crianças de alguns dos mais preocupantes. Mas substituir balas vivamente coloridas por doces anêmicos não será a solução de nossos problemas nutricionais. Estimular as crianças a comer maçãs, laranjas e castanhas em vez de alimentos processados e artificialmente coloridos, sim.

Uma alegação mais séria é de que certos corantes alimentares, como o Corante Vermelho n.3 (eritrosina), podem causar câncer. Grandes quantidades dele causaram de fato tumores de tiróide em ratos machos, mas é difícil avaliar a relevância disso para seres humanos. A indústria afirma que esse corante, usado em alimentos como cerejas marasquino, é de difícil substituição porque, diferentemente de outros corantes vermelhos, ele não mancha à sua volta. Há esperança, no entanto, de que um corante vermelho natural, a antocianina, isolada do rabanete, venha a se mostrar à altura da tarefa. Na verdade, muitos processadores de alimentos estão trabalhando para substituir corantes sintéticos por outros naturais em razão da percepção do público de que estes são mais seguros. Nesse caso, a percepção está basicamente correta. Cores naturais extraídas de suco de beterraba, urucum, casca de uva, repolho, açafrão-da-índia e páprica não suscitam problemas de saúde. E, no que pode ser uma surpresa para a maioria das pessoas, o corante alimentar mais amplamente usado é "natural". Do que se trata? Açúcar queimado! O caramelo representa mais de 90% do peso de todas as cores acrescentadas a comidas e bebidas, com o consumo de mais de 200 mil toneladas anuais no mundo todo. Colas, misturas para sopas, biscoitos de chocolate e até algumas cervejas devem sua cor ao caramelo. É seguro e, é claro, você não precisa temer nenhuma evacuação estranhamente colorida.

Melhorar a saúde com bactérias

No final do século XIX, o Battle Creek Sanitarium era sem dúvida onde deveriam estar as pessoas que precisavam ser curadas de doenças que não tinham. Era ali que o dr. John Harvey Kellogg e sua equipe atendiam os hipocondríacos ricos que, segundo Kellogg, sofriam de "auto-intoxicação". Ele estava convencido de que praticamente todas as doenças originavam-se nos intestinos e de que "as mudanças causadas pela putrefação, recorrentes nos resíduos indigeridos de alimentos de carne", eram as causadoras. A "cura" para a auto-intoxicação era simples: os intestinos tinham de ser limpos! E o dr. Kellogg sabia exatamente como fazer isso. Primeiro, copiosos jatos d'água eram usados para lavar os intestinos através do orifício traseiro. Esse delicioso procedimento era então seguido pelo "tratamento de iogurte" a partir dos dois extremos. O dr. Kellogg estava convencido de que as bactérias usadas para fazer iogurte protegiam contra doenças e "deviam ser inseridas onde são mais necessárias e podem prestar o serviço mais efetivo". "Equilibre sua flora intestinal", sustentava ele, "e você viverá tanto quanto os vigorosos montanheses da Bulgária!" E segundo Elie Metchnikoff, o bacteriologista russo cuja pesquisa desencadeara a compulsão de Kellogg por iogurte, a vida desses montanheses era muito longa.

Metchnikoff causou grande furor com sua tese de que a longevidade dos búlgaros se devia às abundantes quantidades de iogurte que comiam. Ele tinha até uma teoria para explicar como isso acontecia. Os bons micróbios, *Bacillus bulgaricus*, que ele batizou em homenagem aos búlgaros, dominavam os maus micróbios que causavam doença no intestino. Metchnikoff não tinha realmente nenhuma evidência para sua teoria, ou mesmo para a idéia de que os búlgaros gozavam de uma longevidade notável. Mas quando ele recebeu o prêmio Nobel de fisiologia e medicina em 1908 (por trabalho sem relação com o iogurte), o rumor sobre as supostas propriedades miraculosas do iogurte começou a se espalhar. E vem se espalhando desde então, à medida que a idéia de introduzir bactérias benéficas no intestino ganha cada vez mais apoio científico. Está ficando cada vez mais claro que o assombroso número de bactérias presentes em nosso trato digestivo desempenha um papel importante na saúde e na doença. Seus números estão na casa dos trilhões, superando os das células de nosso organismo por um fator de 10. Não espanta que a pesquisa sobre "probióticos" esteja proliferando.

O que é um probiótico? O termo refere-se a qualquer alimento, bebida ou suplemento alimentar que contenha microrganismos específicos em número suficiente para alterar a flora microbiana num hospedeiro e exercer efeitos salutares. A idéia é que essas bactérias "boas" vão se multiplicar e competir por alimento com os micróbios ruins, aqueles capazes de causar doença. Por fim, reza a teoria, os ruins vão morrer de fome e seus números decairão. Pode ser surpreendente ver o adjetivo "boas" associado a bactérias, mas ele é realmente merecido. Algumas produzem enzimas que ajudam a digerir o alimento, outras podem sintetizar vitamina K no intestino e até ajudar a estimular o sistema imune. Do outro lado do livro-razão, temos micróbios como o *Helicobater pylori*, que pode causar úlceras. A terapia probiótica pode portanto ser simplificada como "introduzir o bom, excluir o ruim".

Tradicionalmente, iogurte é feito com *Lactobacillus bulgaricus* e *Streptococcus themophilus*. Essas bactérias, porém, são sensíveis ao ácido e não passam do estômago para o cólon em número suficiente para alterar a flora ali. Por outro lado, *acidophilus* e *bifidobacteria* são mais estáveis ao ácido e sobrevivem à viagem. E, quando se estabelecem no intestino, realmente excluem bactérias causadoras de doenças, como as responsáveis por diarréia. O consumo de antibióticos para infecções rotineiras freqüentemente causa diarréia, à medida que alguns dos bons micróbios são indiscriminadamente eliminados junto com os que causam a doença. Os probióticos podem reabastecer o intestino dos micróbios desejáveis e controlar a diarréia. Mas isso pode ser só o começo, em se tratando dos seus benefícios. Há sedutoras evidências de que eles podem desempenhar um papel na prevenção do câncer, reforçando o sistema imunológico e aliviando os sintomas associados à colite ulcerativa e à síndrome do intestino irritável (IBS). Alguns probióticos podem destruir agentes causadores de câncer no intestino, e ao menos um excelente estudo mostrou que o risco de eczema em bebês pode ser reduzido se eles ingerirem *Lactobacillus GG*. É provável que isso possa funcionar para algumas alergias também. Particularmente digno de nota é o fato de que, em mais de 150 estudos de probióticos, nenhum efeito adverso foi visto.

A questão complicada agora é determinar que bactérias probióticas são mais benéficas e qual é a melhor maneira de introduzir números suficientes no lugar apropriado do trato digestivo. A *Lactobacillus GG* (assim chamada por seus descobridores, dr. Sherwood Gorbach e dr. Barry Goldin) parece muito promissora. Ela tem um bom desempenho contra diarréia, mostra efeitos anticâncer em animais e em alguns casos até aliviou os sintomas de colite ulcerativa. O mesmo ocorreu com VSL n.3, uma mistura experimental de oito espécies bacterianas. Bio-K+ é um produto comercialmente disponível que correspondeu às expectativas, isto é, introduziu bons organismos viáveis em número suficiente no cólon. Por outro lado, há produtos por aí que afirmam conter grande quantidade de bactérias mas de fato não o fazem. Não há regulamentação para assegurar que a quantidade declarada no rótulo está realmente ali. Em geral, probióticos deveriam conter pelo menos um bilhão de organismos viáveis por porção para terem uma chance de serem eficazes, mas análises independentes mostram que muitos produtos não chegam a isso.

Fabricantes estão entrando na onda dos probióticos, produzindo iogurtes com uma variedade de micróbios desejáveis. *Lactobacillus casei* é adicionado a alguns para "melhorar a imunidade", e *Bifidobacterium animalis* a outros para a "saúde digestiva", mas as pretensões não são apoiadas por evidências sólidas. Apesar disso, o iogurte é inquestionavelmente um alimento saudável, e os que contêm "culturas vivas e ativas" podem desempenhar um papel numa melhor saúde intestinal.

E quem teria jamais imaginado que bactérias no intestino poderiam desempenhar um papel no controle do peso? Mas esse pode realmente ser o caso. O dr. Jeffrey Gordon e sua equipe da Escola de Medicina da Universidade Washington, em St. Louis, talvez tenham encontrado explicação para um mistério que intrigou muitos cientistas. Como é possível que duas pessoas possam ter dietas essencialmente iguais em teor calórico, praticar exercícios físicos na mesma medida e não obstante ter propensões diferentes a ganhar peso? Como uma consegue manter facilmente seu peso corporal enquanto a outra enfrenta uma luta constante? Parece que a resposta pode residir no tipo de bactérias que habitam seus intestinos.

Estamos falando sobre algumas das bactérias "amigáveis" que nos ajudam a digerir alimento decompondo carboidratos complexos presentes em grãos, frutas e hortaliças, transformando-os em açúcares simples que podem ser usados na produção de energia. Nem todas as bactérias, contudo, são igualmente hábeis em fazer isso. As que digerem carboidratos caem em duas amplas classes, as firmicutes e as bacteroidetes, estas últimas sendo menos eficientes na quebra de carbonos. O resultado é que uma grande população de bacteroidetes leva a uma maior excreção dos carboidratos complexos, o que significa menor probabilidade de ganho de peso. Em contraposição, se as firmicutes dominam, os polissacarídeos são decompostos em açúcares simples que são absorvidos na corrente sanguínea. Se não forem usados para a produção de energia, serão convertidos em gordura e armazenados no corpo.

Evidências que comprovam o papel de bactérias no controle do peso vêm de estudos tanto com camundongos quanto com seres humanos. Constatou-se que camundongos obesos, por exemplo, têm uma proporção menor de bacteroidetes, mas ainda mais intrigante é a descoberta de que quando pessoas obesas são submetidas a dietas pouco calóricas, os níveis de bacteroidetes em seu intestino aumentam à medida que seu peso se reduz. Talvez um desequilíbrio nas bactérias intestinais torne algumas pessoas propensas à obesidade, e talvez a alteração desses níveis possa levar a um tratamento. É possível que em algum momento no futuro pessoas com excesso de peso venham a poder fazer uso de um probiótico que as ajude a perder peso.

Consumir culturas ativas talvez não seja a única maneira de aumentar o número de bactérias amigáveis no intestino. O tratamento prebiótico pode ser uma abordagem alternativa. Os prebióticos são substâncias como os frutooligossacarídeos (FOS), lactulose ou inulina, que podem ser incluídas na dieta para estimular o crescimento de bactérias específicas no cólon. Esses carboidratos complexos são meramente "fibra", o que significa que não são digeridos como alimento. Passam através do estômago e do intestino delgado inalterados e se acumulam no cólon, onde servem como saborosas guloseimas para bactérias amigáveis. Estas então se multiplicam e excluem micróbios inquietantes pela força do número.

No Japão, numerosos alimentos fortificados com frutooligossacarídeos e inulina já estão no mercado, e a tendência está vindo em nossa direção. De onde vêm essas substâncias químicas? Elas ocorrem naturalmente em cebolas, alho e bananas, mas não numa medida capaz de ter algum efeito significativo sobre populações bacterianas no cólon. Para se ter qualquer esperança de benefício, é preciso tomar uma dose diária de pelo menos 4 gramas de prebióticos, mas o dobro dessa quantidade é preferível. Praticamente a única maneira de conseguir isso é adicionar FOS ou inulina a alimentos processados. A fonte mais comum das substâncias é raiz de chicória, da qual elas podem ser facilmente extraídas.

Uma planta que de fato contém uma quantidade significativa desses prebióticos é a alcachofra-de-jerusalém. Samuel de Champlain teve notícia desse tubérculo pela primeira vez pelos índios, e foi apresentado a ele na Europa. Na verdade, não se trata de uma alcachofra e não tem nada a ver com Jerusalém. A planta é de fato um membro da família dos girassóis. Mas parece que Champlain achou seu gosto parecido com o da alcachofra e o nome pegou. Por que Jerusalém? Quando as plantas foram levadas da América para a Itália, foram chamadas *girasole*, de "girar para o sol", e isso foi de algum modo corrompido em Jerusalém. Na Europa e no Japão, a farinha de alcachofra-de-jerusalém já está sendo adicionada a alimentos para aumentar seu potencial salutar. Mas esse tubérculo pode ter também um aspecto negativo, como foi expresso pela primeira vez por John Goodyear, um fazendeiro britânico na década de 1860. "Em meu julgamento, não importa como sejam preparadas e comidas, elas se revolvem e causam um vento fedorento e repugnante no corpo, causando assim muitas dores e tormentos à barriga, e são mais apropriadas para suínos que para homens." Talvez estivesse certo quanto ao vento, mas com certeza estava errado ao pensar que a alcachofra-de-jerusalém não era apropriada para seres humanos.

Reforçar a imunidade com glutationa

Quanto mais sabemos sobre o funcionamento do corpo humano, mais assombroso se torna o fato de que existem pessoas saudáveis no mundo. Pare um instante para pensar em todos os processos que têm de ocorrer para nos manter em equilíbrio. Para começar, os aminoácidos precisam se associar para produzir proteínas, neurotransmissores têm de ser sintetizados, glóbulos vermelhos têm de fazer hemoglobina, glóbulos brancos devem produzir anticorpos e várias glândulas têm de secretar hormônios. E precisa-se gerar energia suficiente para assegurar que nosso coração bata, nossos pulmões respirem, nossas células se dividam e nosso cérebro pense. A execução de todos esses processos requer a ação combinada de numerosas reações químicas, e tudo tem de acontecer em meio a um constante ataque de bactérias, vírus, fungos e toxinas ambientais, tanto naturais quanto sintéticas. E se isso não fosse o bastante, várias "espécies reativas ao oxigênio" que se formam como subprodutos das reações necessárias para sustentar a vida estão constantemente prontas para encurtá-la. Assim, devemos dar graças a Deus por nosso sistema imunológico, esse conjunto altamente especializado de estruturas orgânicas e células cuja missão é reconhecer e eliminar ameaças potenciais a nossa saúde.

Sabemos, é claro, que o sistema imunológico é falível. Afinal, as pessoas sucumbem aos efeitos de bactérias, vírus e células de câncer, especialmente à medida que envelhecem. Doenças devastadoras como a aids podem levar o sistema imunológico a praticamente se autodestruir. É óbvio, portanto, que qualquer intervenção que fomente a atividade imunológica é extremamente bem-vinda. Uma possibilidade é elevar os níveis de glutationa dentro das células. Desconfio que "glutationa" não seja uma palavra que surge naturalmente na conversa, a menos que se trate de um grupo de cientistas discutindo o sistema imunológico. Nesse caso, você a ouvirá ser mencionada com grande entusiasmo, porque essa molécula relativamente simples está envolvida em muitas reações críticas necessárias à manutenção da saúde.

Comecemos com o modo como a glutationa ajuda os glóbulos brancos a rechaçar invasores estranhos – vírus ou bactérias, por exemplo – formando moléculas protetoras chamadas anticorpos. Para produzi-los em número suficiente, os glóbulos brancos têm de se multiplicar rapidamente. Esse processo requer grande quantidade de energia, fornecida pela reação entre oxigênio e nutrientes armazenados. Lamentavelmente, essa reação também resulta na formação de subprodutos conhecidos como espécies reativas ao oxigênio, uma família de radicais livres capaz de devastar o mecanismo molecular da célula e retardar a resposta imunológica. Uma das espécies mais reativas ao oxigênio é conhecida como superóxido. Intensa investigação dessa substância iniciou-se em 1968, quando pesquisadores isolaram uma enzima chamada superóxido dismutase, que tinha a capacidade de destruir superóxido convertendo-o em oxigênio e peróxido de hidrogênio.

Mas essa era uma proteção efêmera. Verificou-se que o próprio peróxido de hidrogênio podia ir adiante para gerar os extremamente reativos radicais livres de hidroxil, capazes de causar vasto dano molecular. Como logo ficamos sabendo, porém, nosso fascinante sistema imunológico tinha uma maneira de lidar também com esse problema. Duas outras enzimas – a catalase e, de maneira ainda mais importante, a glutationa peroxidase – eliminavam o peróxido de hidrogênio e assim proporcionavam proteção contra os estragos do que chamamos "estresse oxidativo". Como o nome sugere, a glutationa peroxídase usa a glutationa para erradicar o peróxido de hidrogênio. Poderiam então níveis celulares mais altos de glutationa ajudar a enzima a fazer um trabalho mais eficaz e melhorar a função imunológica?

Enquanto os cientistas refletiam sobre essa questão, algumas outras interessantes propriedades da glutationa vieram à luz. A molécula em si tinha propriedades antioxidantes e destruía radicais livres, independentemente da relação com a glutationa peroxídase. Ela aumentava também a atividade da vitamina C. Além disso, tinha mais uma carta na manga. Quando ligada a uma toxina (por uma outra enzima, a glutationa S-transferase), ela a tornava solúvel em água e excretável. Diante de tudo isso, parecia óbvio que níveis mais altos de glutationa no sangue deviam estar correlacionados a boa saúde. E esse parece ser o caso, pelo menos se nos guiarmos por um provocativo estudo realizado na Universidade de Birmingham, na Inglaterra.

Pesquisadores mediram os níveis de glutationa em voluntários saudáveis, tanto idosos quanto jovens, bem como em pacientes idosos que sofriam de doenças crônicas ou haviam sido hospitalizados recentemente com um problema agudo. Se a glutationa estivesse realmente associada à saúde, semelhante análise deveria reunir evidências, pensavam os cientistas. E não se desapontaram. Os voluntários jovens e saudáveis tiveram os níveis mais altos de glutationa no plasma, seguidos pelos idosos saudáveis, depois os idosos em tratamento ambulatorial e finalmente os idosos internados. Na Escola de Saúde Pública da Universidade de Michigan, a dra. Mara Julius e colegas descobriram também que níveis mais altos de glutationa estavam associados a menos doenças como artrite, diabetes e doença cardíaca. Há ainda alguns dados bastante interessantes de experimentos com animais sobre as propriedades quimioprotetoras da substância. Ratos expostos a aflotoxina, um poderoso carcinógeno, passavam significativamente melhor quando recebiam glutationa. Todos os animais não tratados dessa forma morreram dentro de dois anos, mas 80% dos outros animais continuavam vivos ao fim desse período.

A questão, portanto, é: por que não estamos devorando suplementos de glutationa? Como ela pode ser preparada em grandes quantidades por métodos de fermentação com o uso de leveduras especializadas, esses suplementos são facilmente obtidos. Não há certamente nenhuma questão de segurança. Ninguém jamais mostrou qualquer risco associado à glutationa oral. O problema é que ninguém mostrou tampouco nenhum benefício importante para a saúde. Por quê? Porque, diferentemente do que acontece em ratos, nos seres humanos a glutationa não é absorvida no sangue a partir do intestino delgado em qualquer medida significativa. Isso não quer dizer que esse complemento seja totalmente inútil. Ele pode ser usado em benefício das células que revestem o intestino. Estas ficam freqüentemente danificadas em doenças como aids ou câncer, e isso resulta numa absorção prejudicada de nutrientes, o que por sua vez leva a perda de peso e de massa muscular. Foi demonstrado que a glutationa oral repara as células intestinais, e ela foi usada com proveito em pacientes com aids. Outros benefícios à saúde, porém, o complemento não proporcionará.

Sabemos que nossas células são capazes de fazer glutationa, então por que não exploramos essa capacidade fornecendo-lhes uma abundância de matéria-prima com que trabalhar? Por que não aumentar simplesmente nosso consumo dietético de ácido glutâmico, glicina e cisteína? Como nossos alimentos já contêm grande quantidade dos dois primeiros, não precisamos nos preocupar com eles. Mas a cisteína é menos abundante, e por isso é o fator determinante para a quantidade de glutationa que se forma. É mais ou menos como fabricar bicicletas. Cada uma precisa de duas rodas e uma armação; não adianta ter um excesso de rodas, pois ainda assim não será possível fabricar mais bicicletas que o número de armações disponível. As armações são portanto o componente limitante, assim como a cisteína na síntese da glutationa. Por que então não começamos simplesmente a tomar cápsulas dessa substância? Ela pode ser facilmente obtida pela decomposição de proteínas presentes no cabelo humano, um processo realizado por várias companhias na China, sobretudo com o objetivo de fornecer o produto para as indústrias de alimentos e de cosméticos – ele é usado na produção de sabores artificiais de carne, como um agente condicionante em massas de bolos e tortas e em produtos para anelar o cabelo.

Infelizmente, tomar cisteína como suplemento alimentar não parece ser uma grande opção. Alguns estudos com animais sugeriram que ela pode aumentar os níveis de triglicerídios e colesterol e ter até efeitos neurotóxicos. Pessoas relataram também ter sentido náusea após o uso. Além disso, a cisteína não é muito solúvel, e pode sofrer uma variedade de reações na corrente sanguínea que a tornam indisponível para absorção pelas células. Há, no entanto, maneiras de contornar esse problema. A substância pode ser facilmente convertida em laboratório em N-acetilcisteína (NAC), que é mais solúvel e menos propensa a ser destruída na corrente sanguínea. Após ser absorvida pelas células, ela é reconvertida em cisteína, que fica então disponível para a síntese da glutationa.

Os milhares de pessoas trazidos de volta da beira da morte depois de uma dose excessiva de paracetamol podem atestar a eficácia da NAC. O paracetamol (Tylenol é um nome comercial comum) é um analgésico livremente vendido e amplamente utilizado. Na dose recomendada, é muito eficaz, mas, como qualquer medicamento, torna-se um problema quando usado de forma abusiva. Uma dose excessiva, em especial associada à ingestão de excesso de álcool, pode levar a grave dano do fígado e possivelmente à morte. Tentativas de suicídio com paracetamol permanecem apenas "tentativas" por causa da rápida intervenção médica com NAC. Nosso corpo reconhece o paracetamol como um intruso e tenta eliminá-lo convertendo-o num composto mais solúvel. Lamentavelmente, esse composto – a imina N-acetil-p-benzoquinona (NAPQI) – é tóxico para o fígado; uma enzima induzida pela glutationa, porém, está pronta para ajudar os rins a excretá-lo. Quando a dose de paracetamol é alta demais, as reservas de glutationa são esgotadas e segue-se o dano ao fígado. Isto é, a menos que a NAC seja rapidamente administrada para reconstituir os níveis celulares de glutationa. Esse é um dos tratamentos médicos mais eficazes que existem.

Se a NAC funciona tão bem para aumentar os níveis de glutationa, por que não somos estimulados a tomá-la em forma de suplemento para prevenir doença? *Estamos* sendo estimulados a isso... por fabricantes de NAC. Embora não haja nenhuma preocupação maior com a segurança aqui, náusea é um possível efeito colateral. Além disso, ninguém examinou realmente as conseqüências do consumo de NAC por um longo período, ou suas possíveis interações com outros medicamentos.

Seria ótimo se houvesse uma maneira inócua de aumentar nossos níveis de glutationa – e talvez haja. A fabricação do queijo exige que o coalho seja separado do soro, um resíduo líquido aquoso que abriga proteínas ricas em cisteína. Quando processadas de uma maneira especial, essas proteínas podem transferir seu conteúdo de cisteína para células, onde ele pode ser liberado para aumentar a formação de glutationa. Alguns estudos intrigantes já indicaram que essas preparações especiais de soro aumentaram a resistência de atletas, presumivelmente reduzindo o dano causado pelos radicais livres a músculos. Isso não é tudo. Pesquisas de laboratório mostraram níveis aumentados de glutationa em células da próstata humana expostas a proteínas do soro, sugerindo proteção contra o câncer. Animais que receberam o concentrado de proteínas são mais resistentes a carcinógenos e, num achado um tanto curioso, observou-se que o soro aumenta a glutationa em células normais, enquanto a reduz em células de câncer, tornando estas últimas mais suscetíveis à erradicação por quimioterapia ou radiação. Estudos estão sendo realizados atualmente para ver se o consumo diário da proteína do soro que fornece a cisteína ajuda a reduzir os níveis de toxinas ambientais no sangue. É o tipo de evidência de que precisamos para aderir a essa tendência com força total, e no que diz respeito à suplementação de glutationa, talvez tenhamos encontrado um meio de ministrá-la.

Adicionar fluoreto à água

Qual é a doença mais comum no mundo? Provavelmente pensamos logo em infecções. Ou doença cardíaca, ou câncer, talvez até em aids. Na realidade, é o resfriado! E o que vem em segundo lugar? As cáries dentárias! Elas são feias e causam dor, mas – o que é mais importante – a má saúde oral pode também permitir que bactérias entrem na corrente sanguínea e precipitem problemas respiratórios ou cardíacos. Por sorte, a cárie pode ser prevenida. A higiene oral adequada e a redução dos doces na dieta são essenciais, mas é também possível tornar os dentes mais resistentes por intervenção química – isto é, usando fluoreto.

O esmalte dos dentes é composto principalmente de hidroxiapatita, uma substância facilmente danificada por ácidos. Bactérias que ocorrem naturalmente na boca, em particular *Streptococcus mutans*, alimentam-se de açúcares e metabolizam-nos em ácidos, e as cáries não demoram a aparecer. No entanto, se o fluoreto for fornecido na dieta ou aplicado topicamente, ele fica incorporado à estrutura do dente, formando uma substância mais resistente a ácidos chamada fluoroapatita. Embora se acreditasse outrora que a melhor maneira de incorporar fluoreto aos dentes era fornecê-lo na dieta enquanto aqueles se formavam, pesquisa recente mostra que a aplicação de tópica é uma maneira muito eficaz de prevenir cáries. O fluoreto tem também um efeito secundário. Ele pode interferir com a atividade de enzimas, como aquelas que as bactérias usam para converter açúcares em ácidos. Como a cárie dentária é um problema universal, pareceria que um método simples de prevenção – a adição de pequeninas quantidades de fluoreto à água potável – seria uma solução bem recebida.

De fato, muitas autoridades de saúde afirmam que a fluoração da água potável foi uma das intervenções de saúde pública mais eficazes e seguras jamais realizadas. Mas nem todos partilham esse ponto de vista. Há os que afirmam que a fluoração é equivocada, ineficaz e arriscada. Ela só é feita, dizem eles, porque os governos, a indústria e as Forças Armadas americanas conspiraram com as autoridades de saúde pública para mudar a imagem de um subproduto tóxico da indústria de fertilizantes, transformando-o num meio seguro de prevenir cáries. Por quê? Para podermos nos desvencilhar dele em nossa água potável! Esses culpados, afirmam os antifluoracionistas, tramaram também para ocultar do público os dados sobre os riscos do fluoreto e tentaram solapar as carreiras de cientistas que expressam idéias opostas. A controvérsia não é estranha à ciência, mas é raro ver uma questão que gere, de parte a parte, tanta virulência verbal e tanta deturpação da literatura científica quanto a fluoração dos reservatórios públicos de água.

Primeiro um pouco de história. Em 1901, Frederick McKay abriu uma clínica dentária em Colorado Springs, Colorado, e imediatamente notou que muitos de seus pacientes tinham dentes manchados ou mosqueados, uma doença hoje conhecida como fluorose. Ficou surpreso, porém, ao constatar que as pessoas que tinham esses dentes feios tinham também poucas cáries. Verificou-se que a ligação era um nível muito alto de fluoreto na água potável de Colorado Springs. A observação de McKay estimulou então comparações da saúde dentária de comunidades com diferentes níveis de fluoreto na água. Quando a concentração natural de fluoreto era maior que uma parte por milhão, a incidência de cáries era reduzida de 50% a 65%. Nesse nível, apenas cerca de 10% das crianças mostravam os mais leves sinais de fluorose, e conseqüentemente a Organização Mundial da Saúde passou a recomendar a adição suplementar de fluoreto onde os níveis eram baixos.

Em 1945, Grand Rapids, Michigan, tornou-se a primeira cidade do mundo a ajustar sua água potável a uma concentração de fluoreto de um por milhão. Brantford, Ontário, seguiu esse caminho no mesmo ano. De fato, essa cidade canadense participou do primeiro levantamento epidemiológico do fluoreto. Em 1948 e 1959, a incidência de cáries foi comparada com a da cidade de Sarnia, que tinha um nível muito baixo de fluoreto na água, e com Stratford, que tinha uma concentração de 1,6 parte por milhão. Sarnia teve uma taxa alta de cáries tanto em 1948 quanto em 1959, com 90% das crianças entre as idades de nove e 11 anos sendo afetadas, ao passo que Stratford teve uma incidência baixa, em apenas 50% das crianças. Em Brantford, de 1948 a 1959, a incidência caiu de 90% para 50%. Em conseqüência, Sarnia introduziu a fluoração. Hoje, pelo menos nos Estados Unidos, a fluoração é generalizada. A American Dental Association é um forte defensor da adição de fluoreto à água e avalia que cada dólar gasto em fluoração economiza cerca de 50 dólares em futuras despesas dentárias.

Desde o início, a fluoração incomodou algumas pessoas. Adversários não queriam "veneno de rato" adicionado à água que lhes era fornecida e afirmavam que o governo não tinha o direito de determinar que tipo de água as pessoas deviam beber. As emoções se exacerbaram; a desconfiança floresceu. Em março de 1944, autoridades na área de Newburgh, no estado de Nova York, anunciaram que a água da cidade seria fluorada. No dia marcado para o início do procedimento, autoridades de saúde locais ficaram surpresas ao receber queixas sobre caçarolas desbotadas, perturbações digestivas e dentaduras rachadas. Na verdade, o equipamento não ficara pronto a tempo e nenhuma mudança fora feita na água!

A fluoração de fato diminui a incidência de cáries. A medida em que isso ocorre, porém, é objeto de debate. Nos últimos anos, a fácil disponibilidade de pastas de dentes, anti-sépticos bucais e suplementos alimentares com fluoreto reduziu os efeitos atribuíveis à água fluorada em áreas mais afluentes. São as comunidades carentes que têm a maior probabilidade de ver os seus benefícios.

O fluoreto pode ser tóxico, não há dúvida alguma quanto a isso. Como os adversários da fluoração nos lembram constantemente, ele foi realmente usado para envenenar ratos. Esse fato, no entanto, não tem nenhuma relação com a conveniência ou não de adicioná-lo à água potável para melhorar a saúde dentária. A toxicidade é sempre uma questão de dose. Um bocado de fluoreto de sódio puro matará um rato, mas o roedor teria que tomar aproximadamente 100 litros de água da torneira fluorada antes de sofrer a mesma sorte se ela tivesse a concentração usual de fluoreto de uma parte por milhão. E teria de fazer isso sem urinar! Rotular uma substância de "veneno" sem situá-la no contexto adequado é algo sem sentido e irresponsável. Afinal, usamos "venenos" o tempo todo. O cloro que usamos para purificar nossa água também pode ser usado como arma química. A morfina é um excelente analgésico, mas doses apenas ligeiramente maiores que as necessárias para aliviar a dor podem fazê-lo dormir – e não é necessário muito mais para adormecê-lo para sempre. Aspirina em dose alta pode matar, e o mesmo pode ser dito do sal de mesa, dos suplementos de ferro ou da pasta de dentes fluorada (seria um desafio fazer isso sem vomitar, mas teoricamente é possível engolir uma dose letal de pasta de dentes fluorada). Isso nada tem a ver, contudo, com a adição de fluoreto à água ou mesmo à pasta de dentes. Tampouco é relevante o fato de que a mesma substância é usada para enriquecer urânio usado em armas nucleares, preparar gás asfixiante e isolar o alumínio de seu minério.

Os antifluoracionistas gostam também de salientar que o ácido hidrofluorosílico, a substância química comumente usada para fluorar os reservatórios de água, é um subproduto residual da indústria de fertilizantes. Isso é verdade, mas e daí? Converter um resíduo industrial numa substância útil em vez de descartá-lo talvez seja até extremamente desejável. Esses argumentos antifluoreto são tão sem sentido como a acusação do senador Joe McCarthy, na década de 1950, de que a fluoração era uma trama comunista para envenenar os Estados Unidos ou, como outros alegaram, de que era um golpe de mestre da indústria açucareira para aumentar as vendas sem afetar os dentes das crianças. Os antifluoracionistas prejudicam sua causa ao usar argumentos tão irrelevantes e adotar um alarmismo excessivo. Mas a verdade é que pode haver razões legítimas para se fazer um exame mais cuidadoso da questão.

As principais acusações feitas à fluoração da água são as seguintes: ela aumenta o risco de fratura e câncer ósseo e pode interferir com a função da tireóide e de outros sistemas biológicos, expor o público a contaminantes inerentes à produção do ácido hidrofluorosílico e causar fluorose nos dentes. Somente esta última é procedente. Dentistas relatam verificar mais dentes com as manchas brancas características da fluorose em áreas onde o fluoreto é adicionado à água. Embora essa seja uma questão apenas cosmética, não deixa de ser um problema. Ela ocorre porque o uso generalizado de pastas de dentes e anti-sépticos bucais fluorados acrescido do consumo de alimentos e bebidas processados feitos com água fluorada resultou na exposição de alguns segmentos da população a mais do que uma quantidade ótima de fluoreto. Está também bastante claro que, em razão dessas outras fontes da substância, bem como de um cuidado dental mais precoce e melhor, a diferença entre a incidência de cáries entre áreas fluoradas e não fluoradas reduziu-se consideravelmente. Embora seja difícil confirmar essas estatísticas, a atual incidência de cáries em Vancouver, que nunca fluorou sua água, parece mais ou menos igual à verificada em Toronto, que o faz há mais de 30 anos.

As outras afirmações contra a fluoração são mais nebulosas. Embora estudos de laboratório e alguns experimentos com animais sugiram que o fluoreto pode provocar câncer, amplas investigações epidemiológicas em comunidades fluoradas e não fluoradas não mostraram nenhuma diferença em taxas de câncer, exceto pela possibilidade de um tipo raro de câncer ósseo em meninos. O fluoreto, como seria de esperar, incorpora-se tanto aos ossos quanto aos dentes, mas algumas pesquisas indicam, surpreendentemente, que nesse caso ele pode levar a um enfraquecimento dos ossos. Mais uma vez, estudos epidemiológicos mostraram que se há um risco maior de fraturas, ele é muito pequeno. O fluoreto realmente interfere com sistemas de enzimas; é assim que ele controla bactérias na boca. Teoricamente, portanto, pode ter um efeito negativo sobre várias funções do organismo, possivelmente incluindo a tireóide. Mas teoria não é o mesmo que evidência. O ácido hidrofluorosílico, como alguns adversários mostram, pode de fato ser contaminado com quantidades mínimas de chumbo, arsênico e rádio, todas as quais são indesejáveis. Mas as quantidades que chegam à água potável a partir dessa fonte são menores que aquelas naturalmente presentes em muitos sistemas de água. É também interessante notar que chá é uma fonte muito maior de fluoreto que água fluorada, mas nenhum efeito adverso foi associado ao seu consumo.

A questão esquentou em março de 2006 quando o National Research Council (NRC) dos Estados Unidos publicou seu relatório intitulado *Fluoride in Drinking Water: A Scientific Review of the Environmental Protection Agency's Standards*. A cobertura da imprensa foi ampla, e a maioria das matérias relatou corretamente a recomendação geral de que o nível máximo tolerável de fluoreto na água potável devia ser reduzido das atuais 4 partes por milhão. Em seguida, porém, os repórteres passaram a interpretar essa recomendação como um chamado à ação acerca da segurança da fluoração da água. Foi um grande salto! Detenhamo-nos um momento para analisar o que esse relatório realmente declarou e que conclusões podem ser legitimamente tiradas.

Em 1986, a Environmental Protection Agency (EPA), baseada nas evidências então disponíveis, estabeleceu 4 partes por milhão como o nível contaminante máximo para fluoreto na água, com base no fato de que concentrações mais elevadas causavam enfraquecimento do esmalte dentário. Não havia nenhuma sugestão de que 4 partes por milhão estivessem associadas a qualquer outro risco, pelo menos por parte da EPA. Os grupos antifluoração pensavam diferente. Eles afirmavam que o fluoreto representava um risco de problemas musculosqueletais, neurocomportamentais e endócrinos, e chegavam até a sugerir que podia causar câncer. Muitos estudos sobre todos os aspectos do fluoreto na água foram publicados desde que o máximo de 4 partes por milhão foi estabelecido, e a EPA decidiu que era tempo de rever as evidências para determinar se esse máximo continuava apropriado.

Após examinar os estudos toxicológicos, epidemiológicos e clínicos mais recentes, o painel de especialistas concluiu que fluoroses graves do esmalte podem ocorrer em crianças mesmo com 4 partes por milhão de fluoreto na água, e que consumir água nesse nível continuamente pode levar ao enfraquecimento dos ossos e maior risco de fraturas. Com base nessas evidências, recomendou-se que o máximo de 4 partes por milhão fosse reduzido. Agora o ponto importante. Quando se adiciona fluoreto à água potável para prevenir cáries, o objetivo é levar a concentração final a algo entre 0,7 e 1,2 parte por milhão. Nada que se aproxime de 4 partes por milhão! Quem corre o risco então de tomar água com esse teor de fluoreto? Cerca de metade de 1% dos norte-americanos que tomam água com um teor natural de fluoreto de 4 partes por milhão ou mais. Portanto, essa quantidade natural é sim um problema potencial, mas o relatório do National Research Council não disse absolutamente nada sobre o nível de uma parte por milhão, aproximadamente, que é o adicionado aos reservatórios públicos de água. E os cientistas do NRC consideraram todos os possíveis efeitos sobre a saúde, inclusive problemas hormonais e câncer. Eles não encontraram quaisquer efeitos adversos, exceto o enfraquecimento do esmalte dentário e ligeiro enfraquecimento dos ossos – mesmo ao nível de 4 partes por milhão. E não houve certamente nenhuma recomendação para se reduzir a fluoração abaixo do nível usual de uma parte por milhão. Não podemos afirmar que algum estudo futuro não vá suscitar outra questão relativa à fluoração, mas interpretar esse relatório do NRC como uma conclusão de que adicionar fluoreto à água num nível de uma parte por milhão representa um risco é claramente errado.

O risco da fluorose, essencialmente um problema cosmético caracterizado por tênues linhas ou riscas brancas no esmalte, é maior quando os dentes estão nascendo. Assim, a American Dental Association recomenda que fórmulas para bebês não sejam feitas com água fluorada e que pastas de dentes fluoradas não sejam usadas em crianças com menos de dois anos. Crianças mais velhas deveriam ser instruídas a não usar mais que uma bolinha do tamanho de uma ervilha de pasta de dentes fluorada, e a não engolir nem um pouco dela.

A ciência atual nos diz que a fluoração da água não é uma causa provável de problemas de saúde, mas que talvez não seja mais necessária em todas as comunidades. Pastas de dentes com fluoreto, tratamentos feitos por dentistas e o fluoreto presente na comida e nas bebidas pode ser suficiente para prevenir a doença dentária.

Suplementar com vitaminas

As vitaminas são certamente componentes essenciais da dieta e previnem as doenças clássicas de deficiência, como raquitismo e escorbuto. Mas algumas têm também propriedades antioxidantes, o que traz à baila a questão de seus possíveis benefícios adicionais. Deveríamos então tomar suplementos vitamínicos? Uma pergunta bastante simples de responder, poder-se-ia pensar. Afinal, houve literalmente milhares de estudos sobre como o consumo de vitaminas e minerais se relaciona com a saúde. Mais de 100 milhões de pessoas na América do Norte acreditam que a pergunta foi respondida e tomam uma variedade de pílulas diárias para se proteger contra doenças, gastando cerca de 25 bilhões no processo. Poderiam elas estar na pista errada?

Há várias maneiras de investigar o papel potencial dos suplementos. Levantamentos podem identificar as pessoas que os tomam e fazer correlações com seu estado de saúde. Alternativamente, pesquisadores podem medir os níveis sanguíneos de antioxidantes específicos e relacionar os achados com padrões de doença. Ou podem realizar estudos de intervenção em que os resultados são avaliados depois que os sujeitos tomam a substância em teste ou um placebo durante um longo período. Por fim, pode-se empreender uma metanálise, em que os resultados de vários estudos de alta qualidade são combinados para revelar informações não visíveis ao exame de estudos individuais.

Um típico estudo de levantamento, ou "observacional", envolveu mais de 83 mil médicos americanos saudáveis que preencheram questionários sobre consumo de suplementos e hábitos dietéticos. Aproximadamente 30% deles tomavam suplementos vitamínicos regularmente. Depois de mais ou menos seis anos, cerca de mil deles haviam morrido em função de algum tipo de doença cardiovascular. Será que aqueles que morreram tinham tomado menos suplementos antioxidantes que os outros, ou mais? O que se verificou foi que não havia relação entre esse consumo e a morte por problemas cardiovasculares. É possível, claro, que os médicos estejam mais preocupados com a saúde e prestem mais atenção à dieta, de modo que já tivessem um consumo suficiente de antioxidantes. Alguns estudos mostraram até um efeito negativo dos suplementos. A análise de dados colhidos de cerca de 70 mil enfermeiras que estavam na menopausa mostrou que, durante um período de 18 anos, aquelas que consumiam mais vitamina A proveniente de alimentos ou de suplementos corriam maior risco de sofrer fraturas ósseas. Por outro lado, demonstrou-se que o baixo consumo de vitamina E durante a gravidez aumenta o risco de asma infantil, e mulheres que tomam suplementos vitamínicos nesse período parecem sofrer menor risco de ter bebês que desenvolvam tumores cerebrais.

E quanto aos estudos sobre níveis sanguíneos de vitaminas? Num deles, pesquisadores ingleses descobriram que, entre 20 mil pessoas, aquelas que tinham os níveis mais altos de vitamina C no sangue tinham vidas mais longas. Mas isso ocorria *por causa* da vitamina C ou esta era apenas um indicador de maior consumo de frutas e hortaliças? Níveis baixos de ácido fólico foram associados a câncer de mama, doença cardíaca e, mais significativamente, ao nascimento de bebês com defeitos no tubo neural. Esses estudos, entretanto, não mostram relações de causa e efeito. Nunca podemos ter certeza de que as observações não se devem a algum outro fator dietético cuja presença, por acaso, é paralela à do ácido fólico. É por isso que os estudos de intervenção são os mais significativos. E no caso do ácido fólico em mulheres grávidas, eles certamente corroboram os estudos observacionais. Suplementar a dieta com 400 microgramas de ácido fólico por dia reduz significativamente o risco de defeitos do tubo neural.

É razoável esperar que antioxidantes como as vitaminas E ou C, ou o precursor da vitamina A, o betacaroteno, desempenhem um papel na prevenção da doença cardíaca. Por quê? Porque sabe-se que é mais provável que o colesterol danifique artérias coronárias quando está oxidado – em outras palavras, quando sua estrutura molecular foi ligeiramente alterada por reação com oxigênio. Os antioxidantes, teoricamente, deveriam combater esse efeito. Na prática, porém, a história parece ser diferente. Pesquisadores em Oxford, Inglaterra, incluíram mais de 20 mil adultos com fatores de risco para doença cardíaca – como diabetes, pressão sanguínea alta ou colesterol sanguíneo elevado – num grande estudo. Metade recebeu um suplemento diário de 600 UI de vitamina E, 250 miligramas de vitamina C e 20 miligramas de betacaroteno, enquanto os outros recebiam um placebo. Os suplementos certamente foram eficazes em aumentar os níveis sanguíneos das vitaminas, como testes mostraram claramente. Mas depois de cinco anos não houve absolutamente nenhuma diferença em qualquer forma de doença ou em taxas de morte entre os dois grupos. É possível, porém, que os sujeitos já estivessem numa fase inicial de doença cardiovascular que não pudesse ser revertida, e talvez num grupo saudável os suplementos possam prevenir doenças. É possível...

Como é evidente, pode-se apoiar qualquer dos lados do debate olhando para a literatura científica de maneira seletiva. Mas o que acontece quando cientistas reúnem todos os dados numa metanálise? Às vezes eles apenas aumentam a confusão! Foi o que Goran Bjelaković e colegas da Universidade de Niš, na Sérvia e Montenegro, aparentemente fizeram quando examinaram a relação entre antioxidantes na dieta e o risco de cânceres gastrointestinais. Radicais livres podem se formar no intestino, e foram implicados em cânceres. Demonstrou-se que frutas e hortaliças são protetores, presumivelmente por causa de seu teor antioxidante. Assim, parecia bastante razoável esperar que suplementos de antioxidantes fossem benéficos na prevenção da doença. Bjelaković esquadrinhou a literatura científica e identificou 14 ensaios rigorosos controlados por placebo envolvendo mais de 170 mil sujeitos. Todos usavam suplementos orais, embora as quantidades e as combinações variassem. A vitamina C variava de 120 a 2.000 miligramas por dia; a vitamina A, de 1,5 a 15 miligramas; o betacaroteno, de 15 a 50 miligramas; o selênio, de 50 a 228 microgramas; e a vitamina E, de 30 a 600 UI. Os suplementos foram tomados durante anos, diariamente ou em dias alternados. Essas doses são típicas do que consumidores médios poderiam tomar.

Os resultados da metanálise foram inesperados. Não se encontrou nenhuma proteção contra câncer esofagiano, gástrico, colorretal, pancreático ou de fígado, mas a suplementação de selênio em alguns dos ensaios mostrou resultados otimistas. Agora a verdadeira bomba: em sete ensaios, todos de alta qualidade, envolvendo mais de 130 mil sujeitos, os consumidores de suplementos tinham tido uma taxa mais alta de morte prematura! Os pesquisadores calcularam, de fato, que uma morte prematura seria esperada para cada 100 pessoas que tomassem suplementos. Não admira que esse trabalho tenha inspirado manchetes sensacionalistas do tipo "Vitaminas só levam você para mais perto da morte". Como devemos interpretar essa surpreendente descoberta? O estudo foi bem executado e tem peso estatístico, mas não seria possível que pessoas doentes sejam mais propensas a tomar suplementos, e que isso explique a maior mortalidade? Ou que os suplementos sejam mais eficazes quando tomados por períodos mais longos? Ou talvez eles não protejam contra câncer, mas tenham outros benefícios.

O dr. Bjelaković decidiu examinar essa possibilidade montando uma segunda metanálise. Sua equipe rastreou centenas de ensaios publicados sobre os benefícios de suplementos de betacaroteno, vitamina A, vitamina C, vitamina E e selênio, e reduziram-nos gradualmente a 68 que atendiam aos critérios para estudos cegos, randomizados e controlados por placebo. Alguns estudos usavam doses baixas de suplementos, outros doses altas; alguns duravam meses, outros muitos anos. Uns usavam antioxidantes isolados, outros, várias combinações. Mas a força de uma metanálise reside em combinar os resultados de muitos estudos, nivelando-os e permitindo que conclusões globais venham à tona. Como em seu trabalho anterior, Bjelaković não encontrou nenhum benefício advindo dos suplementos e, como antes, notou um aumento da mortalidade entre os consumidores destes. Os dados parecem robustos. Mais de 230 mil participantes estavam envolvidos em 68 ensaios, 21 dos quais se concentravam em sujeitos saudáveis que tomavam antioxidantes para prevenir doenças.

Como não é de surpreender, a salva de críticas foi furiosa. Muitos ensaios relevantes foram excluídos, afirmaram. As causas de morte não foram determinadas, e podiam não estar relacionadas aos suplementos. Sujeitos tomavam muitos outros suplementos e remédios receitados por médicos, e isso podia ter obscurecido a questão. Não há nenhum mecanismo biológico que possa explicar o dano potencial de antioxidantes, afirmavam. Bem, essa alegação não é exatamente verdadeira. Certos glóbulos brancos, por exemplo, atacam toxinas gerando radicais livres, e é possível que antioxidantes interfiram nessa atividade. Sem dúvida, parte das críticas feitas à análise de Bjelaković é válida, mas uma vez que tantos sujeitos e tantos estudos estiveram envolvidos, qualquer benefício significativo teria ficado patente. Incidentalmente, o dr. Bjelaković e seu grupo não receberam verbas de nenhuma empresa comercial, e parecem não ter qualquer razão para criticar ou promover suplementos alimentares.

Embora eu não ache que suplementos vitamínicos estão nos matando, há evidências cada vez maiores de que é melhor obter nossas vitaminas da comida que de pílulas. Parece que há uma mistura quase mágica de antioxidantes, minerais e provavelmente outros ingredientes não reconhecidos nas frutas, hortaliças e grãos integrais que não pode ser replicada em suplementos. Um painel de 13 membros dos National Institutes of Health nos Estados Unidos concluiu que há evidências insuficientes a favor *ou* contra a recomendação de suplementos vitamínicos exceto em três casos. A suplementação com vitaminas B em mulheres em idade de engravidar é benéfica, assim como a suplementação com cálcio e vitamina D em mulheres pós-menopáusicas, para prevenir fraturas ósseas. E a progressão da degeneração da mácula pode ser reduzida com um misto de betacaroteno, zinco, vitamina C e vitamina E. Observe que tomar suplementos para prevenir doença cardíaca não é recomendado. Isso pode surpreender muita gente, porque se tornou quase um dogma que os suplementos de certas vitaminas e minerais podem prevenir o endurecimento das artérias (aterosclerose), uma das possíveis causas de doença cardíaca.

Não há dúvida de que, no tubo de ensaio, antioxidantes como as vitaminas E e C, o betacaroteno e o mineral selênio podem reduzir o dano causado pelos radicais livres, que desempenha um papel relevante no desenvolvimento da aterosclerose. Pode-se presumir também que as vitaminas B têm efeito protetor porque são importantes na redução dos níveis de homocisteína no sangue, um fator de risco independente para a doença cardiovascular. Como já vimos, estudos de populações humanas mostraram que maiores concentrações de homocisteína estão associadas a maior risco de doença cardíaca. E muitos pesquisadores notaram que populações com baixo consumo dietético de vitaminas antioxidantes mostram maior progressão da aterosclerose. Essas observações, no entanto, não provam relações de causa e efeito. Pessoas com baixo consumo de antioxidantes provavelmente têm também muitas outras diferenças de estilo de vida. Para provar relações de causa e efeito são necessários ensaios randomizados controlados em que suplementos sejam dados a um grupo e placebos a outro. Até agora, como vimos, estudos clínicos desse tipo não mostraram um efeito protetor significativo em termos de prevenir os sintomas da doença cardíaca. Mas resta sempre a possibilidade de que os estudos não tenham sido longos o suficiente.

Foi precisamente por isso que pesquisadores do Hospital Johns Hopkins, em Baltimore, decidiram investigar se suplementos podem retardar o processo que leva à aterosclerose espiando diretamente o corpo humano. Existem hoje várias técnicas de imagem, incluindo angiogramas, ultra-som, ressonância magnética e tomografia computadorizada axial que podem realmente documentar a extensão do endurecimento das artérias. O dr. Eliseo Guallar e colegas identificaram 11 ensaios randomizados e controlados nos quais suplementos de antioxidantes ou de vitaminas B eram ministrados a pacientes que tinham o estado de suas artérias coronárias monitorado. Dois dos ensaios usaram apenas vitamina E; três usaram uma combinação de vitaminas E e C; e os outros usaram diferentes combinações de vitaminas E e C, betacaroteno e selênio. Vários ensaios usaram apenas as vitaminas B.

Em outras palavras, todas as metodologias de suplementos que haviam sido anunciadas como reduzindo o risco cardíaco foram exploradas. Os resultados foram muito decepcionantes. Nenhuma das combinações reduziu a progressão da aterosclerose. Além disso, as vitaminas não tiveram nenhum efeito em prevenir o fechamento de artérias coronárias que haviam sido abertas por angioplastia com balão. Baseados na cuidadosa avaliação desses estudos bem controlados, os pesquisadores do Johns Hopkins concluíram que o uso disseminado de suplementos de vitaminas e minerais para prevenir a aterosclerose não é sustentado por evidências científicas.

Apesar da falta de apoio científico, muitas pessoas tomam suplementos como um "seguro nutricional", para o caso de sua dieta ser inadequada. Não há grande risco nisso, e possivelmente há até algum benefício, contanto que megadoses sejam evitadas. Isso é sublinhado por um estudo do National Institute of Cancer, publicado em 2007, que mostrou uma ligação entre o uso excessivo de suplementos multivitamínicos (mais de um por dia) e maior risco de câncer avançado de próstata. Não havia nenhum problema com homens que tomavam apenas um multivitamínico diário; de fato, parecia haver um efeito ligeiramente protetor contra a doença. Como ficamos então? O consenso científico é que a vitamina C na faixa de 250 a 500 miligramas é bastante segura, como a vitamina E em doses de até 400 UI. A vitamina A não deveria exceder 4.000 UI, e é preferível que parte disso venha de betacaroteno, seu precursor. A melhor defesa da suplementação pode ser feita para a vitamina D e as vitaminas B, em particular o ácido fólico. Vimos os dados sedutores associando a primeira a proteção contra vários tipos de câncer e os estudos que sugerem que o risco de demência é reduzido com o consumo adequado de vitamina B. Suplementos contendo cerca de 2 miligramas de vitamina B_6, 6 microgramas de B_{12} e 400 microgramas de ácido fólico podem compensar uma falta dos mesmos na dieta. No que diz respeito à vitamina D, muitos pesquisadores acreditam agora que deveríamos obter cerca de 1.000 UI por dia, quantidade difícil de conseguir sem suplementos.

Embora os fornecedores de vitaminas freqüentemente alardeiem que seus produtos são de melhor qualidade que outros, as variações entre as principais marcas não têm relevância prática. Muitas vezes, o mesmo fabricante produz vitaminas para vários distribuidores, e elas são depois vendidas a preços diferentes. Embora o valor real do consumo de suplementos vitamínicos seja questionável, não há dúvida de que para muitas pessoas eles proporcionam conforto e esperança, o que pode ser valioso a qualquer preço.

A manipulação genética em nossos alimentos

Os gregos antigos não tinham uma compreensão muito boa de genética. Uma girafa, pensavam eles, era o cruzamento de um camelo com leopardo, e avestruz era o resultado do acasalamento de camelo com pardal. Uma tarefa difícil para o passarinho, diríamos. Por que eles sustentavam tais crenças? Porque, na ausência de fatos, a imaginação intervém. E continua intervindo até hoje. Um levantamento recente mostrou que 1/3 de todos os europeus acredita que tomates só contêm genes se tiverem sido submetidos à engenharia genética.

Esse tipo de enquete é realizado para sondar as reações do público a alimentos geneticamente modificados – a "batata quente" na área da segurança alimentar, com que deparamos provavelmente desde a introdução da pasteurização no início do século XX. Naquela época, ativistas aconselhavam as pessoas a rejeitar o novo processo porque ele destruía as qualidades nutricionais do leite, e chegavam a descrever os horrores que poderiam resultar do consumo de "bactérias mortas". Na verdade, é claro, bactérias vivas como *E. coli* e *Salmonella* é que deveriam nos preocupar. Até hoje, contrariando todo o bom senso, há quem defenda os produtos de leite cru, apresentando a resistência à pasteurização como uma questão de direitos humanos (liberdade de escolha).

O bicho-papão de nossos dias não é a pasteurização, mas a modificação genética. Praticamente todo mundo tem uma opinião sobre o assunto, mas com demasiada freqüência esta é baseada em rumores e na emoção, e não em dados científicos. Consumidores falam em "frankenalimentos", e ativistas atacam e destroem campos experimentais plantados com produtos agrícolas modificados, ao mesmo tempo em que clamam por mais pesquisa sobre os efeitos desses produtos.

Não vou sugerir que não haja algumas questões controversas sobre modificação genética, tal como acontece com qualquer nova tecnologia. E certamente não vou dizer que os cientistas podem garantir com toda a certeza que a modificação genética de alimentos não envolverá nenhuma armadilha. Ninguém pode garantir isso. De fato, exigir garantia irrestrita sobre a segurança de alimentos geneticamente modificados é pura ingenuidade. Não fazemos exigências semelhantes em outros aspectos da vida. Não dizemos que não voaremos de avião a menos que nos garantam que ele não vai cair, porque compreendemos que essa seria uma exigência absurda. Voamos porque sabemos que os benefícios são maiores que os riscos. É assim que devemos olhar também para os alimentos geneticamente modificados.

Em primeiro lugar, compreendamos que só porque alguma coisa pode ser boa para a Monsanto, a Novartis, a AstraZeneca ou qualquer outra companhia envolvida em biotecnologia, ela não é necessariamente má para o público. Se você der ouvidos a alguns alarmistas, ficará com a impressão de que essas companhias estão tentando nos impingir venenos por mero interesse de lucrar. Mas nenhuma companhia deseja solapar sua existência ou seus lucros vendendo substâncias perigosas. Realizou-se grande quantidade de pesquisa sobre modificação genética e seus aspectos de segurança. Muitos dos problemas potenciais que estão sendo alardeados agora pelos adversários foram de fato considerados há muito tempo pela indústria. Os testes para alérgenos em alimentos modificados vêm sendo realizados desde a introdução da tecnologia. Em um determinado caso, a adição de um gene de castanha-do-pará na soja a fim de aumentar a qualidade da proteína para uma ração animal resultou na transferência de um alérgeno. Em outras palavras, alguém com alergia a castanha-do-pará poderia ter reagido à ingestão da soja geneticamente modificada. Mas o problema foi detectado na testagem de rotina, e a soja, destinada a ser usada apenas como ração animal, nunca foi vendida.

Cabe notar que não proibimos amendoins, morangos ou peixe porque algumas pessoas têm alergia a esses alimentos. E estas são muito mais comuns que as teóricas reações a alimentos modificados. De fato, talvez seja possível modificar geneticamente os amendoins para eliminar a proteína responsável por alergias.

Adversários da modificação genética sugerem que deveríamos ficar satisfeitos com o processo normal de cruzar plantas para produzir variedades melhoradas. Mas onde está a garantia de que esse processo não introduz substâncias químicas indesejadas? O cruzamento apropriado pode, por exemplo, produzir plantas mais resistentes a insetos. E por que os insetos não as atacam? Porque elas contêm mais toxinas que outras plantas. Ninguém sabe quais são as conseqüências, para o ser humano, de comer esses pesticidas naturais. Por que os ativistas não pedem que todas as plantas híbridas, ou, de fato, todos os alimentos vegetais sejam testados para toxinas naturais?

A modificação genética oferece benefícios tangíveis. O combate à desnutrição, por exemplo. Quando se fala nesse assunto, as pessoas geralmente pensam em crianças famintas. Mas esse não é o único tipo de desnutrição no mundo hoje. De fato, o tipo mais comum é a deficiência de ferro, que pode causar prejuízo intelectual, baixa imunidade e complicações na gravidez. Milhões de pessoas no mundo sofrem de anemia por deficiência de ferro. A maioria tem como seu item alimentar básico o arroz, um grão que contém muito pouco ferro – e o pouco que contém não pode ser absorvido por causa de substâncias chamadas fitatos. Esses compostos se ligam ao ferro no trato digestivo, impedindo que ele seja transportado através da parede intestinal para a corrente sanguínea.

Produziu-se, através da modificação genética, uma variedade de arroz que tem mais ferro. Isso foi feito com a inserção de um gene isolado de feijão comum no DNA do arroz. Esse gene particular codifica a síntese de uma proteína chamada ferritina, que armazena o ferro. Em outras palavras, o arroz agora pode incorporar mais ferro da terra. Além disso, outro gene, desta vez de um fungo, codifica uma enzima que decompõe fitatos, e foi também incorporado, tornando assim o ferro mais disponível.

Populações que subsistem de arroz sofrem também de deficiência de vitamina A. Isso ocorre porque esse alimento é muito pobre em betacaroteno, o precursor dessa vitamina no organismo. Tal deficiência é uma causa importante de cegueira no mundo em desenvolvimento; estima-se que cerca de 250 milhões de crianças têm níveis suficientemente baixos para causar visão prejudicada. A falta de vitamina A predispõe ainda a vários tipos de câncer e problemas de pele.

Procurou-se sanar esse problema introduzindo na farinha de arroz genes que codificam proteínas capazes de aumentar a síntese de betacaroteno: dois genes de narcisos e dois de uma determinada bactéria. O resultado é um grão mais amarelo, demonstrando claramente que foi fortificado com betacaroteno. Estão em curso experimentos para cruzar o arroz rico em ferro com o rico em betacaroteno, a fim de produzir uma variedade de "superarroz" capaz de mitigar os problemas nutricionais que afetam bilhões de pessoas.

Há muitas outras possibilidades fascinantes. Que tal modificar geneticamente alimentos para que contenham níveis mais altos de compostos que combatem o câncer, como o sulforafane encontrado nos brócolis? Ou frutas e hortaliças frescas com maior durabilidade na prateleira? Vacinas comestíveis? Produtos agrícolas que floresçam em solos salgados? Todas essas são possibilidades realísticas.

Mas posso ouvir as mentes dos críticos em polvorosa. Por que não menciono as borboletas-monarcas que estão morrendo por causa do milho geneticamente alterado para conter um gene da bactéria *Baccilus thuringiensis* (Bt), de modo a ficar protegido contra a broca-do-milho européia? Ou a possibilidade de ervas daninhas desenvolverem resistência através da polinização cruzada com produtos agrícolas geneticamente alterados para serem resistentes a herbicidas? Ou um estudo que afirmou que ratos alimentados com batatas geneticamente alteradas desenvolveram problemas gástricos? Simplesmente porque, a meu ver, com base na literatura científica disponível, esses problemas foram enfrentados e considerados inexistentes ou sanáveis. Cercar um milharal com algumas fileiras de milho não-Bt, por exemplo, minimiza o problema da borboleta-monarca.

A modificação genética é uma questão científica, econômica, política e emocional enormemente complexa. É possível que aqueles que a defendem possam ser obrigados a dar a mão à palmatória em algum momento no futuro, se ela se provar perniciosa. Até lá, porém, muitos progressos terão sido feitos...

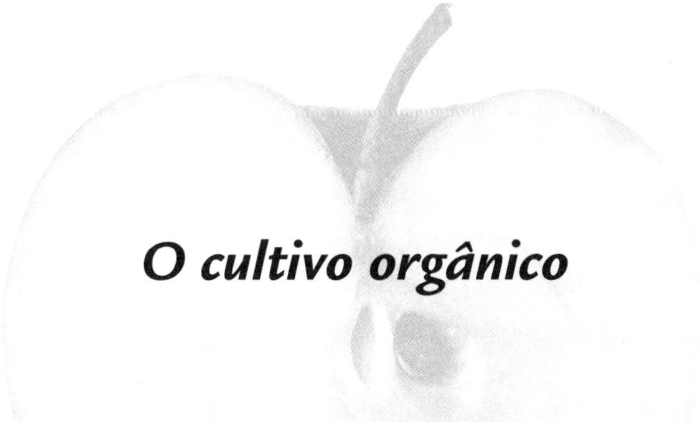

O cultivo orgânico

É uma fruta ou uma verdura? Esse era outrora o grande dilema em torno do tomate. Não mais. Agora as pessoas querem saber se ele foi cultivado organicamente ou da maneira convencional. Especula-se sobre seu teor de licopeno. Ponderam-se os méritos nutricionais relativos dos tomates cozidos *versus* os crus. Como o consumo de um dos mais deliciosos alimentos da natureza tornou-se tão complicado?

Os tomates, como a toranja cor-de-rosa e a melancia, devem sua cor ao licopeno, mas este tem também outra propriedade. Ele é um antioxidante, o que significa que pode neutralizar radicais livres. Muitos estudos sugeriram que uma dieta contendo licopeno pode oferecer proteção contra doença cardiovascular e degeneração macular, bem como contra câncer de próstata, de colo do útero e do trato gastrointestinal. Embora as evidências não sejam conclusivas, certamente não há nenhum mal em aumentar nosso consumo da substância. Nesse caso, não seria proveitoso saber quais são os tomates mais ricos em licopeno e, já que estamos falando nisso, mais ricos em outros antioxidantes como betacaroteno, vitamina C e polifenóis?

Não é fácil responder a essa pergunta. A composição nutricional de um produto agrícola é afetada por muitos fatores, entre os quais a exposição à luz solar, a umidade, o tipo e a quantidade de fertilizantes usados, a extensão do ataque por pragas e a genética da planta. Os tomates vermelhos, por exemplo, podem ter três vezes mais licopeno que os cor-de-rosa (esqueça os licopenos em tomates verdes fritos). Os tomates-cereja vermelhos têm mais dessa substância por grama que os tomates vermelhos grandes, e têm também mais polifenóis. Depois há variações que dependem do tipo do tomate, de ter ele sido cultivado no campo ou numa estufa e de seu grau de madureza quando colhido. E que dizer dos tomates orgânicos, cultivados sem o uso de pesticidas ou fertilizantes sintéticos? São eles mais nutritivos?

Quando pesquisadores franceses compararam a diferença no teor de licopeno, vitamina C e polifenóis de tomates orgânicos *versus* convencionais, constataram que os primeiros tinham níveis um pouco mais altos de vitamina C e polifenóis. Isso não foi surpreendente, dado que os tomates provavelmente os produzem para repelir pragas. Quando não obtêm nenhuma ajuda de pesticidas comerciais, as plantas produzem mais da variedade natural. Os níveis de licopeno não diferiram entre os tomates orgânicos e os convencionais. Além disso, os pesquisadores investigaram os níveis sanguíneos dessas substâncias em pessoas que consumiram 96 gramas diárias de purê de tomate – orgânico ou convencional – durante três semanas, e não encontraram nenhuma diferença em licopeno, vitamina C ou níveis de polifenóis.

Um estudo fascinante realizado em Taiwan comparou dez fazendas produtoras de tomates convencionais e dez orgânicas, e descobriu que não havia diferença no teor de licopeno, betacaroteno, vitamina C ou fenólicos dos produtos. Certas práticas agrícolas, tanto no sistema convencional quanto no orgânico, afetaram a qualidade dos tomates. O excesso de rega, por exemplo, reduziu o teor de licopeno; ervas daninhas reduziram as concentrações de carotenóides, e constatou-se que o teor de fósforo e ferro do solo influenciava as concentrações de vitamina C e fenóis. Do ponto de vista nutricional, não importa que você coma tomates convencionais ou orgânicos. O gosto, contudo, é outra história.

A diferença de sabor entre morder um desses tomates gigantes de supermercado ou a caixa de papelão em que ele é transportado é mínima. Isso ocorre porque, ao longo dos anos, usamos várias técnicas para cultivar o produto mais depressa e torná-lo maior. Fertilizantes sintéticos, com altos níveis de nitrogênio, potássio e fósforo, estimulam o crescimento rápido, mas seu uso resulta na absorção de mais água a partir do solo. O produto é maior porque tem um teor mais elevado de água. Produtos orgânicos fertilizados com estrume absorvem nitrogênio mais lentamente e contêm menos água. Em certo sentido, são mais concentrados em compostos saborosos. E contêm menos resíduos de pesticidas, mais uma razão que leva as pessoas a gravitarem em torno deles. Mas a diferença na quantidade de resíduos em produtos convencionais e orgânicos tem significado prático?

Uma maneira de chegar a algum tipo de conclusão é comparar o consumo diário aceitável (CDA) de pesticidas, tal como determinado pela

Organização Mundial da Saúde, com o consumo médio dessas substâncias na dieta diária. O CDA é estabelecido fornecendo-se primeiro pesticidas a animais para identificar as espécies mais sensíveis. Depois, determina-se o nível mais alto de pesticida dado diariamente durante toda a vida do animal que não causa nenhum efeito toxicológico notável. Essa quantidade é então dividida por um fator de segurança de 100 para se chegar ao CDA para seres humanos. Em outras palavras, uma exposição humana típica a 1% do CDA representa uma exposição que é 0,0001 de uma dose que não causa nenhuma toxicidade em animais.

Para determinar qual é a exposição humana real, a Food and Drug Administration costumava realizar um Estudo de Dieta Total que envolvia a análise de 285 alimentos diferentes tipicamente presentes na dieta, para avaliar resíduos de pesticidas. Quando 38 dos pesticidas mais usados foram examinados, constatou-se que 34 estavam presentes a menos de 1% do CDA, enquanto os outros quatro estavam presentes a menos de 5% do CDA. Por serem os níveis tão baixos, a FDA parou de realizar esse levantamento anual. Embora os resíduos pareçam representar um risco muito pequeno, comer alimentos orgânicos elimina de fato a exposição. Quando crianças que comem alimentos convencionais passam a receber alimentos orgânicos, os pesticidas desaparecem da urina após cinco dias. É claro que eles só eram detectados, para começar, porque nossas capacidades de detecção analítica se tornaram tão fenomenais que são capazes de encontrar a proverbial agulha no palheiro.

Tomates cozidos *versus* tomates crus? O licopeno dos primeiros é mais facilmente absorvido, tornando o molho de tomate e, acredite ou não, o ketchup boas fontes. Curiosamente, nesse caso ser "orgânico" faz diferença: um estudo mostrou que os ketchups orgânicos têm duas vezes mais licopenos que as variedades convencionais. Mas lembre-se de que você pode sempre dobrar seu consumo de licopeno comendo dois tomates em vez de um. Finalmente, caso ainda esteja pensando nisso, o tomate é realmente uma fruta, não uma verdura.

PARTE III

Contaminantes em nossos alimentos

Preocupações com pesticidas

Pesticidas são substâncias químicas repugnantes. Têm de ser. Aromas doces e sabores agradáveis não vão rechaçar a miríade de insetos, ervas daninhas e fungos que vêem os nossos alimentos como seus. Essa é uma tarefa para venenos. O desafio é encontrar maneiras de usar substâncias químicas perigosas com segurança. Isso é possível. Os pesticidas de hoje são mais seguros e eficazes que as versões anteriores. Enquanto há cerca de duas décadas as taxas de aplicação de pesticidas eram medidas em quilogramas por hectare, hoje são medidas em gramas por hectare. O risco inerente aos pesticidas modernos é também menor que o daqueles aprovados quando o conhecimento sobre toxicidade era muito menos vasto do que é hoje.

Lembremos que os pesticidas nasceram da necessidade. O cultivo de produtos agrícolas sempre foi palco de uma batalha sem trégua contra pragas – uma batalha que obrigava os agricultores a empunhar armas químicas. Milhares de anos atrás, os sumérios aprenderam a polvilhar as plantações com enxofre elementar, e os antigos romanos descobriram que a queima de coltar afastava insetos dos pomares. Mais tarde, quando a toxicidade dos compostos de chumbo e arsênico ficou patente, os agricultores começaram a aplicar a suas plantações coisas como arseniato de chumbo, sem muita preocupação com os efeitos sobre a saúde humana. Produzir o suficiente para alimentar a população crescente era o principal objetivo.

Por volta do século XIX, a nicotina, o píretro e a rotenona, extraídos do tabaco, do crisântemo e da dérris, respectivamente, haviam se juntado ao arsenal químico. O malathion e o clorpirifós, organofosfatos típicos, surgiram da pesquisa sobre gases venenosos durante a Segunda Guerra Mundial, e os rápidos avanços em química realizados no pós-guerra introduziram pesticidas sintéticos como o DDT, o hexacloreto de benzeno e o dieldrin.

Os insetos estremeciam, os fungos se retraíam, as ervas daninhas murchavam e as produções agrícolas aumentavam progressivamente. E, pelo menos no mundo desenvolvido, as preocupações com a falta de alimento começaram a ser substituídas por preocupações com os pesticidas. Na década de 1960, o livro de Rachel Carson, *Primavera silenciosa*, alertou-nos para os possíveis efeitos dos pesticidas sobre a biodiversidade, e começamos a ouvir incipientes protestos a partir de estudos epidemiológicos que vinculavam a exposição ocupacional a pesticidas com problemas de saúde.

Químicos analíticos, armados com cromatógrafos de gás e espectrômetros de massa, intensificaram nossos medos quando descobriram que agricultores e trabalhadores agroquímicos não eram os únicos que estavam expostos aos pesticidas. Todos nós estávamos! Resíduos foram encontrados em praticamente tudo que comemos. As maçãs, por exemplo, estavam contaminadas com Alar, um regulador do crescimento vegetal vaporizado sobre as árvores para evitar que a fruta caísse prematuramente. Esse produto químico passara desapercebido até 1989, quando o popular programa de TV *60 Minutes* o escolheu como alvo e introduziu um segmento sobre o assunto usando a imagem de uma maçã adornada com o clássico crânio com os ossos cruzados; um repórter nos esclarecia sobre o "fato" de que "o mais poderoso agente cancerígeno em nossos alimentos é uma substância borrifada nas maçãs". As pessoas reagiram despejando suco de maçã no ralo e tirando essas frutas das merendeiras das crianças. O "fato" de que o Alar era o mais poderoso carcinógeno em nossos alimentos não era um fato. Na verdade, um dos produtos da decomposição do Alar, a 1,1-dimetilhidrazina, induz tumores quando ministrada em doses enormes a camundongos, efeito de que as autoridades reguladoras estavam perfeitamente cientes quando aprovaram o Alar para uso comercial. O estudo ressaltado pelo *60 Minutes* era duvidoso, afirmaram elas, e irrelevante como modelo para a exposição humana.

Se o Alar algum dia representou ou não um risco ainda é debatido, mas não há dúvida de que ele pôs a questão dos resíduos de pesticidas na ordem do dia. Toxicólogos, agrônomos, médicos e ambientalistas, todos intervieram com suas opiniões, juntamente com hordas de consumidores emocionalmente envolvidos, claramente desnorteados numa discussão tão complexa. Bruce Ames, da Universidade da Califórnia, um dos mais respeitados bioquímicos do mundo, apressou-se em salientar que estamos expostos a todo tipo de toxinas, tanto sintéticas quanto naturais, de maneira contínua, e que mais de 99,9% do peso total de pesticidas na dieta média são compostos naturais que as plantas produzem para se defender contra insetos e fungos. As batatas, por exemplo, sintetizam solanina e chaconina, compostos que, como alguns pesticidas sintéticos, inibem a atividade da colinesterase, uma enzima crucial. Mas não pensamos em evitar batatas porque elas abrigam esses pesticidas naturais. De acordo com Ames e outros especialistas, como o organismo lida com pesticidas naturais da mesma forma que com os sintéticos, parece haver pouca justificativa para toda a aflição por causa de vestígios destes em nossos alimentos, geralmente medidos em partes por trilhão. Tome um campo de futebol, cubra-o de areia até uns seis metros de altura, misture aí um único grão de areia vermelho e procure por ele. Você estará procurando uma parte por trilhão.

Algumas pessoas argumentarão que não há nada que possamos fazer acerca das toxinas naturais, e sua presença não justifica um uso descuidado de pesticidas sintéticos. É verdade, mas nosso uso de pesticidas é tudo menos descuidado. Agências reguladoras exigem estudos rigorosos antes que um novo produto seja aprovado. Esse longo e complexo processo requer estudos toxicológicos incisivos em animais, tanto de curto prazo quanto vitalícios, bem como estudos sobre a atividade carcinogênica e possíveis danos ao sistema nervoso. Prova de ausência de defeitos congênitos é exigida. Efeitos sobre alterações hormonais têm de ser estudados em pelo menos duas espécies, juntamente como os efeitos do pesticida sobre espécies não-alvo. Todas as vias de exposição são avaliadas, seja a ingestão, a inalação ou o contato com a pele. Estudam-se os efeitos cumulativos, e exigem-se também testes de campo para efeitos ambientais.

Talvez a faceta mais importante para os consumidores seja a determinação da dose máxima isenta de efeito num animal de teste. Essa dose é então dividida por um fator de segurança de pelo menos 100 para se estipular níveis toleráveis de exposição humana. E para avaliar o risco global, a suposição é que o alimento contém 100% de todos os resíduos legais e que as pessoas comem esses alimentos durante 70 anos. Que tamanho cuidado seja tomado deveria parecer reconfortante, especialmente quando ficamos sabendo que mais de 70% das frutas e hortaliças não têm nenhum resíduo de pesticida detectável e que apenas em 1% das vezes o limite legal é excedido – um limite que já incorpora um fator de segurança cêntuplo. Apesar disso, deveríamos ainda lavar os produtos agrícolas, embora mais para remover bactérias que pesticidas. Um enxágüe de 30 segundos reduz significativamente os resíduos de pesticidas tanto solúveis quanto insolúveis. Mas não os elimina, não quando somos capazes de medir resíduos em bilionésimos de grama.

A simples presença de uma substância não significa que ela represente um risco. Algumas organizações, como o Environmental Working Group (EWG), nos Estados Unidos, gostam de apresentar listas de pesticidas encontrados em frutas e hortaliças e usá-las para recomendar o ajuste dos hábitos alimentares a fim de reduzir seu consumo. O EWG apontou um dedo acusador sobre "a dúzia suja" das frutas e hortaliças mais constantemente contaminadas, afirmando que as pessoas podem reduzir sua exposição a pesticidas em 90% ao evitá-las e escolher da lista dos "menos contaminados", que inclui milho, abacate, couve-flor, aspargo, cebola, ervilha e brócolis. Maçã, morango, framboesa e espinafre estão na lista dos produtos a "evitar", apesar do fato de conterem uma variedade de fitoquímicos reconhecidamente benéficos. De todo modo, dizer que uma fruta ou verdura é mais contaminada que outra não faz sentido caso não se considerem valores de referência. A questão crítica é se os resíduos excedem os limites rigorosamente determinados. Se não, por que o pânico? Queremos realmente trocar maçãs por aspargos com base em quantidades infinitesimais de resíduos de pesticidas?

Sem dúvida, esses debates – bem como aqueles sobre a validade de modelos animais para determinar a atividade carcinogênica humana e a existência de um efeito limiar para carcinógenos e resíduos mínimos de pesticidas que podem ser inócuos individualmente mas não quando combinados – continuarão. Assim como continuará o uso de pesticidas. Na altura de 2030, haverá dez bilhões de pessoas a alimentar. Sem o uso sensato de pesticidas, porém, elas passarão fome.

Um mundo livre de pesticidas seria melhor? Para as pessoas que têm de lidar com eles no trabalho e para o ambiente, sim. Para o consumidor, não. As produções seriam significativamente reduzidas, a disponibilidade de produtos frescos durante o ano todo seria limitada e, à luz das esmagadoras evidências sobre a capacidade de frutas e hortaliças de nos proteger contra o câncer, a saúde pública seria comprometida.

Acrilamida em alimentos fritos e assados

Tudo começou em 1997, com o comportamento inusitado de algumas vacas suecas. Fazendeiros na península de Bjare notaram que alguns de seus animais cambaleavam, incapazes de ficar de pé. Criadores de peixe da área queixaram-se também de uma quantidade extraordinariamente alta de peixes mortos. Não demorou para que se levantasse uma acusação contra o material usado na impermeabilização de um túnel que estava sendo construído nas proximidades. Cerca de 1.400 toneladas do material haviam sido usadas, e a suspeita caiu imediatamente sobre o ingrediente ativo, um polímero sintético chamado poliacrilamida. O polímero em si é inócuo, mas o composto de que é feito, a acrilamida, não. A síntese da poliacrilamida é baseada na junção de moléculas de acrilamida, mais ou menos como uma corrente é feita pela junção dos elos que a compõem. Mas a polimerização nunca é completa, e alguns resíduos do monômero, nesse caso a acrilamida, estão sempre presentes.

Como a acrilamida pode aparecer na água potável, sua toxicidade foi extensamente estudada. A fonte é a poliacrilamida usada no tratamento da água para coagular e capturar impurezas suspensas. Não há dúvida de que, quando ministrada em doses maciças a animais de teste, a substância pode causar uma variedade de tumores, bem como problemas neurológicos. Assim, a Organização Mundial da Saúde estabeleceu uma dose máxima de meia parte por bilhão na água potável, uma quantidade muito inferior à que causou qualquer efeito em animais de teste. Mas a concentração no lençol freático em volta do túnel sueco era muito maior que isso, o bastante para causar problemas para os peixes e as vacas. Isso era certamente inquietante, mas as autoridades ficaram realmente preocupadas quando souberam que operários trabalhando no túnel vinham se queixando de entorpecimento das extremidades, um sinal provável de toxicidade por acrilamida.

Margareta Tornquist, da Universidade de Estocolmo, foi solicitada a investigar o problema. Começou observando a exposição à acrilamida entre os operários. Amostras de sangue foram colhidas e analisadas para o teor da substância. Para fins de comparação, a dra. Tornquist colheu também amostras de sangue aleatórias da população sueca, e teve uma surpresa. Sem dúvida os operários do túnel tinham níveis altos, mas o mesmo ocorria com pessoas que nunca haviam se aproximado da área. Como estiveram expostos? A água fornecida foi verificada, mas nenhuma quantidade significativa foi detectada. A suspeita voltou-se então para a dieta. A análise de uma variedade de alimentos comuns mostrou que a acrilamida estava presente em batatas fritas em rodelas ou tiras, pães, biscoitos e bolachas. E, de maneira ainda mais aterrorizante, no pão sueco! Como se descobriu mais tarde, a fonte da acrilamida era um aminoácido de ocorrência comum chamado asparagina, que, na presença de glicose e em altas temperaturas, sofre uma série de reações que terminam por formar acrilamida. Claramente, um carcinógeno estava sendo formado a partir de componentes naturais nos alimentos – e em quantidades nada triviais.

Os cientistas suecos não estavam falando de meia parte por bilhão, mas de cerca de 400 partes por bilhão em batatas fritas em tiras e 1.200 partes por bilhão em algumas batatas fritas em rodelas. Muito além dos limites para a água potável! Com base em pesquisas feitas com animais, esses níveis podiam, teoricamente, resultar em câncer. No entanto, não temos nenhuma evidência de que a acrilamida seja um carcinógeno humano. Um estudo a longo prazo com mais de 8 mil trabalhadores que fabricam a substância não encontrou incidência elevada de câncer. Devemos também ter clareza de que nossa dieta está cheia de carcinógenos naturais. As afloxinas nos amendoins, o etanol no vinho, o uretano no xerez, o estireno na canela e as aminas aromáticas heteróclitas no caldo de carne bovina são tão carcinógenos para roedores quanto a acrilamida. Mas não comemos substâncias químicas isoladas, comemos alimentos. E estes contêm também uma variedade de anticarcinógenos. Basta lembrar do glucosinolato nos brócolis, dos polifenóis nas maçãs ou do licopeno nos tomates. Assim, embora a acrilamida possa ser um carcinógeno quando ministrada em altas doses a ratos, não temos nenhuma evidência de que cause problemas quando está presente em alimentos. Temos até algumas evidências de que não o faz.

Um grande estudo caso-controle conduzido pela Escola de Saúde Pública de Harvard e o Instituto Karolinska na Suécia examinou o consumo dietético de acrilamida entre 987 pacientes de câncer e comparou-o com a dieta de 538 pessoas saudáveis. Não houve nenhuma relação entre consumo de alimentos ricos em acrilamida e a ocorrência de câncer de cólon, rim ou bexiga. Surpreendentemente, o estudo associou níveis mais altos de acrilamida não com uma incidência mais alta, mas com uma incidência mais baixa de câncer de cólon! Talvez os alimentos ricos em acrilamida contenham também fibra, que oferece proteção. Um estudo italiano com mais de 7 mil pacientes chegou a conclusões semelhantes, não encontrando nenhuma ligação com a substância. Em ratos, doses altas realmente aumentam o risco de câncer mamário, mas um estudo sueco com mais 43 mil mulheres não encontrou essa relação. As mulheres preencheram questionários detalhados sobre freqüência de alimentos, e isso permitiu aos pesquisadores calcular seu consumo de acrilamida. Ao longo de 11 anos, cerca de 700 das mulheres foram diagnosticadas com câncer no seio, mas não se verificou nenhuma associação com a substância.

Químicos dedicados aos alimentos, no entanto, levaram a questão da acrilamida a sério e conceberam maneiras de reduzir seus níveis em alimentos processados. Fritar a temperaturas abaixo de 175ºC diminui significativamente os níveis de acrilamida, assim como escaldar as batatas em ácido acético diluído antes de fritá-las. Quando hidrogênio carbonato de sódio (bicarbonato de sódio) é usado para substituir hidrogênio carbonato de amônio como agente de fermentação em alimentos assados, os níveis de acrilamida são reduzidos em 60%. Essas medidas provaram-se eficazes, e estima-se hoje que ingerimos cerca de 0,43 micrograma por quilo em nossa dieta, uma quantidade muito inferior à que pode causar câncer em animais de laboratório.

A preocupação com a acrilamida não pode e não deve ser inteiramente abandonada, mas os produtores fizeram um bom trabalho reduzindo as quantidades presentes em alimentos comerciais, e podemos fazer a nossa parte para reduzir a exposição em casa seguindo a "regra de ouro". Ao cozinhar ou assar, permita que os alimentos ganhem uma cor dourada, mas não deixe que fiquem marrons ou pretos. E se estiver realmente preocupado com a acrilamida, você deve prestar atenção a seu consumo de café. Cerca de 30 a 40% de nossa exposição à substância vêm dessa infusão escura. Mas nenhum estudo associou o café ao câncer!

Resíduos de antibióticos

Em geral, medicamentos não curam doenças. Eles podem baixar a pressão sanguínea, reduzir o colesterol, aliviar a dor, restaurar níveis hormonais, ajudar a controlar a diabetes ou tratar disfunções eréteis, mas não resolvem os problemas subjacentes. Com exceção dos antibióticos. Se o diagnóstico for infecção bacteriana, o antibiótico certo efetuará a cura. Pelo menos por enquanto. Mas o futuro dessas drogas milagrosas é mais sombrio. A resistência a elas está se tornando uma grande preocupação.

As bactérias, como os seres humanos, são bioquimicamente singulares. Exponha um grupo de pessoas ao vírus da gripe e elas não serão todas derrubadas pela doença. Obviamente, a capacidade do sistema imunológico para lidar com intrusos varia de um indivíduo para outro. De maneira semelhante, algumas bactérias são capazes de sobreviver ao ataque furioso dos antibióticos e depois transmitir os genes protetores a seus descendentes. O resultado é uma população bacteriana resistente ao antibiótico original. Essa é uma conseqüência inevitável do uso de antibióticos, e a única proteção que temos contra ela é o uso criterioso dessas poderosas drogas. Lamentavelmente, nem sempre temos sido cuidadosos.

À medida que as companhias farmacêuticas desenvolveram com sucesso uma ampla série de antibióticos, passamos a pensar que, se a resistência a um deles se manifestar, haverá outro disponível para substituí-lo. Até hoje, isso em geral se confirmou, mas o armário de remédios está se esvaziando. E houve relatos desalentadores de resistência à vancomicina, um antibiótico usado como último recurso. Trocando em miúdos, quanto mais um antibiótico é usado, menos provável se torna que conserve sua eficácia. Uma vez que os Centers for Disease Control dos Estados Unidos estimam que apenas 1/3 de todas as prescrições de antibióticos são apropriadas, é evidente que enfrentamos um enorme problema. Os médicos estão reconhecendo isso e se tornando mais cuidadosos. Mas há outra questão. Embora os números sejam um tanto discutíveis, cerca de 11 dos 13 milhões de quilos de antibióticos produzidos anualmente na América do Norte não se destinam ao uso humano. Eles são dados a porcos, aves domésticas e gado, na maioria dos casos não para curá-los de doenças, mas para promover seu crescimento.

Desde o fim da década de 1940, doses chamadas subterapêuticas foram rotineiramente adicionadas à ração animal para prevenir doenças e aumentar a eficiência da alimentação. Não se sabe ao certo por que os animais ganham peso mais facilmente quando expostos a pequenas quantidades de antibióticos, mas isso talvez tenha a ver com a redução da competição por nutrientes mediante a diminuição da população bacteriana natural em seus intestinos. Alguns estudos sugeriram também que o uso de antibióticos afina a parede intestinal e aumenta a absorção de nutrientes. O que ficou claro, entretanto, é que esse uso subterapêutico leva ao florescimento de bactérias resistentes a antibióticos nos animais, e estas podem infectar seres humanos. Frangos, por exemplo, começam a excretar *E. coli* resistentes a antibióticos em suas fezes apenas 36 horas depois de receber ração com adição de tetraciclina. Dentro de pouco tempo, essas bactérias aparecem também nas fezes de fazendeiros. E uma perspectiva realmente horrível é que as bactérias possam transmitir genes umas para as outras, inclusive aqueles que as tornam resistentes a antibióticos. Isso significa que bactérias jamais expostas a um antibiótico podem tornar-se resistentes apenas encontrando outras que o sejam. Se considerarmos que depois que os animais excretam bactérias em suas fezes o estrume é usado como fertilizante e que este penetra no lençol freático, fica rapidamente evidente como o problema da resistência bacteriana pode proliferar.

O cozimento completo mata as bactérias, mas a incidência usual de infecção alimentar demonstra que o manuseio inadequado dos alimentos e o cozimento insuficiente são comuns. Na verdade, a maioria das pessoas afligidas por infecção alimentar bacteriana experimenta apenas algumas cólicas desagradáveis e diarréia, e se recupera sem necessidade de tratamento antibiótico. Nessa situação, a resistência não é um problema. Mas há numerosos casos de crianças, idosos ou pessoas com o sistema imunológico comprometido que precisam de tratamento antibiótico nessas circunstâncias. Se as bactérias forem resistentes, esses pacientes podem enfrentar uma situação medonha. Tome, por exemplo, o caso de uma infeliz dinamarquesa que morreu em

1998 após comer carne de porco infectada com *Salmonella*. Ela não respondeu à ciprofloxacina (Cipro), o antibiótico usual, em razão de resistência bacteriana. Numa notável pesquisa, cientistas dinamarqueses conseguiram estabelecer correspondência genética entre a linhagem resistente a *Salmonella* e uma fazenda de porcos específica. Surpreendentemente, esses animais não haviam sido tratados com ciprofloxacina, mas os de fazendas vizinhas sim, e as bactérias resistentes haviam se deslocado entre fazendas!

Nos Estados Unidos, antibióticos conhecidos como quinolonas foram usados desde 1995 para tratar infecções em aves domésticas. Embora isso fosse excelente para a saúde dos frangos, revelou-se não tão bom para os seres humanos. A causa mais comum de gastroenterite em pessoas é a *Campylobacter jejuni*, e a carne de aves é freqüentemente a responsável. Quando há necessidade de antibiótico, a ciprofloxacina é a escolha usual. Desde que se começou a ministrar quinolonas a animais de fazenda, surgiram linhagens de *Campylobacter* resistentes ao medicamento. A Food and Drug Administration reconheceu isso como um problema tão sério que fez do Baytril, um quinolona, o primeiro medicamento veterinário a ser proibido em função da emergência de bactérias resistentes. Embora essa tenha sido a primeira ação do gênero nos Estados Unidos, os europeus vêm eliminando antibióticos das rações animais desde a década de 1980. A Suécia proibiu o seu uso como promotores de crescimento em 1986, e os fazendeiros suecos reagiram melhorando a higiene nas fazendas e alterando a composição das rações. Eles mostraram que é possível produzir carne praticamente pelo mesmo custo que com antibióticos. A União Européia seguiu o exemplo, e em 1º de janeiro de 2006 estendeu a proibição a todos os países membros.

Os antibióticos são medicamentos maravilhosos, e devemos fazer todo o possível para proteger sua eficácia. Embora certos usos para tratar animais doentes sejam justificados, "o Cipro é um antibiótico essencial, e não podemos permitir que sua eficácia seja comprometida esbanjando-o com aves", opinou um cientista que estuda a resistência a eles.

Hormônios na carne

Será que os europeus sabem alguma coisa que nós não sabemos? Eles proibiram o uso de hormônios como promotores do crescimento no gado no fim dos anos 1980, mas a prática continua sendo largamente adotada na América do Norte. O que está ocorrendo? Como podem dois continentes com alguns dos melhores cientistas do mundo chegar a conclusões diferentes com base nas mesmas evidências científicas? Talvez porque as evidências não sejam conclusivas, ou talvez porque a questão envolva mais do que ciência.

Não se discute que os promotores de crescimento funcionam, pelo menos no que diz respeito aos produtores de gado. Hormônios esteroidais adicionados à ração, ou implantados nas orelhas dos animais, aumentam o crescimento em cerca de 20% e permitem aos fazendeiros usar 15% menos ração que em vacas não tratadas. Essa prática se traduz em menores preços para o consumidor, como é evidente para qualquer pessoa que tenha comprado carne dos dois lados do Atlântico – mas qual é o custo para a saúde humana?

Nossa história com os hormônios nos remete a 1938, quando Charles Dodd sintetizou pela primeira vez, na Grã-Bretanha, um composto que imitava o estrogênio natural. O dietilestilbestrol (DES), de produção fácil e barata, atraiu atenção imediata. Ele podia ser tomado via oral e oferecia esperança para mulheres na prevenção de abortos, bem como no tratamento de problemas menstruais, sintomas da menopausa e náusea matinal. O que entusiasmou os fazendeiros, porém, foi seu efeito sobre animais. Frangos e gado ganhavam peso mais rapidamente quando o composto era adicionado à ração. Como o DES já havia sido aprovado para uso médico em seres humanos, a aprovação como aditivo para rações em 1954 gerou poucas preocupações. Mas não demorou muito para que algumas inquietações surgissem.

Corriam rumores de que trabalhadores agrícolas do sexo masculino expostos ao DES experimentavam crescimento de seios, e de que a presença do composto na carne de aves estava provocando puberdade precoce em meninas. Embora isso nunca tenha sido confirmado, o DES foi proibido na produção de aves e carneiros em 1959. O uso no gado continuou, mesmo depois que o hormônio foi associado a uma forma rara de câncer vaginal nas filhas de mulheres que o haviam tomado durante a gravidez. Por causa dessa relação com o câncer, o DES foi proibido em rações animais em 1979, embora nenhum resíduo fosse detectável na carne comercializada.

Muito antes da proibição, a eficácia do DES, bem como preocupações relativas a seu uso, haviam estimulado pesquisas sobre outros hormônios como promotores de crescimento potenciais. Como os animais produzem naturalmente estradiol, progesterona e testosterona, estes eram candidatos ideais. O empecilho era o custo da criação de versões sintéticas desses hormônios, mas, uma vez que esse problema foi superado, elas se juntaram ao DES como aditivos de ração e implantes. Quando o DES foi proibido, os hormônios naturais, juntamente com dois compostos sintéticos (zeranol e melengestrol), davam aos fazendeiros uma ampla escolha.

Cinco anos depois de o DES ter sido retirado do mercado, pesquisadores italianos publicaram um artigo em que atribuíam uma epidemia de aumento dos seios em crianças escolares durante o final dos anos 1970 a comida para bebê feita com carne de vitela homogeneizada. A evidência em que se baseavam era atividade estrogênica compatível com a de DES encontrada em um terço de potinhos de comida para bebê aleatoriamente coletados. Isso estava longe de ser conclusivo, mas foi o bastante para impelir grupos de consumidores europeus a pôr todos os hormônios no mesmo saco e montar uma campanha contra seu uso em animais. Em 1982, pesquisadores italianos relataram não ter encontrado qualquer evidência de DES em comida para bebê, e outros cientistas sugeriram que o uso impróprio da substância vendida clandestinamente provavelmente explicava os resíduos encontrados anteriormente. Em atenção à preocupação dos consumidores, ministros da Agricultura europeus pediram a um comitê de cientistas que investigasse a questão. "Não há nenhum fundamento científico para a proibição de promotores do crescimento, seja naturais ou sintéticos", foi a conclusão. Apesar disso, a proibição foi implementada, porque "os ministros decidiram prestar mais atenção a realidades políticas que a fatos científicos", como declarou o comissário de Agricultura da Comunidade Européia. Essas "realidades políticas" podem ter incluído também a possibilidade de que a proibição impediria a importação de carne bovina norte-americana e daria um estímulo aos produtores locais.

O professor Eric Lamming, da Universidade de Nottingham, que presidira o comitê científico consultivo, ficou claramente desapontado com a decisão. "Nunca pensei que evidências científicas seriam desconsideradas em favor da pressão de consumidores mal informados", resmungou ele. Mas temos realmente evidências científicas da segurança do uso de hormônios? Não. A ciência nunca pode garantir a segurança, pode apenas demonstrar dano. É sempre possível que alguém em algum lugar sofra reações adversas em função das quantidades mínimas de hormônio presentes na carne. Mas considere o seguinte: um adulto do sexo masculino produz cerca de 136 mil nanogramas de estrogênio por dia. Agora compare isso com os 4 nanogramas encontrados numa porção de 170 gramas de carne de um animal tratado, ou com os 3 nanogramas na carne de um não tratado com hormônios. Ou com os 28 mil nanogramas de compostos estrogênicos presentes numa colher de sobremesa de óleo de soja. Considere também que um ovo tem 45 vezes mais estrógeno que um hambúrguer de 110 gramas. E que cerveja contém muito mais compostos de estrogênio que carne, para não falar das pílulas anticoncepcionais ou dos suplementos de reposição hormonal. À luz dessa vasta exposição a hormônios, é difícil imaginar que as minúsculas quantidades presentes na carne teriam alguma importância. O uso impróprio de hormônios em animais por produtores irresponsáveis, claro, é sempre uma preocupação. Pode haver também uma preocupação legítima com hormônios que acabam no estrume e finalmente em sistemas naturais de água. Mesmo assim, faz mais sentido nos preocuparmos com a gordura saturada na carne, ou sua propensão a formar carcinógenos quando assada na brasa, grelhada ou frita, que com seu teor de hormônio.

PCBs em peixes

É um cenário bastante comum hoje em dia. Cientistas publicam um artigo sobre a descoberta de algum poluente feito pelo homem em determinado produto. Advertem as pessoas sobre a exposição excessiva à substância, porque ela sabidamente causa câncer ou problemas reprodutivos quando ministrada a roedores em altas doses. Os achados vão para a primeira página dos jornais e porta-vozes da indústria em questão se queixam amargamente de que os riscos foram exagerados, enquanto grupos ambientalistas aclamam o estudo como um grande avanço. Cientistas com credenciais impecáveis lançam-se no debate de ambos os lados, por vezes acusando-se mutuamente de ter interesses pessoais na questão. Diferentes agências reguladoras não conseguem concordar quanto às recomendações a serem feitas. O público fica totalmente confuso. Meu escritório recebe grande número de e-mails e telefonemas.

Um susto recente foi provocado por um artigo publicado na prestigiosa revista *Science*, em que pesquisadores relatam que o salmão cultivado é significativamente mais contaminado com compostos organoclorados – como bifenilas policloradas (PCBs), dioxinas, toxafeno e dieldrin – que o salmão silvestre. As PCBs são fluidos isolantes outrora usados com freqüência em equipamentos elétricos; as dioxinas são subprodutos de alguns processos industriais; e o toxafeno e o dieldrin são inseticidas. Esses produtos químicos são particularmente persistentes no ambiente, e, como são solúveis em gordura, acumulam-se nos peixes alimentados com farinha e óleo feitos de peixes menores. De maneira semelhante, quando comemos peixe contaminado, os organoclorados podem se acumular em nossos tecidos adiposos. Todos concordam que esses compostos podem ter efeitos bastante nocivos sobre a saúde.

Vamos usar as PCBs como exemplo e examinar o risco de câncer. Não há dúvida de que elas podem causar a doença em animais, sendo o fígado o principal órgão afetado. No caso do ser humano, o quadro é menos claro. Estudos epidemiológicos mostraram que trabalhadores com ampla exposição a esse composto num cenário industrial sofrem um risco ligeiramente aumentado de câncer. Alguns investigadores encontraram também uma associação significativa entre concentrações de PCBs em tecido adiposo e linfoma não-Hodgkin. Um par de incidentes no Japão e em Taiwan, onde pessoas ingeriram óleo de arroz acidentalmente contaminado com uma alta dose de PCBs, são também sugestivos de maior risco de câncer do fígado. Rotular o composto como provável carcinógeno humano parece portanto justificado. Mas isso não significa que comer peixe, cultivado ou não, eleve o risco de câncer. Como eu disse várias vezes antes, nossos alimentos contêm numerosos carcinógenos, tanto naturais quanto sintéticos. Hidrazinas nos cogumelos, aminas aromáticas heterocíclicas na carne cozida, afloxinas em mofos e acrilamida em alimentos assados no forno são todas carcinogênicas. Mas nossa dieta também contém anticarcinógenos na forma de várias vitaminas e polifenóis. Quando comemos, consumimos centenas de substâncias químicas diferentes, e é praticamente impossível prever o resultado de sua ação combinada em nosso organismo. É por isso que a pergunta apropriada a fazer não é se contaminantes organoclorados presentes no peixe causam câncer, mas se uma dieta rica em peixe o faz. Desconheço qualquer estudo que mostre relação entre maior consumo de peixe e câncer. Na verdade, numerosos estudos apontam para a conclusão exatamente oposta.

Pesquisadores suecos mostraram claramente que o consumo de peixes gordurosos, salmão em particular, pode reduzir o risco de câncer de próstata em 1/3. Cientistas italianos e espanhóis investigaram a relação entre a freqüência do consumo de peixe e câncer, e descobriram que há um padrão constante de proteção contra o risco de câncer do trato digestivo, particularmente de cólon, uma das principais causas de mortalidade por câncer em países desenvolvidos. No Hospital Central do Câncer em Aichi, no Japão, cientistas examinaram a dieta de mais de 4 mil pessoas saudáveis e outras mil com câncer de pulmão. Tanto homens quanto mulheres que comiam grandes quantidades de peixe fresco tinham probabilidade significativamente menor de desenvolver a doença. Isso pode explicar por que os japoneses, que fumam mais que os ocidentais, têm uma taxa mais baixa desse câncer. Um amplo levantamento ao longo de dez anos, envolvendo mais de 60 mil pessoas de ascendência chinesa em Cingapura, constatou que mulheres que comem pelo menos 40 gramas de peixe por dia reduziam seu risco de câncer de mama em 25%. Há sólida justificação teórica para essas observações. As prostaglandinas são uma classe de substâncias químicas no organismo com uma variedade de efeitos semelhantes aos de hormônios, alguns dos quais estão associados ao câncer. Elas são derivadas do ácido araquidônico, que por sua vez se forma a partir do ácido linoléico, uma gordura ômega-6 comum na dieta. Os óleos de peixe inibem a enzima ciclooxigenase-2, que converte o ácido araquidônico na problemática prostaglandina E2. Assim, essencialmente, a redução do consumo de peixe resultará provavelmente em mais, e não menos câncer, independentemente de contaminadores.

Embora a perspectiva de câncer nos encha instantaneamente de medo, o fato é que derrames e doenças cardíacas matam mais gente. E há evidências esmagadoras que relacionam o consumo de peixe a proteção contra derrames e ataques cardíacos. Mas por que parar no derrame e nas doenças cardíacas? Evidências recentes indicam que o consumo de peixe oferece proteção contra a diabetes e talvez até contra o mal de Alzheimer. De todo modo, acredita-se que as substâncias químicas benéficas são as gorduras ômega-3, da qual o salmão talvez seja a fonte mais rica. Além disso, ele tem menor probabilidade de estar contaminado com mercúrio que outros peixes comuns.

O que os consumidores deveriam se perguntar é se convém dar mais ênfase aos riscos teóricos dos organoclorados nos peixes ou aos benefícios de seu consumo. Embora a resposta deva ser óbvia, o estudo sobre o salmão em *Science* continua sendo importante. Ele sem dúvida estimulará os produtores a tomar medidas para reduzir os resíduos de organoclorados em seu produto, algo tecnicamente exeqüível. O uso de alimentos feitos com canola e óleo de soja geneticamente modificado para conter mais gorduras ômega-3 é uma possibilidade interessante. Incidentalmente, o salmão enlatado provém quase sempre do salmão silvestre do Alasca, que é minimamente contaminado com organoclorados. A maioria dos suplementos de óleo de peixe (a dose recomendada usual é de 1 grama por dia) é também livre desses compostos. Acredito, contudo, que a afirmação dos autores do artigo da *Science* de que mais de uma refeição de salmão cultivado por mês pode elevar o risco de câncer é totalmente injustificada. Como o salmão silvestre é muito mais caro, a advertência com relação ao cultivado poderia ter o efeito de reduzir significativamente o consumo de salmão total, aumentando assim o risco de doença. Mulheres grávidas, porém, deveriam aferrar-se ao salmão silvestre, apenas por uma questão de segurança extra.

Gorduras trans

Talvez você nunca tenha ouvido falar de Tiburon, Califórnia, mas ela entrou para a história como "a primeira cidade livre de gordura trans" dos Estados Unidos. Logo em seguida veio Nova York, que, na esperança de baixar de maneira significativa a incidência de mortes por doença cardíaca, aprovou uma lei exigindo que os restaurantes eliminem a gordura trans artificial. Autoridades de saúde especulam que, a cada ano, 500 mortes em Nova York – mais do que o número de pessoas mortas em acidentes de carro – podem ser evitadas pela retirada de gorduras trans da dieta. Os consumidores que desejam evitá-las nos alimentos processados já podem fazer isso, pois sua presença deve agora ser declarada nos rótulos. Isso não é suficiente para Pat Martin, um membro do Parlamento canadense que, durante um debate sobre a rotulação, fez um comentário impactante: "Não está certo pôr veneno em nossa comida, mesmo que ele seja adequadamente rotulado." O que é afinal esse "veneno" presente em nossos alimentos, e por que está lá?

As gorduras trans entraram em nossos alimentos inadvertidamente, como produtos da hidrogenação, um processo introduzido originalmente como medida salutar. Para entender as nuances químicas envolvidas, precisamos de uma pequena introdução aos fatos. Todas as gorduras são compostas de uma espinha dorsal – uma molécula glicerol com três carbonos – a que longas cadeias de átomos conhecidos como ácidos graxos estão presas. Cada um desses átomos pode tolerar um máximo de dois átomos de hidrogênio, e quando esse é o caso, diz-se que o ácido graxo está "saturado". Se dois dos carbonos na cadeia estiverem presos um ao outro por uma ligação dupla, usamos o termo "monoinsaturado", porque agora há dois átomos de hidrogênio a menos que numa gordura saturada, significando que a molécula está agora "insaturada" em termos de hidrogênio. Se mais de uma ligação dupla estiver presente, a molécula é chamada de "poliinsaturada".

Em geral, as gorduras vegetais são mono ou poliinsaturadas (com exceção dos óleos de dendê e de coco), ao passo que as gorduras animais tendem a ser saturadas. Estas aumentam o colesterol no sangue, e por isso tornaram-se párias nutricionais. Por outro lado, são mais convenientes para assar e fritar, porque, diferentemente das gorduras insaturadas, não se decompõem quando expostas ao oxigênio em altas temperaturas. Além disso, as gorduras saturadas tendem a ser sólidas, o que significa que podem ser espalhadas no pão mais facilmente.

Quando a relação entre gorduras saturadas e doenças cardíacas tornou-se evidente, os produtores de alimentos, incitados pelas autoridades de saúde, começaram a reduzir seu uso. Mas não se tratava de uma simples questão de substituí-las pelas "mais saudáveis" gorduras poliinsaturadas. Os poliinsaturados não produziam a mesma textura e gosto, e não podiam ser repetidamente usados em frituras, o que era decisivo para a indústria do fast food. O ácido linolênico, presente em praticamente todas as gorduras vegetais, era particularmente instável ao calor e propenso a produzir um sabor rançoso quando exposto ao oxigênio. Era necessária, portanto, uma solução de compromisso entre gorduras saturadas e insaturadas, e um processo conhecido como "hidrogenação parcial" pareceu preencher os requisitos.

A hidrogenação envolve o tratamento de gorduras insaturadas com gás hidrogênio sob alta pressão, na presença de um catalisador metálico como o níquel. Algumas das ligações duplas reagem com o hidrogênio, resultando em moléculas com menos ligações duplas que as gorduras poliinsaturadas, porém mais do que as gorduras saturadas. As recém-criadas gorduras parcialmente hidrogenadas substituíram sebo de carne bovina nas frituras, e eram também adequadas para uso em alimentos assados. Como eram sólidas, essas gorduras encontraram ainda amplo uso em margarinas, que passaram a ser apresentadas como uma alternativa mais saudável para a manteiga.

Na época, ninguém suspeitava que essa alternativa "mais saudável" tinha um lado sombrio. Isso porque ninguém prestou muita atenção ao fato de que, durante o processo de hidrogenação, parte das ligações duplas restantes era reconfigurada de sua forma natural "cis" para um arranjo "trans". O efeito era endireitar as cadeias de carbono, o que foi inicialmente percebido como benéfico, porque permitia que elas ficassem mais comprimidas, solidificando a gordura. Foi assim que as "gorduras trans" entraram no mercado. Logo estavam em toda parte. Bolachas, tortas, biscoitos, batatas fritas, pães e margarinas estavam cheios delas. Ótimo, pensavam todos: as gorduras trans pertenciam à categoria "insaturadas" e eram melhores para nós que as gorduras saturadas que substituíam.

Foi então que, na década de 1980, começamos a ouvir rumores inquietantes. Martijn Katan, da Universidade Agrícola em Wageningen, na Holanda, observou que embora os escandinavos consumissem mais gorduras saturadas que os norte-americanos, tinham menor incidência de doença coronária. Poderia isso ter algo a ver com a predileção dos produtores norte-americanos por gorduras trans? O dr. Katan decidiu investigar. Voluntários foram solicitados a seguir dietas ricas em gorduras monoinsaturadas, gorduras saturadas e gorduras trans. Não foi surpresa que as pessoas que consumiram gorduras saturadas tivessem níveis mais altos de LDL (o "mau colesterol") e mais baixos de HDL (o "bom colesterol"). De forma inesperada, porém, os voluntários que haviam seguido a dieta da gordura trans saíram-se ainda pior que aqueles. A razão entre o colesterol total e o HDL, uma medida de risco de doença cardíaca, elevou-se 23% na dieta de gordura trans, mas apenas 13% na de gordura saturada. É verdade que a quantidade de gordura trans consumida nesse ensaio era maior que o consumo norte-americano típico de 5% das calorias totais; mesmo assim, o fato fora estabelecido: as gorduras trans aumentavam o risco de doença cardíaca.

O Estudo sobre a Saúde das Enfermeiras, que acompanhou milhares de enfermeiras americanas durante mais de 30 anos, corroborou os achados escandinavos. As mulheres que comiam mais bolos, biscoitos, pão branco e certas margarinas, todos grandes fontes de gordura trans, corriam um risco maior de sofrer doença cardíaca. Quando amostras de sangue foram examinadas, os pesquisadores constataram que a quantidade de gordura trans nos glóbulos vermelhos se correlacionava de maneira significativa com a quantidade de gordura trans consumida e estava associada a níveis mais altos do "mau" colesterol LDL e mais baixos do "bom" colesterol HDL. Eles conseguiram até quantificar o risco associado ao consumo de gordura trans: as mulheres com o teor mais alto de ácido graxo trans nos glóbulos vermelhos tinham três vezes mais probabilidade de desenvolver doença cardíaca que aquelas com o teor mais baixo. Outra pesquisa associou as gorduras trans a diabetes tipo 2, câncer de mama, morte cardíaca súbita, asma e maior risco de inflamação. Ou seja, elas parecem sem dúvida detestáveis. De fato, uma revisão da literatura científica sobre o assunto, publicada no *New England*

Journal of Medicine, apresenta um quadro bastante assustador. Parece que reduzir o consumo de gorduras trans pode não ser suficiente; talvez tenhamos de eliminá-las completamente de nossa dieta. Uma análise de quatro grandes ensaios envolvendo cerca de 140 mil sujeitos revelou que um aumento de apenas 2% no consumo calórico de gorduras trans estava associado a um risco 23% maior de doença cardíaca coronariana. Isso significa que mesmo uns 2 gramas por dia podem ser arriscados! Os pesquisadores fizeram a alarmante previsão de que nada menos que 1/4 de milhão de eventos coronários por ano poderiam ser evitados nos Estados Unidos com a redução do consumo de gordura trans.

E agora parece que elas podem afetar nosso cérebro também. Pelo menos isso é o que sugere a pesquisa da dra. Anne-Charlotte Granholm, da Universidade Médica da Carolina do Sul. A dra. Granholm treinou ratos para encontrar uma plataforma escondida num labirinto cheio de água. Depois os animais eram submetidos a uma dieta de gordura trans ou de poliinsaturada e solicitados a recordar o trajeto. Os ratos da dieta poliinsaturada nadaram direto para a plataforma, enquanto os outros agitavam-se sem direção, de um lado para outro. Não é claro exatamente o que acontece no nível molecular, mas a teoria é que de alguma maneira as gorduras trans podem causar uma inflamação que danifica proteínas específicas envolvidas na transmissão de informação entre células nervosas. E não pense que os animais receberam doses excessivas de gorduras trans: a quantidade foi típica da dieta norte-americana. A dra. Granholm ficou perturbada o bastante com seus resultados para renunciar solenemente às batatas fritas e livrar sua cozinha de alimentos processados que contivessem gorduras trans.

Os fabricantes estão dando atenção ao conselho dos pesquisadores e tentando reduzir o teor de gordura trans de seus produtos. Uma maneira de fazê-lo é recorrer a óleos com baixo teor de gorduras poliinsaturadas, como ácido linolênico. Como vimos, as gorduras poliinsaturadas são instáveis quando aquecidas e reagem com o oxigênio para produzir sabores estranhos. Os óleos de milho e girassol contêm menos que 1% de ácido linolênico, mas são mais caros que o óleo de soja, que contém cerca de 8%. É claro que o ácido linolênico presente na soja pode ser hidrogenado, mas nesse caso temos o problema das gorduras trans.

Recentemente surgiu uma abordagem alternativa. Variedades de soja com baixo teor de ácido linolênico foram desenvolvidas através de técnicas tradicionais de hibridação para produzir um óleo que contém menos de 3% desse ácido, podendo portanto ser usado sem hidrogenação. Uma vez que a indústria alimentícia usa a assombrosa quantidade de mais de 2,2 bilhões de quilos de óleo para fritar por ano, o mercado potencial para o óleo de soja com baixo teor de ácido linolênico é enorme. Não admira que os fazendeiros estejam se apressando em plantar a nova variedade de soja. Existem também outras maneiras de eliminar as gorduras trans. Um óleo totalmente hidrogenado não tem nenhuma ligação dupla, portanto nenhuma gordura trans. O óleo de soja (ou outro óleo poliinsaturado) pode ser totalmente hidrogenado, convertendo-se numa substância cerosa sólida que depois, mediante um processo conhecido como "interesterificação", pode ser levada a reagir com uma gordura poliinsaturada líquida a fim de produzir um óleo para fritar livre de gordura trans.

Os produtores de alimentos, ansiosos por dar um passo à frente da concorrência, estão se apressando em livrar seus produtos desse fantasma. A Kellog já anunciou que vai substituir óleos carregados de gordura trans em produtos como Pop Tarts e Cheeze-Its por Visitive, um óleo com baixo teor de ácido linolênico produzido pela Monsanto. Previsivelmente, essa medida suscitou a ira dos ativistas antimodificação genética, que se enfurecem sempre que o nome dessa empresa é mencionado. Na realidade, o traço que garante baixo teor de ácido linolênico foi introduzido por técnicas tradicionais de hibridação, e não por meio da tecnologia do DNA recombinante. Mas a soja usada para fazer o óleo, como a maior parte da cultivada nos Estados Unidos, contém também o traço para resistência do herbicida glifosato, pertencendo portanto à categoria da soja geneticamente modificada.

Mais apropriado do que se preocupar em saber se a soja com baixo teor de ácido linolênico é geneticamente modificada ou não é considerar se a troca terá um impacto suficientemente significativo sobre a saúde. Reconheçamos, os alimentos onerados por seu conteúdo de gordura trans não são os mais nutritivos, para início de conversa. Nosso consumo de batatas fritas, Pop Tarts e folheados deveria ser limitado de todo modo, seja qual for o tipo de óleo com que sejam feitos. Sim, tecnicamente falando, se eles forem feitos com óleo com baixo teor de ácido linolênico, serão "melhores para você", mas quanta diferença isso faz para a saúde é discutível. No que diz respeito a um pequeno lanche, maçãs não têm gorduras trans. Nem laranjas. Ou bananas. Ou brócolis. Coma-os em vez de rosquinhas e você será mais saudável.

E, se os ratos da dra. Granholm realmente servirem como indicador, será mais inteligente também.

Ter informação sobre gorduras trans nos rótulos dos alimentos é um avanço. Pessoas que desejam evitá-las podem fazê-lo. Convém lembrar, porém, que os números sobre a quantidade de vidas salvas pela eliminação das gorduras trans são baseados em cálculos teóricos, não em evidências incontestáveis. Nas duas últimas décadas, a taxa de doença cardíaca nos Estados Unidos declinou de maneira significativa, enquanto o consumo de gordura trans se manteve constante. Ainda assim, não há nenhuma desvantagem em eliminá-la. E isso é possível. Na Dinamarca, alimentos contendo mais de 2% de gordura trans não podem ser vendidos, e a indústria alimentícia não entrou em colapso. Mas não nos apressemos a concluir que a eliminação das gorduras trans de bolos, rosquinhas ou batatas fritas tornam esses alimentos "saudáveis". E não vamos supor que comer um folheado na Dinamarca é saudável, enquanto nos Estados Unidos é "tóxico". Se você quiser um café-da-manhã saudável, coma aveia, linhaça e frutas. Não há perigo de haver gordura trans aí!

Para acrescentar um pouco mais de confusão à história, ocorre que as gorduras trans não são todas vilãs. Não há dúvida de que aquelas que são um subproduto da hidrogenação de gorduras insaturadas, e que aparecem na margarina e em muitos alimentos assados, são decididamente insalubres. Mas nem todas as gorduras trans são feitas pelo homem. Algumas ocorrem na natureza, e esses "ácidos linoléicos conjugados", ou CLAs, têm propriedades muito diferentes. Eles são encontrados principalmente em produtos lácteos, como leite integral e queijo cheddar. A escolha mais rica, acredite ou não, é Cheez Whiz. Carne bovina, de carneiro e de cabra contêm um pouco de CLAs também. Bactérias nos intestinos dos animais convertem ácido linoléico, um ácido graxo presente na ração animal, nesses ácidos conjugados, que são armazenados em tecido muscular e mamário. Nós, seres humanos, não podemos produzi-los, mas pesquisas sugerem que eles podem ser eficazes no combate ao câncer, à doença cardíaca, à diabetes e ao ganho de peso. Coelhos que recebem uma dieta com alto teor de colesterol ficam protegidos contra doença cardíaca se também consomem CLAs. Essas gorduras baixam os triglicerídios (gorduras sanguíneas) e reduzem o LDL. Em ratos, elas atuam como um sensibilizador para insulina. Os diabéticos tipo 2 não produzem insulina suficiente, e os CLAs podem ser uma solução parcial para seu problema. De todo modo, eles baixam os triglicerídios, que são sempre altos em diabéticos. Nem todos os CLAs são criados iguais; somente aqueles denominados isômeros "cis-9, trans-11" e "cis-10, trans-12" são biologicamente ativos.

Talvez a propriedade mais sedutora dos CLAs seja a de controlar a razão entre músculos e gordura corporal. Num estudo de três meses de duração controlado por placebo, eles aumentaram significativamente a massa corporal magra de pacientes com excesso de peso. Ao longo do período de 12 semanas, sujeitos que tomavam 3,5 gramas da substância por dia experimentaram uma redução de 1,7 quilo em gordura pura. Segundo um dos maiores especialistas do mundo nesse campo, o dr. Michael Pariza, da Universidade de Wisconsin, o potencial real dos ácidos linoléicos conjugados tem a ver com sua capacidade de prevenir ganho de peso (como gordura) depois que houve perda de peso. O próprio Pariza toma 3 a 4 gramas diariamente.

A relação dos CLAs com a saúde é fascinante, mas não há razão para começar a devorar carne e laticínios com alto teor de gordura. Os benefícios que os sujeitos dos estudos alcançaram vieram de doses muito maiores que os 100 miligramas presentes numa dieta média. Assim, se pesquisas adicionais provarem que essas substâncias são verdadeiramente benéficas, suplementos – e não Cheez Whiz – serão a solução.

Benzeno em refrigerantes

Houve época em que se usava benzeno como loção pós-barba, por causa de seu cheiro doce. Ele era usado também para descafeinar café. Clementine Churchill (mulher de Winston) lavava o cabelo com ele. Ah, como os tempos mudam! Hoje nos preocupamos com algumas partes por bilhão de benzeno na água potável e nos refrigerantes. Por quê? Porque ele é um carcinógeno reconhecido e deve ser evitado. Mas ocorre que é também um componente vital de muitos produtos e processos essenciais para a vida moderna. Há traços dele por toda parte. Uma vez que eliminar o benzeno do ambiente é impossível, é necessário uma análise de risco sensata.

Nem todas as aparições do benzeno se devem à atividade humana. Ele é um dos numerosos compostos formados quando a matéria orgânica se decompõe, e por isso pode ser encontrado no petróleo. Forma-se também quando matéria orgânica é queimada, portanto vulcões e incêndios florestais também o produzem. O mesmo com a queima de carvão. Michael Faraday, o brilhante químico inglês e pioneiro da eletricidade, isolou o benzeno pela primeira vez a partir do "gás de iluminação" em 1825. Naquela época, a combustão de carvão ou turfa produzia o gás que iluminava casas e ruas. A estrutura molecular do benzeno, no entanto, permaneceu um mistério por cerca de 40 anos. Os químicos não conseguiam descobrir como os seis átomos de carbono e os seis de hidrogênio que o compõem se ligavam. Pelo menos não até 1865, quando o químico alemão August Kekulé teve um sonho em que uma cobra mordia o próprio rabo. Essa visão o levou a sugerir uma estrutura em que os seis carbonos se ligavam num anel. Kekulé pode ter sonhado com uma estrutura para o benzeno, mas dificilmente poderia imaginar o papel que ele desempenharia na construção do mundo industrializado.

Hoje o benzeno é produzido em enormes quantidades a partir do petróleo. Ele serve de matéria-prima para a fabricação de plásticos como nylon, poliestireno e policarbonato, bem como de adesivos, detergentes, corantes, inseticidas, borracha sintética, explosivos e medicamentos. Sem dúvida o benzeno torna nossas vidas mais fáceis – mas não as torna também mais curtas?

A primeira indicação de problemas de saúde potenciais apareceu quando trabalhadores expostos a vapores de benzeno queixaram-se de vertigens, dores de cabeça, tremores e até delírio, todos sintomas de neurotoxicidade. Isso levou à implementação de medidas para reduzir a exposição a esse elemento no local de trabalho, mas continuaram existindo preocupações com a exposição a pequenas quantidades a longo prazo. E veio a se revelar que estas eram justificadas: estudos epidemiológicos finalmente revelaram uma taxa mais elevada de leucemia em trabalhadores que inalavam benzeno durante um período de muitos anos. Não se trata de uma conexão muito forte; estima-se que desde 1928, quando a associação foi notada pela primeira vez, houve cerca de 150 casos de leucemia no mundo todo que podem ser ligados a exposição ocupacional ao benzeno.

A maioria de nós não precisa se preocupar com esse tipo de situação. Mas qual é o nível de risco associado com o benzeno presente em nossos alimentos e bebidas e no ar que respiramos? Em teoria, nenhuma quantidade de carcinógeno é segura, porque um único insulto molecular ao DNA pode levar ao câncer. Na prática, porém, a completa eliminação dos numerosos carcinógenos a que estamos expostos, tanto naturais quanto sintéticos, é impossível. No caso do benzeno, a maioria das autoridades estabeleceu um nível máximo tolerável na água potável de 5 partes por bilhão. Isso não significa que níveis mais altos deveriam levá-lo a procurar imediatamente um agente funerário. O padrão de 5 partes por bilhão foi estabelecido porque é exeqüível por sistemas municipais de tratamento de água.

Agora vamos introduzir alguns números na equação benzeno-câncer. Temos duas fontes de informação: dados sobre a exposição humana e estudos sobre a alimentação de animais. Quando trabalhadores são expostos a menos que 0,1 parte por milhão de benzeno no ar, não há nenhuma evidência de aumento do risco de leucemia. Como sabemos que um ser humano médio inala cerca de 20 metros cúbicos de ar por dia, isto se traduz numa exposição de 6 miligramas por dia. Estudos sobre a alimentação de animais confirmaram que nessas doses não há aumento do risco de câncer. Mas a quanto benzeno estamos expostos? Em 2006, ouvimos falar de uma preocupação com a substância em refrigerantes. Ela se refere à reação do benzoato de sódio, um conservante, com a vitamina C presente em muitas bebidas. Parece claro que quando há quantidades mínimas de metais que catalisam a reação, a vitamina C produz radicais livres que podem converter benzoato em benzeno. Por isso se constatou que certas bebidas contêm até 50 partes por bilhão de benzeno, dez vezes o que é permitido na água potável. Quando fazemos o cálculo, porém, descobrimos que um litro dessas bebidas contém 50 microgramas de benzeno, o que significa que mesmo na taxa de consumo impossível de 120 litros por dia, estaríamos abaixo da quantidade que não tem qualquer efeito sobre trabalhadores ocupacionalmente expostos.

Não estamos expostos ao benzeno somente através dos refrigerantes, é claro. Quando a Food and Drug Administration realizou um levantamento de 70 alimentos durante cinco anos, o benzeno foi encontrado em todos os itens, com exceção do queijo americano e do sorvete de baunilha. Um hambúrguer, por exemplo, tem 4 microgramas, mas isso é apenas um décimo da quantidade de benzeno presente na fumaça inalada de um cigarro. Uma banana pode ter até 20 microgramas. Ainda assim, quando todas as exposições são somadas, ficamos muito abaixo dos níveis associados com leucemia.

Então o risco é zero? Não. Em alguma pessoa sem sorte, um traço de benzeno pode desencadear uma cascata de eventos que conduz ao câncer. Portanto, todos os esforços deveriam ser feitos para minimizar a exposição a carcinógenos, em particular no local de trabalho, mas traços de benzeno em refrigerantes não têm muita importância. De todo modo, é possível eliminá-los adotando outros conservantes que não o benzoato de sódio.

Se você quiser se preocupar com alguma coisa, preocupe-se com a falta de nutrientes nos refrigerantes. Ou com o benzeno que inala quando está reabastecendo seu carro de gasolina. São cerca de 20 microgramas. Mas mesmo que você deixe o empregado do posto encher o tanque do seu carro, estará respirando algo entre 20 e 30 microgramas por hora apenas a partir do cano de descarga dos carros que estão na sua frente. Em comparação, o consumo médio total diário a partir da dieta é de cerca de 5 microgramas. Essa análise se aplica também aos outros compostos orgânicos voláteis (VOCs) importantes em nosso ambiente. Quando a FDA realizou seu estudo sobre os alimentos, investigou a presença de 20 outros VOCs amplamente usados como solventes, agentes de limpeza, desengordurantes ou intermediários em vários processos químicos. Alguns podiam até entrar nos alimentos como subprodutos da cloração da água ou como migrantes a partir de plásticos. Assim, foram feitas análises químicas para substâncias como estireno, clorofórmio, tetracloridо de carbono e tricloroetileno, todas sob a suspeita de ser carcinógenas. Constatou-se que todos estavam presentes na ordem de partes por bilhão, mas, como no caso do benzeno, essas quantidades estavam muito abaixo do nível tóxico.

Por exemplo, o nível de risco mínimo para o tetraclorido de carbono foi estabelecido em 0,02 miligrama por quilo por dia. Algum tetraclorido de carbono pode ser detectado em salsichas para cachorro-quente a 11 partes por bilhão. Um homem pesando 70 quilos teria de comer 120 quilos de salsicha por dia para atingir o nível de risco. A conclusão é que estamos muito mais expostos aos compostos orgânicos voláteis através da fumaça de cigarro, das emanações da gasolina ou das emissões industriais que inalamos do que através dos traços presentes em alimentos e bebidas.

Trans-4-hidroxinonenal em alimentos fritos

O *Wiener schnitzel* era tão grande que não cabia no prato. Coroado com um borrifo de salsa picada e suco de limão, era um absoluto deleite. Até hoje, minha boca se enche de água sempre que me lembro da minha primeira experiência com um *schnitzel*. Minha tia, que providenciara nossa vinda para Montreal depois que fugimos da Hungria durante a revolta de 1956, era proprietária do Riviera, um restaurante de estilo europeu. Foi lá que conheci as delícias de uma porção de vitela quase tão fina quanto papel, envolta em farinha de trigo, ovos e farelo de pão, e rapidamente frita até ficar de um marrom-dourado. Eu simplesmente adorava aquilo. De fato, ainda adoro. O Riviera desapareceu há muito tempo, mas aprendi a fazer eu mesmo um *schnitzel* bastante aceitável. Há uma diferença, porém. A ciência entrou em cena e meu prazer agora está contaminado por preocupações nutricionais. Por mais que eu odeie admiti-lo, algumas nuvens bastante escuras pairam sobre o consumo freqüente de carne vermelha e alimentos fritos.

As palavras "carne vermelha" e "câncer" aparecem agora na mesma frase na literatura científica com alarmante freqüência, e artigos sobre o papel da dieta no câncer concluem em geral que muitos casos podem ser evitados com sua modificação. As mudanças sugeridas geralmente incluem o aumento do consumo de frutas e hortaliças, acompanhado pela redução do consumo de carne vermelha e de alimentos cozidos a altas temperaturas. Tome, por exemplo, um enorme estudo europeu que envolveu quase 500 mil homens e mulheres saudáveis nos anos 1990 e acompanhou seu estado de saúde. Após cerca de cinco anos, aproximadamente 1.300 casos de câncer colorretal haviam sido detectados. Os estilos de vida desses pacientes foram comparados com os daqueles livres da doença. A principal descoberta foi que o câncer de intestino estava associado a um consumo de carnes vermelhas e processadas. Quantitativamente, pessoas que comiam mais que 160 gramas de carne vermelha ou processada por dia tinham uma probabilidade 35% maior de desenvolver câncer de intestino que aquelas que comiam menos de 20 gramas por dia. Frango não foi implicado e o consumo de peixe foi associado a um menor risco da doença.

É difícil dizer qual é exatamente o problema com as carnes vermelhas e processadas, mas muito provavelmente aminas heterocíclicas (HCAs) estão envolvidas. O aquecimento do alimento desencadeia um grande número de mudanças químicas, algumas das quais – como destruição de bactérias, amaciamento de fibras musculares e desenvolvimento de sabor – são desejáveis, ao passo que outras não. Temperaturas elevadas permitem que compostos como a creatinina envolvam-se em reações que formam aminas heterocíclicas, que são carcinógenos reconhecidos. Quanto mais alta a temperatura e maior o tempo de cozimento, mais HCAs se formam. E esses compostos foram implicados em mais do que câncer de intestino. O consumo de carne vermelha está associado com câncer da próstata, de estômago e pancreático, e pesquisadores descobriram também que mulheres que comem rotineiramente carne muito bem passada enfrentam um aumento de cinco vezes no risco de câncer de mama quando comparadas a mulheres que comem sua carne malpassada ou ao ponto. Não está claro por que frango e peixe são menos arriscados, mas isso pode ter a ver com tempos mais curtos de cozimento. De todo modo, essa é uma observação bem-vinda, porque frango e peixe (especialmente) são também considerados mais salutares para o coração que carne vermelha – contanto que não sejam fritos. Pesquisadores da Escola de Medicina de Harvard examinaram a função cardíaca de cerca de 5 mil idosos e constataram que aqueles que comiam peixe grelhado ou assado tinham freqüência cardíaca e pressão sanguínea mais baixas e melhor fluxo de sangue para o coração, enquanto os que comiam regularmente peixe frito ou sanduíches de fast food mostravam maior incidência de endurecimento das artérias coronárias e outros problemas cardíacos. O provável culpado aqui é a gordura usada para fritar.

Não sei o que os cozinheiros do Riviera usavam para fritar meu *Wiener schnitzel* nos idos da década de 1950, mas desconfio que foi algum tipo de gordura animal. Hoje, somos mais instruídos sobre nutrição e tenderíamos a usar gorduras poliinsaturadas, livres de gorduras trans. Mas isso não significa que liquidamos os problemas associados às frituras. De fato, um novo composto suspeito está emergindo: trans-4-hidroxi-2-nonenal, ou HNE. Que tal como exemplo de palavra complicada?

É provável que você não tenha ouvido falar do HNE, mas ele está causando certa comoção na comunidade científica. Ele se forma quando gorduras poliinsaturadas (aquelas que contêm várias ligações duplas carbono-carbono) reagem com oxigênio. Essas gorduras estão presentes nas membranas das células e podem dar origem ao HNE, que depois viaja através da corrente sanguínea. A notícia ruim é que essa substância foi associada a doença cardiovascular, mal de Parkinson, mal de Alzheimer, doenças do fígado e do rim e até câncer. E aqui está o que realmente não queremos ouvir: o HNE se forma quando óleos poliinsaturados, particularmente aqueles que contêm ácido linoléico (milho, soja, canola) são aquecidos, especialmente se aquecidos repetidamente. Aquelas frituras douradas dos restaurantes podem estar repletas de HNE!

Agora a notícia boa. Gorduras monoinsaturadas como óleo de amendoim ou azeite de oliva são muito menos propensas a essa contaminação. Infelizmente, elas não são comumente usadas em restaurantes, de modo que limitar as frituras quando comemos fora é realmente importante. Mas eu não abri mão de fazer meu *Wiener schnitzel* em casa; apenas o faço com menor freqüência e frito a vitela em azeite de oliva. A vida não é apenas preocupação com cada bocado de comida que pomos na boca.

Substâncias que se desprendem de plásticos

Envolvemos sobras de comida em filme plástico, usamos sacos plásticos para embalar sanduíches, frutas e hortaliças. A carne freqüentemente vem embrulhada em plástico. Compramos bebidas em garrafas plásticas, muitas vezes usamos talheres de plástico, bebemos em copos plásticos e levamos pratos plásticos ao microondas. Em conseqüência, ingerimos dezenas de substâncias que se desprendem desse material e penetram em nossos alimentos e bebidas: plastificantes que os tornam moles e flexíveis; estabilizadores e catalisadores usados para ligar pequenas moléculas (monômeros) nas longas cadeias (polímeros) que caracterizam os plásticos; monômeros residuais, e alguns produtos da decomposição de polímeros. Todos eles podem acabar em nosso organismo. Isso tem importância? Segundo as pessoas que espalham e-mails amedrontadores, a resposta é sim. As alegações são que substâncias cancerígenas como plastificantes e dioxinas desprendem-se e que "filme plástico colocado sobre alimentos quando são aquecidos no microondas a altas temperaturas realmente pinga toxinas venenosas na comida".

Um dos e-mails começa com a cativante saga de Claire Nelson, uma inquisitiva aluna de ensino médio no Arkansas que aprendeu que um plastificante chamado di(etilhexil)adipato (DEHA) está presente em invólucros plásticos e que a Food and Drug Administration nunca havia estudado se esse "carcinógeno" migra para o alimento durante o cozimento no microondas. Com a ajuda de um cientista profissional, ela planejou um experimento em que cozinhou uma mistura de invólucro plástico com azeite de oliva e descobriu que o DEHA migrou para o óleo em níveis muito acima do padrão da FDA de 0,05 parte por bilhão. Claire acabou por ganhar o maior prêmio da American Chemical Society para estudantes, e sua história encantou muitos repórteres. Eles estavam ansiosos por retratá-la como a defensora do povo que havia descoberto mais um ataque à saúde pública por parte de uma indústria negligente auxiliada e incitada por uma FDA incompetente.

Claire Nelson é real e de fato ganhou um prêmio por seu trabalho. Mas o reconhecimento foi por sua investigação sistemática de um possível problema, não por seu papel na revelação de uma ameaça de câncer. De fato, não havia nenhuma ameaça a ser revelada, uma vez que a migração do DEHA para o alimento havia sido estudada antes. A idéia de que Claire foi a primeira a pensar nessa possibilidade é folclore romantizado. Afinal, a FDA já tinha um padrão estabelecido para níveis aceitáveis de DEHA – o padrão que os resultados da estudante excederam. Isso realmente não causou grande surpresa. Aquecer plástico imerso em óleo por longos períodos para estudar a migração de plastificantes para o óleo está longe de ser uma situação realista. É como tentar avaliar os riscos da direção de automóveis na cidade estudando uma corrida de Fórmula 1.

De todo modo, será que o plastificante é tão perigoso quanto relatado? Essas substâncias químicas são comumente adicionadas aos plásticos para torná-los moles e flexíveis. Cortinas de boxes de banheiro são um exemplo típico. Plastificantes são também usados para melhorar a "aderência" em certos invólucros de alimentos. Preocupações surgiram em função da possibilidade de que alguns, particularmente o di(etilhexil)ftalato (DEHP), tenham propriedades estrogênicas, que em teoria podem estar associadas a certos tipos de câncer. Mas o DEHA, o plastificante usado no invólucro de cloreto de polivinil (PVC), não cai nessa categoria. Tanto a União Européia quanto a Environmental Protection Agency, nos Estados Unidos, já o classificaram como "não suspeito de ser carcinógeno". Esse é o plastificante que Claire Nelson estudou.

Somente os invólucros de PVC são plasticizados com DEHA. Embora sejam comumente usados na embalagem comercial de alimentos, não são os invólucros que os consumidores tendem a comprar e usar em seus fornos de microondas. Glad Wrap, por exemplo, é feito de polietileno de baixa densidade (LDPE) e não tem absolutamente nenhum ftalato. O mesmo ocorre com Saran Wrap. Este era feito de cloreto de polivinilideno, que tinha excelentes propriedades de barreira e aderência, mas o fabricante o substituiu por LDPE em 2004 para reduzir os prejuízos ambientais dos compostos clorados. O próprio LDPE não é aderente o suficiente, mas sua capacidade de se colar é aumentada pela incorporação de outros polímeros, como poliisobuteno ou polietileno de baixa densidade linear. Nenhum deles causa qualquer preocupação. Mesmo quando Saran Wrap era feito com cloreto de polivinilideno, o plastificante usado era citrato de acetiltributil, de modo que nunca houve um "problema de ftalato" com o produto. É difícil imaginar, portanto, que "toxina venenosa" (haveria alguma toxina não venenosa?) poderia ter "pingado na comida" a partir de Saran Wrap. É óbvio que qualquer invólucro de plástico deveria ser mantido fora de contato direto com o alimento num microondas, pela simples razão de que a comida, particularmente se muito rica em açúcar ou gordura, pode ficar muito quente e derreter o plástico. Comer plástico derretido pode não ser perigoso, mas é desagradável.

Mas e quanto às acusações de que o aquecimento de alimentos em recipientes plásticos no microondas causará a transferência de dioxinas carcinógenas para eles? Certamente, as dioxinas são carcinógenos e temos de fazer todos os esforços para evitá-las. Para que plásticos soltem dioxinas, contudo, duas condições precisam ser atendidas. Eles devem conter cloro e têm de ser aquecidos a temperaturas de incineração. Os recipientes que os consumidores usam em casa (como Tupperware, por exemplo) são feitos de polietileno ou polipropileno e não podem dar origem a dioxinas, pelo simples fato de que não contêm cloro. O mesmo ocorre com os recipientes em que você leva para casa aquelas iguarias do balcão da delicatéssen; eles também costumam ser feitos de polipropileno. Em geral, esses recipientes, inclusive embalagens velhas de margarina, não deveriam ser usados no microondas, não por causa de problema de dioxinas, mas porque podem amolecer ou derreter.

O único tipo de recipiente comum que teoricamente poderia gerar dioxinas é aquele feito de cloreto de polivinil (PVC). Embora o PVC seja amplamente usado em produtos de limpeza e embalagens de cosméticos, não é usado para fazer recipientes de alimentos que possam ser levados ao microondas. Mesmo que fosse, as temperaturas ali estão longe de ser elevadas o suficiente para decompor o plástico e liberar dioxina.

Apesar de qualquer e-mail alarmante, não há base científica para a preocupação com o uso de plásticos no microondas. Há razão, no entanto, para nos preocuparmos com a facilidade com que informação duvidosa é espalhada através da internet e com a ansiedade desnecessária que isso gera. Outro excelente exemplo disso é o medo dos perfluoroquímicos, usados em alguns materiais de embalagem e na fabricação de utensílios de cozinha especiais para Teflon. Supostamente, também eles são fonte de carcinógenos.

Os consumidores podem estar muito dispostos a suportar mãos engorduradas quando comem pipoca, mas certamente não querem ver uma embalagem manchada de óleo na prateleira. E é aí que entram os perfluoroquímicos. Adicionados a um material de embalagem, eles conferem propriedades resistentes à gordura. Lamentavelmente, porém, têm também uma tendência a migrar para a substância oleosa que é adicionada à pipoca para simular manteiga. Há indicação de que esse revestimento pode ser uma fonte de ácido perfluorooctanóico (PFOA), um composto presente no sangue de praticamente todos os norte-americanos e suspeito de ser um carcinógeno.

Agora, antes que alguém comece a organizar passeatas em prol da proibição da pipoca de microondas, algumas reflexões sobre carcinogenicidade se impõem. Por definição, um carcinógeno é uma substância capaz de desencadear câncer em pessoas ou animais. Até agora, cerca de 60 substâncias foram classificadas como carcinógenos humanos. Elas incluem asbesto, álcool, certos compostos de arsênico, benzeno, fumaça de tabaco, fuligem, estrógeno, gás mostarda, radônio, luz ultravioleta, tamoxifeno, cloreto de vinil e serragem. Estudos epidemiológicos humanos mostraram claramente que a exposição a esses elementos está associada ao câncer. Além disso, há mecanismos moleculares plausíveis para explicar como essas substâncias químicas podem causar a doença. A dosagem é importante; você não desenvolve câncer por fumar *um* cigarro.

Além dos carcinógenos humanos estabelecidos, há um grande número de substâncias que são sabidamente carcinógenos animais, com base em estudos sobre a alimentação. Na maioria dos casos, a dose a que os animais são expostos é tão grande que é difícil estabelecer a relevância humana. Consideremos o furfural, um composto usado na fabricação de alguns plásticos mas que ocorre também naturalmente em grãos, batatas-doces e até maçãs. Não há dúvida de que é um carcinógeno. Forneça-o a roedores numa dose de 200 miligramas por quilograma de peso corporal e ele causará câncer. Sendo feito de grãos, pão contém furfural. Referindo-nos seletivamente à literatura científica, poderíamos portanto afirmar que pão pode causar câncer. Haveria pânico, mas isso se um pequeno detalhe crucial fosse omitido: uma pessoa teria de consumir aproximadamente 6 mil fatias de pão por dia para se aproximar da quantidade de furfural que causa câncer em roedores. Salientemos novamente que há muitas outras substâncias, tanto naturais quanto sintéticas, que podem ser corretamente rotuladas como carcinógenos animais. Ácido caféico no café, acrilamida nas batatas fritas, safrola na pimenta-do-reino, certos pesticidas, PCBs, dioxinas e alguns compostos fluorados caem nessa categoria. Mas isso não significa que pimenta ou café causem câncer. De fato, temos boas evidências de que não o fazem. Os carcinógenos estão lá, sem dúvida, mas não em doses suficientemente altas.

Agora voltemos à questão do PFOA. Graças aos avanços fenomenais da química analítica, sabemos que essa substância está presente no sangue da maioria das pessoas no nível de aproximadamente 5 partes por bilhão. Uma parte por bilhão é um segundo em 32 anos, ou um quadrado de papel higiênico num rolo que se estenderia de Nova York a Londres. Obviamente, não temos muito PFOA em nós, mas por que temos algum? De onde ele vem? Dedos acusadores estiveram apontados para os fabricantes de Teflon. O processo de "polimerização em emulsão" pelo qual esse plástico é fabricado requer que substâncias oleosas sejam misturadas com água. Esse é um trabalho para substâncias químicas chamadas surfactantes, e o PFOA dá conta da tarefa perfeitamente. O surfactante não está presente no produto final, portanto as panelas e frigideiras Teflon não o liberam, pelo menos não a temperaturas usuais de cozimento. A temperaturas acima de 3.500°C, traços de PFOA podem se formar se parte do Teflon se decompuser, mas isso certamente não pode explicar o PFOA que aparece no ambiente.

Verdade seja dita, a DuPont, um grande produtor de Teflon, foi até recentemente um tanto negligente com relação à contenção de PFOA, e contaminou os reservatórios de água em torno de sua fábrica em Parkesburg, Virgínia do Oeste. Essa situação levou a alegações de maiores taxas de câncer na comunidade e a uma ação judicial conjunta a que a companhia pôs fim mediante mais de 300 milhões de dólares. Os responsáveis pela DuPont não admitiram nenhuma culpa e ressaltaram que os estudos sobre câncer não examinaram outras causas possíveis além de PFOA. Mais recentemente, a companhia foi multada em 10,25 milhões de dólares pela Environmental Protection Agency (EPA) por não ter relatado alguns estudos toxicológicos que realizara, um dos quais encontrara PFOA no sangue do cordão umbilical do filho de uma mulher que trabalhava na fábrica. A multa foi pelo não-relato dos dados, não por expor os trabalhadores a perigo.

A liberação de PFOA a partir da fábrica, no entanto, não explica a ampla distribuição dessa substância química. Apesar disso, a EPA pediu aos fabricantes que reduzissem as emissões dessa substância em 95% até 2010 e parassem totalmente de emiti-la até 2015. A DuPont já anunciou que vai atingir essa meta antes mesmo do prazo final. De todo modo, a eliminação do PFOA da produção de Teflon não vai eliminar o problema de seu aparecimento no sangue, porque essa não é sua principal fonte. Um cenário mais provável, efetivamente demonstrado pelo químico Scott Mabury, da Universidade de Toronto. Ele sugere que fluoroquímicos de cadeia curta, ou "fluorotelômeros" – largamente usados em embalagem de alimentos, revestimentos, tintas de parede, espumas antifogo, tintas para impressão, adesivos e graxas –, possam se decompor no ambiente, ou no organismo humano, para liberar PFOA. Químicos terão de encontrar alternativas para essas substâncias.

O que poderia acontecer se não reduzirmos o PFOA no ambiente? Trata-se de uma substância química persistente, quanto a isso não há dúvida. Pesquisadores da Universidade Johns Hopkins descobriram sua presença no cordão umbilical de todos os bebês nascidos no hospital da universidade. Mas ele está causando algum dano? Até agora, há poucas evidências disso. Estudos com trabalhadores da DuPont expostos a quantidades maiores em ordens de magnitude do que o público normalmente experimenta não revelaram nenhum aumento nas taxas de câncer, embora haja uma sugestão de níveis elevados de colesterol. De fato, a avaliação de risco da própria EPA, que indica o PFOA como possível carcinógeno, é baseada em dados muito fracos. Os estudos com ratos são dúbios, e o relatório afirma claramente que "o modo de ação pelo qual PFOA pode causar tumores em ratos é de ocorrência improvável em seres humanos".

Manchetes como "Teflon causa câncer" ou "Os perigos escondidos nas panelas de Teflon" são deturpações sensacionalistas dos fatos. Não há evidências de que 5 partes por bilhão de PFOA no sangue possam fazer algum mal. Com base no que sabemos até agora, temos provavelmente mais razão para nos preocuparmos com a gordura saturada na pipoca de microondas que com os fluorotelômeros na embalagem. Você pode sempre estourar pipoca à moda antiga. E se não quiser que ela se queime e produza carcinógenos, use uma panela de Teflon!

Dioxinas

"Eu gostaria de saber." Essa foi a resposta que tive de dar quando me perguntaram se dioxinas na carne ou no leite podem causar câncer. E essa é a única resposta cientificamente legítima para tal pergunta. Há quem afirme que as dioxinas são carcinógenos tão poderosos que nenhuma quantidade na dieta é aceitável, enquanto outros sustentam que as quantidades mínimas a que estamos expostos não têm importância. Para compreender melhor a situação, voltamo-nos para a toxicologia, a ciência que investiga os efeitos das substâncias químicas sobre nossa saúde. Talvez ela não seja capaz de fornecer respostas absolutas, mas certamente permite que sejam feitos julgamentos com base em testes animais, conhecimento de vias bioquímicas, estrutura molecular e dados epidemiológicos humanos.

Os toxicólogos são muito competentes em prever os efeitos agudos de substâncias químicas. Sabemos que tomar cerca de 100 comprimidos de Aspirina de uma vez provavelmente resulta em morte. As quantidades letais de arsênico, cianeto ou estricnina estão bem estabelecidas. Mas a toxicologia está em condições muito mais precárias quando se trata de efeitos crônicos; isto é, de exposição a longo prazo a quantidades muito inferiores às que produzem catástrofes agudas. Efeitos crônicos não podem ser previstos com base em observações de toxicidade aguda. A vitamina D, por exemplo, é agudamente tóxica, mas em pequenas doses diárias contribui para uma boa saúde. O conteúdo de cafeína em 100 xícaras de café mataria um adulto, mas uma xícara por dia não é tóxica. É bem sabido que uma única grande exposição a uma substância química pode desencadear uma resposta bioquímica diferente daquela que é desencadeada pela exposição a longo prazo a pequenas quantidades. A exposição aguda a clorofórmio, por exemplo, causa vertigem seguida de sedação. Por outro lado, a exposição crônica a pequenas quantidades pode causar lesões no fígado. Não há dúvida de que uma grande exposição à dioxina causa cloracne, uma incômoda doença de pele. Mas isso não nos diz se quantidades mínimas na dieta podem ou não estar associadas a câncer.

Por que essa questão se coloca, antes de mais nada? Porque dioxinas fornecidas a animais de teste em altas doses podem certamente causar câncer. Muitos cientistas, no entanto, expressam preocupação quanto ao significado desses estudos. A suposição é que se uma grande dose produz câncer em animais de teste, os mesmos tipos de câncer serão produzidos proporcionalmente com doses menores, não importa quão pequenas estas sejam. Na verdade, sabemos que nosso organismo gera várias enzimas capazes de reparar o tipo de dano a moléculas do DNA que iniciariam um câncer. Afinal, estamos expostos a carcinógenos potenciais, tanto naturais quanto sintéticos, o tempo todo. Os raios ultravioleta do sol, o benzopireno num bife assado na brasa e o álcool no vinho são todos carcinógenos bem estabelecidos, mas nosso organismo parece capaz de lidar com pequenas doses deles. É muito provável que para carcinógenos, como para outras toxinas, haja um "ponto de virada", acima do qual a química protetora do corpo é esmagada, mas abaixo do qual não há razão para se preocupar.

Os testes animais padrão para toxicidade são baseados na "dose máxima tolerada". Isso se refere à quantidade máxima de uma substância química que pode ser dada a animais sem desencadear nenhuma conseqüência adversa. Se essa quantidade for excedida, os animais adoecem. Se desenvolvem câncer, a substância química em questão é denominada "carcinógeno". Níveis seguros para a exposição humana são depois determinados com base nas quantidades máximas que não mostraram nenhum efeito em animais.

Em muitos casos, a dose máxima tolerada supera de longe a exposição humana possível. Por exemplo, se ratos desenvolvem tumores quando expostos a determinada substância numa dose 101 mil vezes maior que aquela que um ser humano pode encontrar, a substância é categorizada como carcinógeno – mesmo que uma dose 100 mil vezes maior que a possível de ser encontrada por humanos não tivesse qualquer efeito. Uma abordagem mais sensata seria primeiro determinar a exposição humana máxima, incluir um fator de segurança multiplicador de talvez 100, e testar essa dose em animais. Muita preocupação indevida com carcinógenos teóricos que não têm qualquer significação prática seria evitada.

Há outros problemas com os testes animais. Um ser humano não é um rato gigante. Há diferenças bioquímicas. Lesões oculares por altas doses de metanol não ocorrem em ratos, mas ocorrem em seres humanos e outros primatas. Nitrobenzeno é muito mais tóxico no homem, no cão e no gato que no macaco, no coelho ou no rato. Mas e com relação ao câncer? A dioxina pode certamente causar a doença, em alguns animais, em doses mais baixas que outros carcinógenos. Em ratos, tumores de fígado se formam quando se consomem diariamente 10 nanogramas por quilo de peso corporal, mas não há nenhum efeito a 1 nanograma por quilo. A exposição humana média é de cerca de 0,002 nanograma por quilo, isto é, 0,2% da dose que não causa efeito em animais. Apesar disso, uma vez que as dioxinas ocorrem de fato no ambiente, as pessoas ficam legitimamente preocupadas.

As dioxinas, das quais há cerca de 17 variedades com diferentes toxicidades, são subprodutos não intencionais da combustão e de certos processos industriais. Elas se depositam no solo e nas plantas a partir da atmosfera, e podem chegar ao nosso organismo quando comemos produtos agrícolas ou animais que os comeram. Essas quantidades minúsculas têm alguma importância? Podemos ter uma idéia com base em seres humanos expostos a quantidades maiores. Muitos estudos investigaram veteranos do Vietnã expostos a dioxinas como contaminantes no famigerado Agente Laranja; trabalhadores na indústria de herbicidas; vítimas da liberação acidental maciça de dioxinas de uma fábrica de produtos químicos em Seveso, Itália, em 1976, e pessoas que moram nas vizinhanças de instalações de incineração. Alguns desses estudos encontraram ligeiros aumentos em alguns tipos de câncer, outros não encontraram qualquer relação, e alguns chegaram a afirmar ter encontrado uma incidência mais baixa da doença. No que diz respeito à alimentação, há alguma evidência de que dioxinas em dose baixa promovem câncer, mas apenas quando fornecidas a animais depois que outros carcinógenos, como as aflatoxinas encontradas em mofos, foram ingeridos. Quando consumidas *antes* de outros carcinógenos, as dioxinas resultam em taxas mais baixas de câncer. E isso é tudo que a toxicologia pode nos dizer por enquanto.

PARTE IV

Difícil de engolir

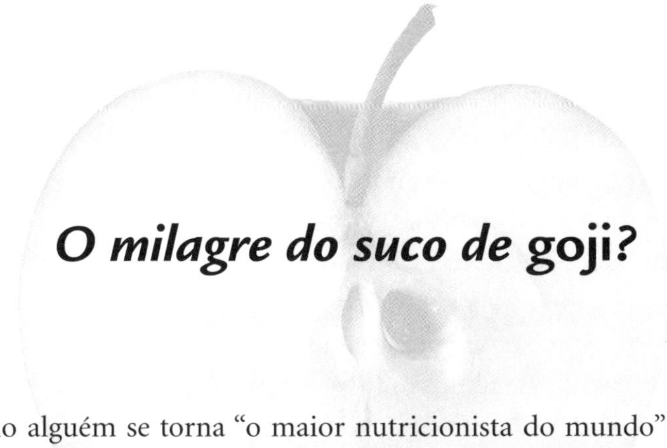

O milagre do suco de goji?

Como alguém se torna "o maior nutricionista do mundo"? Vencendo uma competição? Sendo eleito pelos demais nutricionistas? Publicando o maior número de artigos de pesquisa? Ou o título lhe é conferido por alguma agência de publicidade empenhada em vender seus livros e produtos? A última hipótese parece ser o caso para Earl Mindell, farmacêutico, "mestre herborista" e "doutor em nutrição". Mindell é uma indústria. Ele dá palestras, escreve livros, aparece na televisão, fala no rádio e, acima de tudo, faz descobertas nutricionais assombrosas. Como o suco de *goji*, o produto milagroso que faz as pessoas "parecerem e se sentirem 20 anos mais jovens".

Para alguém que recebeu um título de bacharel em farmácia na Universidade de Dakota do Norte, Mindell faz algumas declarações curiosas. Num de seus panfletos, ele sugere que é possível reverter o processo de envelhecimento pela ingestão de alimentos ricos em DNA e RNA, como as sardinhas. A verdade é que esses ácidos nucléicos são completamente digeridos por nossos organismos e nunca chegam às células para fazer qualquer bem. Ele também promoveu suplementos orais de uma enzima "antienvelhecimento", a superóxido dismutase (SOD). Não só não há qualquer evidência dos supostos benefícios da SOD como ela não sobreviveria ao processo digestivo. Certo, talvez isso não seja exatamente farmácia, por isso Mindell poderia ser desculpado. Mas ele tem também um PhD em nutrição! E certamente um nutricionista deveria conhecer a química de ácidos nucléicos e enzimas. O pretenso PhD de Mindell vem da Universidade Pacific Western, que não tem aulas, não oferece palestras nem laboratórios, mas concede graus "sem a freqüência do aluno porque reconhece o valor inerente da educação, da instrução e da experiência anteriores e do conhecimento acumulado através da experiência passada".

Com isso, podemos entender que o "dr. Mindell" esteja pouco a par da ciência da nutrição tal como está estabelecida, com base em pesquisas de laboratório, estudos epidemiológicos e ensaios controlados por placebo. E que ele talvez não se dê conta de que milhares de pesquisadores nutricionais legítimos, trabalhando no mundo todo, não conseguem descobrir "milagres". É difícil topar com um milagre na ciência – no entanto, Mindell fez uma carreira "descobrindo-os". Primeiro foi o livro *Soy Miracle* [O milagre da soja]. Depois veio *Amazing Apple Cider Vinegar* [O extraordinário vinagre de sidra]. Em seu épico *Russian Energy Secrets* [Segredos da energia russa], Mindell descreve como podemos combater o câncer, a doença cardíaca e problemas de fígado usando 16 ervas mágicas. E agora Mindell fez sua "mais importante descoberta na área da saúde de todos os tempos": o suco himalaio de *goji*.

Mindell nos diz que esse remédio asiático foi usado por "incontáveis gerações" para resolver toda sorte de problemas de saúde. Então qual é exatamente a sua descoberta? Talvez seja a de como vender o suco de *goji* para o público norte-americano. E que evidências existem de que essa baga asiática tem as propriedades curativas milagrosas afirmadas? Aqui está a linha de evidências corroborantes apresentada por Mindell. Durante a dinastia Tang (por volta de 800 d.C.), um poço foi escavado perto de um muro próximo a um famoso templo budista coberto de vinhas de *goji*. Ao longo dos anos, incontáveis bagas caíram ali. Aqueles que rezavam no local tinham a pele corada e saudável, e chegavam aos 80 anos sem cabelos brancos e sem ter perdido nenhum dente, simplesmente porque bebiam a água do poço. Não está convencido? Bem, Mindell também conta a história de Li Qing Yuen, que, segundo ele, representa o caso mais bem documentado de longevidade. Qing Yuen nasceu em 1678 e viveu até os 252 anos, casando-se 14 vezes. Como ele conseguiu isso? Consumindo bagas de *goji* diariamente!

Segundo os numerosos websites que cantam as glórias do suco de *goji*, Mindell precisou de anos de pesquisa para aperfeiçoar seu produto, que é evidentemente superior aos feitos por seus imitadores. Que tipo de pesquisa, exatamente? Será que Mindell vestiu um jaleco, como em suas fotografias promocionais, e trabalhou no laboratório? Organizou ensaios clínicos? Se o fez, não há registro deles na literatura científica publicada. Será que conduziu estudos caso-controle para ver se pessoas que consumiam o suco estavam protegidas contra doenças? Nenhum que eu tenha podido encontrar. Mas, é claro, esses refinamentos científicos não eram necessários, porque os sites e panfletos promocionais têm o cuidado de declarar que o produto não pretende tratar ou curar nenhuma doença.

Não é a primeira vez que ouvimos falar das propriedades miraculosas de um suco esotérico. Há o suco de *noni*, o suco de mangostão e, acredite ou não, até o suco de picles. As pretensões são geralmente as mesmas. Há sempre uma conversa fiada sobre a abundante concentração de vitaminas, a mistura perfeita de aminoácidos, minerais, antioxidantes e ingredientes especiais, que no caso do *goji* são "polissacarídeos que fortalecem o sistema imunológico". E há referências a estudos que geralmente são experimentos em tubos de ensaio que mostram alguma atividade fisiológica. É possível encontrar esses resultados para virtualmente qualquer fruta ou hortaliça em que possamos pensar. A questão é: há algum ensaio clínico humano que demonstre os benefícios afirmados? Uma verificação da literatura médica revela um estudo chinês em que o extrato de *goji* melhorou o resultado do tratamento com drogas quimioterapêuticas em pacientes com câncer. Isso dificilmente qualifica o suco como uma bebida milagrosa. Mas talvez ele seja útil em outras áreas. Afinal, muitos websites sobre *goji* citam um antigo provérbio chinês que adverte homens que viajam sem suas mulheres: "Aquele que se afasta 1.000 quilômetros de casa não deve comer *goji*!" Por quê? Porque, dizem os promotores, o *goji* sustenta muitos sistemas no organismo, inclusive aqueles que controlam o impulso sexual. Não sei nada sobre isso, mas há algo que o *goji* sustenta muito bem: Earl Mindell.

A moda da comida kosher

Os produtores sabem que rótulos que promovem um alimento como "natural", "orgânico", isento de colesterol ou com baixo teor de gorduras trans podem aumentar as vendas. A essas descrições vem se acrescentando, com crescente freqüência, a declaração de "kosher" – os negociantes tentam tirar proveito da impressão de que alimentos desse tipo são mais limpos e saudáveis que os demais. De fato, na América do Norte, cerca de cinco milhões de não-judeus já compram comida kosher, e o mercado aumenta cada vez que os jornais dão destaque a uma notícia sobre mal da vaca louca, mariscos colhidos em águas poluídas ou frangos infectados por *Salmonella*. Com certeza, acreditam os consumidores, quando se tem de "responder perante uma autoridade superior", como proclamam os anúncios fenomenalmente bem-sucedidos de salsichas da Hebrew National, deve-se produzir alimentos mais saudáveis, não é? Na realidade, comida kosher tem menos a ver com saúde para o corpo do que com saúde para o espírito.

Segundo uma crença comum mesmo entre muitos judeus, as leis dietéticas estabelecidas por Moisés, sendo inspiradas por uma "autoridade superior", destinavam-se a proteger as pessoas contra doenças. Antes de examinar essa possibilidade, precisamos conhecer um pouco melhor essas leis. Em primeiro lugar, vamos desfazer um mito. Não é a bênção de um rabino que torna uma comida kosher. Ela só merece esse título quando é preparada segundo normas estritas estabelecidas inicialmente no Antigo Testamento e detalhadas por gerações de estudiosos. Embora para adeptos rigorosos haja muitas nuances, a essência dessas normas é a seguinte: somente mamíferos que ruminam seus alimentos e têm cascos fendidos podem ser comidos. Assim, vacas e ovelhas são permitidas, enquanto porcos e coelhos são proibidos. Aves domésticas como frangos e patos são ótimos, assim como peixes com nadadeiras e escamas, mas insetos e frutos do mar são proibidos. A carne não pode ser consumida com laticínios, mas ovos, frutas, hortaliças e grãos podem ser consumidos com carne ou com laticínios. Os utensílios que entraram em contato com a carne não devem ser usados para laticínios e vice-versa. Os animais têm de ser mortos à mão e com uma faca muito afiada; todo o sangue deve ser extraído e a carcaça inspecionada para se excluir a possibilidade de doenças.

O argumento de que alimentos kosher são mais saudáveis dá ênfase, em geral, aos porcos. Esses animais chafurdam na lama, por vezes comem excrementos e podem abrigar os parasitas que causam triquinose. Por isso, afirmam alguns, Deus, através de Moisés, proibiu seu consumo. Na verdade, o gado bovino pode transmitir uma variedade ainda maior de organismos nocivos, como tênias, bactérias *E. coli* e o *Bacillus anthracis*. Frangos bicam excrementos e são comumente infectados com *Salmonella* ou *Campylobacter*, que podem causar doenças nos seres humanos. Não há razão para acreditar que carne de porco cozida é mais perigosa que qualquer outra carne. Mas não era fácil criar porcos no deserto aberto. Eles requerem sombra e, diferentemente do gado bovino ou dos carneiros, não podem viver de capim seco e arbustos ásperos. Precisam de um pouco de sementes ou tubérculos, alimentos que podem também ser comidos pelos homens. Essencialmente, porcos não teriam sido um investimento sensato para agricultores nos tempos bíblicos.

No que diz respeito à combinação de laticínios com carne, não há nenhuma evidência de que provoque problemas digestivos. Além disso, certamente não há nenhuma questão de saúde envolvida quando um bife é servido num prato usado anteriormente para queijo cottage. Por que então estudiosos, inclusive o grande Moisés Maimônides, sugeriram que "porco tem um efeito ruim e danoso sobre o corpo"? Certamente, mesmo no século XII, eles percebiam que os animais kosher podiam transmitir doenças tanto quanto os outros. Com toda a probabilidade, tais declarações eram feitas com base numa crença profunda de que Moisés e seu "conselheiro" não haviam estabelecido esses mandamentos por razões arbitrárias.

De fato, os mandamentos tinham um propósito, mas este tinha a ver com disciplina religiosa, não com saúde. As leis dietéticas judaicas destinavam-se a assegurar que mesmo atividades triviais como comer tivessem uma ligação espiritual. Sua observância enfatizava a constante presença de Deus e a necessidade de seguir seus mandamentos em todas as horas.

Isso significa que os milhões de pessoas que compram alimentos kosher estão desperdiçando seu dinheiro? Não necessariamente. Por exemplo, pessoas alérgicas a mariscos podem comer qualquer produto desse tipo com segurança. Um logotipo kosher que inclui o símbolo "D" indica a presença de laticínios, portanto a ausência dessa letra significa que o alimento é bom para quem precise evitar laticínios em razão de intolerância a lactose ou alergias. Frangos kosher podem ter menor quantidade de bactérias porque o processo de salgamento mata muitos micróbios, mas o cozimento adequado torna os frangos seguros de qualquer maneira. As aves kosher tendem a ser mais frescas e freqüentemente têm gosto melhor. Uma questão interessante surgiu recentemente em relação ao mal da vaca louca. O abate tradicional envolve golpear os animais na cabeça – um processo que, segundo alguns, pode espalhar tecido cerebral, juntamente com os príons que causam a doença, por toda a corrente sanguínea. Isso não acontece quando um açougueiro kosher, ou *shohet*, seciona a garganta do animal com um corte rápido.

"Kosher" não significa que os animais foram criados sem o uso de hormônios ou antibióticos, nem indica ausência de aditivos. Mas significa que alguns desses, como o corante vermelho carmim (derivado de uma espécie de inseto), não são usados. Significa também que um produto como Coca-Cola, rotulado como kosher, não pode conter nenhuma substância derivada de animais não-kosher. Assim, a glicerina, um dos componentes de sabor desse refrigerante, deve vir de uma fonte vegetal. Sobretudo, "kosher" não significa superioridade nutricional. A Hebrew National pode responder perante uma autoridade superior quanto ao modo de preparo de suas salsichas, mas elas continuam repletas de gordura e sal. Como com qualquer outra salsicha, se você comer muito poderá ter de discutir detalhes das leis dietéticas judaicas com a "autoridade superior" antes do que imagina.

As questionáveis propriedades salutares da DHEA

"Isso poderia ser desastroso!" Esse foi indubitavelmente o sentimento que reverberou através dos escritórios do Council for Responsible Nutrition depois da publicação de um estudo sobre a dehidroepiandrosterona (DHEA) e o envelhecimento no *New England Journal of Medicine* em 2006. O conselho é um grupo de lobby patrocinado pela indústria de suplementos alimentares, e a DHEA foi um dos favoritos do setor, rendendo milhões de dólares em vendas anualmente. Não surpreende, portanto, que promotores tenham conseguido pintar sua imagem como um hormônio que seria a "fonte da juventude".

O interesse pela DHEA foi originalmente gerado com a descoberta de que a produção dessa substância no corpo atinge seu pico quando estamos na casa dos 20 anos, e depois diminui gradualmente. Quando chegamos aos 70, a DHEA que circula em nosso organismo é somente 1/5 da que circulava em nossa juventude. Diante disso, seria possível obter algum efeito antienvelhecimento retardando esse declínio? Essa era sem dúvida uma pergunta sensata a fazer, especialmente quando sabemos que a DHEA está envolvida na produção dos hormônios sexuais tanto masculinos quanto femininos, e estes certamente têm importantes funções no organismo. A DHEA é feita a partir de colesterol nas glândulas adrenais e serve como um precursor de estrógenos e da testosterona. Embora ela própria seja freqüentemente chamada de hormônio, não corresponde exatamente a essa definição. Hormônios são mensageiros químicos que desencadeiam algum tipo de atividade fisiológica no organismo num local distante daquele em que foram sintetizados. Nunca se demonstrou que isso ocorre com DHEA. Mas isso não impede que ela esteja envolvida no processo de envelhecimento. A esperança, inicialmente, era que experimentos com animais elucidassem a situação.

Os primeiros ensaios com roedores foram animadores. De fato, os efeitos pareciam quase miraculosos. Ratos e camundongos que recebiam o suplemento mostravam declínio na obesidade, melhora na função imunológica e menor risco de doença cardíaca e câncer. Mas a relevância desses efeitos para seres humanos foi questionável desde o início, porque os roedores não produzem quase nenhuma DHEA, o que significa que as doses ministradas eram muito maiores que a quantidade naturalmente circulante. Ainda assim, os dados obtidos foram interessantes o bastante para estimular pesquisas com seres humanos. Houve entusiasmo quando a dra. Elizabeth Barrett-Connor, da Universidade da Califórnia, descobriu que homens com níveis altos de DHEA tinham menor probabilidade de morrer de doença cardíaca. E os fabricantes de suplementos ficaram extremamente empolgados quando o dr. Samuel Yen, da mesma universidade, realizou um ensaio controlado por placebo durante três meses em oito homens e oito mulheres com idade entre 50 e 65 anos e constatou algumas mudanças positivas na função imunológica e uma maior sensação de "bem-estar" no grupo DHEA.

Isso foi o bastante para acionar a maquinaria publicitária, e logo suplementos de DHEA apareceram nas lojas de alimentos naturais, apesar dos protestos tanto de Barrett-Connor quanto de Yen de que seu trabalho era preliminar, e de que havia incógnitas demais em torno da substância para recomendar seu uso. O dr. Richard Weindruch, do Medical College of Virginia, cujos estudos sobre a longevidade de camundongos eram citados com destaque na literatura promocional da DHEA, entrou na briga e explicou que seu trabalho havia sido tomado fora de contexto e que seus camundongos na verdade não tinham vivido mais. Grande parte da propaganda sensacionalista centrava-se na suposta capacidade da DHEA de causar perda de peso. Isso não agradou à Food and Drug Administrarion, pois tal afirmação fazia da DHEA um novo medicamento, não aprovado. Fizeram-se advertências para que a substância fosse retirada do mercado. Mas ela reemergiu com mais pretensões do que nunca depois da aprovação, em 1994, do Ato de Saúde e Educação dos Suplementos Alimentares, que curiosamente permitiu que ela fosse classificada não como medicamento, mas como suplemento alimentar. Por quê? Porque ela ocorre naturalmente na carne; portanto, é um "alimento". O Canadá tem uma abordagem mais sensata e não permite a venda de DHEA, sustentando, corretamente, que as alegações em seu favor não são nutricionais, mas farmacológicas. Não há dúvida, contudo, que muitos canadenses, seduzidos pela propaganda do "super-hormônio" rejuvenescedor, compram-no fora do país por reembolso postal.

Os anúncios da DHEA são em geral habilmente redigidos e referem-se a estudos, mas não dão o quadro completo. Não se faz nenhuma menção à curta duração e ao pequeno número de sujeitos nos ensaios, ou aos efeitos colaterais potenciais da alteração dos níveis hormonais no corpo. Agora talvez o estudo de pesquisadores da Mayo Clinic publicado no *New England Journal of Medicine* detenha o carro desenfreado da DHEA. Esse ensaio de dois anos, controlado por placebo, é o melhor e mais longo já realizado sobre o suplemento. Na verdade, ele não examinou todos os efeitos atribuídos à DHEA. A libido não foi investigada, e outras possibilidades, como benefícios em doenças como lúpus, terão de esperar por outros estudos.

Diferentemente de ensaios anteriores, porém, a investigação da Mayo Clinic não se limitou a apenas um punhado de sujeitos: 87 homens e 57 mulheres, todos idosos, foram envolvidos. Os resultados? Uma dose diária de 75 miligramas de DHEA aumentou os níveis sanguíneos da substância como esperado, mas não teve nenhum efeito sobre consumo de oxigênio, sensibilidade à insulina, força muscular ou composição corporal, todos marcadores aceitos do envelhecimento. Um ligeiro efeito sobre a densidade mineral óssea foi notado, mas, segundo os pesquisadores, ele foi mínimo e inconstante. De todo modo, esse efeito empalidece em comparação ao que pode ser conseguido com outras medicações.

Os resultados não foram o que a indústria dos suplementos alimentares esperava. Assim, os marqueteiros do Council for Responsible Nutrition puseram mãos à obra. "Esse é o mais longo ensaio sobre suplementação em seres humanos a confirmar a segurança de doses relativamente altas de DHEA tanto em homens quanto em mulheres", proclamou triunfantemente um release para a imprensa. Basicamente, a mensagem era: você pode continuar tomando DHEA porque um excelente estudo mostrou que ela é segura! Nenhuma menção ao fato de que o "excelente estudo" constatou que a substância é inútil. Lamentavelmente, esse tipo de interpretação deturpada dos fatos em proveito próprio é lugar-comum hoje em dia, em geral de ambos os lados de uma questão científica.

Disparate alcalino

Se você quer se proteger contra o câncer, basta comer direito. Certamente já ouvimos esse conselho antes. Mas o que significa comer direito? Segundo alguns profissionais alternativos, a única coisa que precisamos fazer é consumir uma dieta "alcalina", para assegurar que nosso organismo se mantenha num estado "alcalino" em vez de "ácido". Isso soa sedutoramente simples. Quando uma célula se torna cancerosa, afirmam os defensores dessa teoria, ela reduz seu uso de oxigênio e intensifica a produção de ácidos. Essas condições permitem então às células cancerosas multiplicarem-se rapidamente. O que podemos fazer para impedir que isso aconteça? Assegurar que as células recebam um suprimento adequado de oxigênio e que os ácidos produzidos sejam neutralizados! Como? Introduzindo fontes de oxigênio como peróxido de hidrogênio no organismo e consumindo alimentos "alcalinos". Se o câncer já tiver se instalado, pode ser necessário tomar césio, "o mais alcalino mineral nutricional". Tão simples – e tão errado!

Como tantas vezes acontece, promotores de terapias absurdas apoderam-se de alguns filamentos de fato científico e os tecem num emaranhado que captura os desesperados e os cientificamente confusos. Neste caso, isso começa com o trabalho do médico alemão Otto Warburg, que recebeu o prêmio Nobel de medicina em 1931 por seu trabalho sobre o metabolismo celular. Warburg mostrou que o crescimento de células malignas requer quantidades acentuadamente menores de oxigênio que o de células normais, e seu metabolismo segue uma via anaeróbica (isto é, não requer oxigênio) que leva à produção de ácido láctico. Essa noção foi deixada de lado até os anos 1980, quando o dr. Keith Brewer, um físico sem formação médica, usou-a para embasar sua desconcertante teoria sobre como potássio e cálcio controlam o transporte de glicose e oxigênio para as células e como a irritação da membrana destas interfere com esse sistema de transporte. O resultado, sustentou Brewer, é o "efeito Warburg", que aumenta a acidez de uma célula (baixa seu pH), reduz seu suprimento de oxigênio e causa mudanças no DNA características do câncer. Indo adiante, ele afirmou que a semelhança química do césio com o potássio lhe permite ser rapidamente absorvido pelas células, mas que, diferentemente do potássio, ele não transporta glicose para elas ao mesmo tempo em que deixa o oxigênio entrar. O resultado é que as células cancerosas são enriquecidas de oxigênio, privadas de glicose, formam menos ácido láctico, tornam-se mais alcalinas e, em conseqüência, morrem. Soa bem, mas Brewer compreendeu o "efeito Warburg" de maneira completamente equivocada. As células cancerosas passam de fato para um modo de metabolismo que não usa oxigênio, mas isso acontece mesmo na presença dessa substância.

Brewer continuou a defender seu argumento, afirmando que o câncer é quase desconhecido entre os índios hopi do Arizona, os índios do altiplano peruano e os hunza do norte do Paquistão. Por quê? Porque, em razão da presença de césio no solo local, eles têm uma dieta com "pH elevado". Se esses povos realmente têm baixas taxas de câncer é questionável e, mesmo que esse fosse o caso, isso não poderia ser atribuído ao césio na dieta sem maior investigação. Mas depois, para piorar as coisas, Brewer publicou um artigo com a seguinte afirmação: "Foram desenvolvidos testes com 30 seres humanos e em todos os casos as massas tumorais desapareceram. Além disso, todas as dores e efeitos associados ao câncer desapareceram no período de 12 a 36 horas; quanto mais quimioterapia e morfina o paciente tivesse recebido, mais tempo demorava a reversão." Não só ele descobrira a cura do câncer que escapara aos milhares de médicos e cientistas que desenvolvem pesquisas sobre a doença no mundo todo como demonstrara também que a quimioterapia era na verdade perniciosa.

Quem eram esses pacientes miraculosamente curados e quem os havia tratado? Brewer menciona o dr. Hellfried Sartori (também conhecido como prof. Abdul-Haqq Sartori), que havia realizado essa incrível façanha na região de Washington, DC. Trata-se do mesmo dr. Sartori que em julho de 2006 foi preso na Tailândia e acusado de fraude e exercício ilegal da medicina. Ele cobrava até 50 mil dólares de pacientes desesperados por "curas do câncer" que incluíam injeções de cloreto de césio. O bom médico, que costumava assegurar que podia curar qualquer doença, tem uma história bastante ilustre. Conhecido nos Estados Unidos como o famigerado "dr. Ozônio", ele passou cinco anos preso na Virgínia e nove meses em Nova York por enganar pacientes com terapias não aprovadas – como injeções de cloreto de césio, lavagens intestinais com café e jatos de ozônio. Como nem é preciso dizer, não há nenhum registro dos pacientes que Sartori teria, segundo Brewer, curado de câncer. A polícia australiana está investigando agora a morte de seis pessoas em clínicas após receberem injeções intravenosas de cloreto de césio seguindo o protocolo de Sartori.

Elevar o pH de uma célula com cloreto de césio não faz nenhum sentido, cientificamente, mas não é isso que exclui a possível eficácia do tratamento – é a falta de evidências de que o faça. Não há ensaios controlados mostrando o câncer sendo curado com ozônio ou césio, mas há evidências de que cloreto de césio pode causar arritmia cardíaca e morte. Certamente é improvável que isso aconteça com as doses orais que estão sendo promovidas por numerosos profissionais alternativos para elevar o pH do organismo, mas a idéia de que a substância pode neutralizar ácidos em células é puro disparate.

Sim, o césio é um metal alcalino. Jogar um pedaço dele na água produz de fato uma solução alcalina. Mas cloreto de césio não é a mesma coisa que césio metálico; o primeiro é um sal neutro. De todo modo, o pH do sangue não pode ser alterado por ingestão de cloreto de césio ou de qualquer alimento. A química do sangue humano é uma solução maravilhosamente tamponada, o que significa que resiste a qualquer mudança na acidez. Não importa o que comemos ou bebemos, nosso sangue contém substâncias que podem atuar como ácidos ou bases para manter nosso pH a 7,4. O único fluido corporal que responde à dieta em termos de pH é a urina. Pães, cereais, ovos e carne vermelha, de peixe ou de ave podem tornar a urina mais ácida, enquanto a maioria das frutas e hortaliças, mas não todas, a tornam mais alcalina. A dieta rica em frutas e hortaliças e com pouca carne bovina pode de fato reduzir o risco de câncer, mas isso não tem absolutamente nada a ver com mudar o pH de células cancerosas. A idéia de uma dieta "alcalina" para prevenir ou tratar câncer pode soar sedutoramente simples, mas na realidade é apenas simplória.

Perder peso com chá verde?

Os produtores de refrigerantes estão num dilema. Seu produto é objeto de crescente escrutínio nutricional, e não vem se saindo muito bem. As escolas estão proibindo sua venda e o público vem se tornando cada vez mais reticente em consumir bebidas cheias de açúcar e "calorias vazias". Substituir o açúcar por adoçantes artificiais não parece ser a solução para os problemas de marketing, sobretudo por causa da percepção comum (geralmente injustificada) de que essas substâncias estão imersas em questões de segurança não resolvidas. Assim, se calorias vazias ou zero caloria não impulsionam as vendas, que tal "calorias negativas"? Uma bebida que faz com que sejam queimadas mais calorias do que ela fornece certamente parece atraente. E a Coca-Cola Company afirma ter descoberto um produto exatamente assim: a Engiva, sua nova bebida baseada no chá verde.

De acordo com a dra. Rhona Applebaum, cientista-chefe da Coca-Cola, "Engiva aumenta a queima de calorias e representa a parceria perfeita da ciência com a natureza". Vamos examinar essa "parceria perfeita". Primeiro, calorias não podem ser "queimadas": elas não são coisas, são uma unidade de medida. Trocando em miúdos, uma caloria alimentar é a quantidade de calor necessária para elevar a temperatura de 1 quilo de água em 1 grau Celsius. De onde, então, a expressão "queimar calorias" se origina? Quando uma substância se queima, ela libera calor. Se dizemos que um pedaço de torta contém, digamos, 300 calorias, então sua combustão numa câmara fechada, chamada calorímetro, produzirá energia suficiente para aquecer 300 gramas de água em 1 grau.

Nosso corpo também pode "queimar" esse pedaço de torta, o que significa que energia equivalente a 300 calorias é liberada à medida que uma série de reações químicas decompõem, ou metabolizam, as gorduras, os carboidratos e as proteínas da torta. Os produtos dessas reações são finalmente exalados em nossa respiração ou excretados na urina e nas fezes, enquanto a energia produzida é usada para manter a temperatura do corpo e garantir o funcionamento adequado de órgãos e músculos. Se não "gastamos" todas as calorias que estão potencialmente disponíveis, o corpo não tem necessidade de "queimar" completamente os componentes do alimento, e as sobras são armazenadas. O resultado é ganho de peso. Se praticamos atividades físicas, os suprimentos armazenados podem ser exigidos para que ocorram as reações necessárias à produção da energia requerida, e há perda de peso. Obviamente, portanto, para se perder peso é preciso gastar mais calorias do que as fornecidas pelo alimento ingerido.

Três porções de Engiva (uma porção equivale a 330 mililitros) contêm apenas 15 calorias, mas, segundo a Coca-Cola, a bebida estimula o metabolismo a produzir 60 a 100 calorias adicionais por dia. Essas calorias, emitidas na forma de calor, são produzidas quando nutrientes armazenados se convertem em substâncias que são liberadas do corpo. A implicação é que tomar três porções de Engiva por dia levará a perda de peso, embora a companhia tenha o cuidado de não fazer essa afirmação. Ela espera, é claro, que a perspectiva de uma perda de peso fácil faça o produto sumir das prateleiras.

Convém examinar agora a ciência por trás da publicidade. Tudo começou em 1999, quando pesquisadores da Universidade de Genebra fizeram uma interessante observação a respeito da inibição de uma enzima, a catecol O-metiltransferase, por catequina, compostos encontrados no chá verde. Essa enzima degrada o neurotransmissor norepinefrina, que estimula a oxidação da gordura e a produção de calor (termogênese). Se a decomposição de norepinefrina for restringida, raciocinaram eles, a termogênese deveria ser aumentada, levando potencialmente a perda de peso. Essa dedução parecia casar com a observação de que os asiáticos, grandes consumidores de chá verde, raramente são gordos. Então por que não tentar dar catequina de chá verde a voluntários numa dosagem aproximadamente comparável à que os asiáticos consomem, e depois monitorar o gasto de energia?

A técnica-padrão é pôr sujeitos numa câmara respiratória – uma sala completamente vedada em que o ar inspirado e expirado é monitorado para a detecção dos níveis de dióxido de carbono e oxigênio. A "combustão" de nutrientes no organismo requer oxigênio e produz dióxido de carbono e energia (calorias). Como a quantidade de energia produzida em relação ao oxigênio inalado e ao dióxido de carbono liberado é conhecida, é possível determinar o gasto total de energia ao longo de um período de 24 horas. Quando esse experimento foi realizado com dez voluntários do sexo masculino que receberam todos os dias cápsulas contendo 375 miligramas de catequina de chá verde, seu gasto de energia aumentou em cerca de 80 calorias. Não muito impressionante, mas, ainda assim, cientificamente significativo e suficiente para estimular outros ensaios. E é um desses estudos que a Coca-Cola usa para promover a Engiva. Quinze homens e 16 mulheres consumiram três vezes ao dia uma bebida protótipo contendo um total de 540 miligramas de catequina e 300 miligramas de cafeína, que também sabidamente aumenta o metabolismo. O gasto de energia aumentou em cerca de 100 calorias por dia sem nenhuma mudança na pulsação ou na pressão sanguínea, o que foi animador. Como o período de teste foi de apenas três dias, nenhuma perda de peso foi notada. Esse estudo foi muito pequeno e ainda não publicado na literatura científica, o que é um tanto curioso em face das dimensões da campanha de marketing do produto.

Em 2005, um estudo duplo-cego japonês mostrou alguma perda de peso com extrato de chá verde. Metade dos 38 empregados da Kao Corporation tomou a bebida acrescida de 690 miligramas de catequina por dia no jantar, enquanto a outra tomou chá acrescido de apenas 22 miligramas de catequina. Todos os homens foram submetidos a uma dieta com 10% menos calorias que o necessário para manter o peso. Ao longo de três meses, os consumidores de catequina perderam 1,1 quilo mais do que aqueles que tomaram chá convencional. Interessante. Agora adivinhe o que a Kao Corporation produz? Chá verde fortificado com catequina! No Japão, a companhia foi inclusive autorizada a declarar nos rótulos: "Em razão de seu alto teor de catequina, este chá verde é adequado para pessoas preocupadas com gordura corporal." Mas se você estiver realmente preocupado com gordura corporal, coma menos e faça mais exercícios. Vale a pena matar sua sede com Engiva depois do esforço? Pode uma bebida com apenas 90 miligramas de catequina por porção resultar em alguma perda de peso apreciável? Pouco provável.

O mito da dieta "detox"

Nenhum trigo, nenhuma carne, nenhum laticínio, nenhuma cafeína, nenhum açúcar, nenhum sal, nenhum alimento processado. Profusão de frutas e hortaliças, massa sem trigo, arroz integral, castanhas, sementes, feijões, lentilhas, tofu, suco de limão e litros de água. Como você chamaria essa dieta? "*Detox*", ou "desintoxicação", dizem os adeptos dos modismos alimentares. "Bizarro", dizem pesquisadores sérios da nutrição. Os defensores do *detox* afirmam que nosso estilo de vida moderno inunda o organismo com toxinas, embora sua definição para esse termo seja um tanto confusa. Parece que o que a maioria tem em mente são resíduos de pesticidas, aditivos alimentares (apesar das rigorosas regulamentações que governam essas substâncias) e poluentes ambientais, como PCBs, dioxinas, plastificantes e mercúrio. Mas açúcar, sal, carne e laticínios também são jogados no bolo como substâncias tóxicas. Todas essas toxinas, afirmam eles, acumulam-se em nossos tecidos e conspiram para causar ganho de peso, dores de cabeça, fadiga, imunidade diminuída e pele sem brilho. Estamos condenados, a menos que eliminemos periodicamente essas toxinas de nosso organismo. E a maneira de fazer isso é através de uma dieta *detox*.

Mas onde estão as evidências? Teria alguém realizado estudos para mostrar que aparecem "toxinas" na urina, nas fezes ou no suor após uma dieta *detox*? Não consigo encontrar nenhum dado desse tipo. O fato é que nosso corpo está o tempo todo empenhado em desintoxicação. O fígado e os rins são muito competentes na remoção de intrusos, sejam sintéticos ou naturais. Poderia talvez uma dieta *detox* aumentar a eficiência desses órgãos? Afinal, há quem afirme sentir-se melhor depois de um regime desse tipo. Assim, farejando uma reportagem potencialmente sensacional, a BBC decidiu submeter a dieta a um teste. Os produtores de *The Truth About Food* acompanharam dez mulheres com idades entre 19 e 33 anos que haviam participado de um festival de rock e eram candidatas óbvias a um experimento sobre desintoxicação.

Cinco das mulheres foram submetidas a uma dieta *detox* clássica, enquanto as outras seguiram uma dieta saudável regular. Depois, todos os sujeitos sacrificaram um pouco de seus fluidos corporais em prol da pesquisa científica. Os níveis de creatina foram medidos na urina para monitorar a função renal, e o sangue foi testado para enzimas do fígado a fim de determinar o estado de saúde do órgão. O sangue foi também testado para as vitaminas C e E, indicativas do potencial antioxidante, bem como para alumínio, muitas vezes apontado como uma toxina significativa pelos proponentes da dieta *detox*. Nenhuma diferença relevante foi observada entre os grupos. Não houve nenhuma desintoxicação visível. Como se explica então que algumas pessoas afirmem sentir-se rejuvenescidas depois de uma limpeza dessas? Cafeína e álcool podem causar dores de cabeça, portanto sua eliminação talvez funcione. O consumo de menos alimento pode abrandar inchaços, e, paradoxalmente, a quase inanição pode desencadear aumento da energia e até sensações de euforia. Este é provavelmente um vestígio evolucionário dos tempos em que pessoas famintas tinham de mobilizar um último vestígio de energia na tentativa de encontrar alimento.

Mesmo que dietas *detox* resultem numa sensação de maior bem-estar, seu conceito é falho. A mensagem é que nosso corpo perdoará nossos pecados alimentares se passarmos periodicamente por uma limpeza. Não é disso que trata a nutrição bem fundamentada. O foco deveria estar em comer de maneira saudável o tempo todo, não em fazer uma alteração drástica quando surge um problema. Mas essa idéia não é nem de longe tão vendável quanto promessas de saúde milagrosamente restaurada mediante uma breve mudança na alimentação. A dramática história contada pelo anestesista Anthony Sattilaro em seu best-seller *Recalled by Life* é um bom exemplo.

O dr. Sattilaro recebeu um diagnóstico de câncer generalizado no final dos anos 1970. Por pura sorte, ele deu carona a um rapaz que havia acabado de se formar numa escola de culinária natural. O jovem formando disse ao médico que ele não precisava morrer, que não era tão difícil curar o câncer. E assim começou o mergulho de Sattilaro no mundo da macrobiótica. Pessoas desesperadas fazem coisas desesperadas. Desse modo, foram eliminados a carne, os laticínios, as frutas, óleo e ovos, e foram introduzidos arroz integral, hortaliças cozidas, alga marinha preta, sopa de *miso* e picles de ameixa.

Quase instantaneamente, a dor que vinha sendo controlada com drogas pesadas desapareceu, e em três anos, aparentemente, também o câncer. *Recalled by Life* tornou-se um best-seller e lançou numerosos pacientes de câncer na via promissora da macrobiótica. Como nem é preciso dizer, os que seguiram as pegadas de Sattilaro sem experimentar qualquer reversão na sua sorte não escreveram livros sobre suas experiências. Lamentavelmente, o câncer de Sattilaro retornou, e dessa vez nenhuma dieta foi capaz de salvá-lo. Terá sido a macrobiótica "desintoxicante" a responsável pela reviravolta original? Não há como saber. Sattilaro havia também sofrido cirurgias para remover os testículos, a próstata e uma costela, e recebera terapia com base em estrógenos.

Ele não foi o primeiro, nem seria o último, a afirmar ter encontrado o segredo da restauração da saúde mediante a desintoxicação do corpo. Na década de 1950, Adolphus Hohensee exortara as pessoas a inserir um dente de alho no reto todas as noites para livrar o corpo de toxinas, e sugeria que o cheiro de alho no hálito matinal era prova de que as substâncias químicas desintoxicantes haviam operado através do corpo. Na década de 1970, Duck Pearson e Sandy Shaw, "destacados especialistas independentes na pesquisa antienvelhecimento e na bioquímica cerebral", em seu best-seller *Life Extension*, incentivaram-nos a consumir cerca de 30 suplementos alimentares por dia. David Steinman apareceu na década de 1980 com seu *Diet for a Poisoned Planet*, recomendando megadoses de niacina para combater os pretensos efeitos de pesticidas e produtos químicos industriais em nossos alimentos.

A década de 1980 nos trouxe também *Fit for Life*, de Harvey e Marilyn Diamond, que afirmavam que não comer amidos e proteínas juntos era um passo importante rumo à desintoxicação. A primeira década deste século nos apresentou às idéias do naturopata Peter D'Adamo sobre *Eating Right for Your Blood Type*. Mulheres com sangue tipo A e histórico de câncer de mama podem se beneficiar do consumo de lesmas, sugere ele. Alex Jamieson, em *Great American Detox Diet* (ela é a namorada que restaurou a saúde de Morgan Spurlock depois de ele ter ficado enorme comendo exclusivamente no McDonald's durante um mês), nos faz lembrar as aulas de arte em que fazíamos papel machê com farinha de trigo e água. Uma substância pegajosa exatamente igual se forma em nosso organismo quando comemos pão branco, afirma ela. Nada de pão branco para Alex, mas sim enormes quantidades de vegetais marinhos, que têm a capacidade de limpar o organismo. Delicioso. Posso apenas desejar que o próximo esquema *detox* a emergir seja mais palatável, tanto para a mente quanto para o corpo.

Em quem acreditar?

"O pior tipo de ignorância refere-se às coisas de que temos certeza e que simplesmente não são assim." Não sei ao certo o que Mark Twain tinha em mente nos idos do século XIX, mas hoje esse inteligente dito poderia se aplicar a algumas das "informações" nutricionais que vêm sendo disseminadas. Como distinguir o que faz sentido de todo o disparate que há por aí? Considerando-se que em sua maior parte as questões científicas não são preto ou branco, mas vários tons de cinza, não pode haver uma resposta simples para essa pergunta. Ninguém tem o monopólio da verdade. Ainda assim, a melhor aposta é formular nossas opiniões com base em consenso derivado da literatura científica revista por pares, tal como a publicada em revistas bem conceituadas. Infelizmente, quando se trata de transmitir informação ao público, os cientistas tendem a recitar dados calmamente – e, muitas vezes, de forma enfadonha –, enquanto os ativistas berram sobre suas plataformas improvisadas. Mas repetição de dogmas e explosões emocionais não deveriam ser confundidas com ciência. Pode ser proveitoso examinar um exemplo específico.

Adoçantes artificiais como o aspartame e a sucralose, como vimos, são controversos. Seus adversários gostariam de nos fazer acreditar que devem ser evitados. Seus defensores sustentam que, quando devidamente usados, podem ser úteis para diabéticos, bem como para pessoas que pretendem reduzir seu consumo calórico.

Quem participa então dessa batalha? De um lado, temos a Food and Drug Administration, o Health Canada e as agências reguladoras de cerca de 80 países espalhadas pelo mundo. Seu pessoal é uma seleção de PhDs e doutores em medicina especializados em química, biologia, toxicologia, fisiologia e epidemiologia. Do outro lado temos uma mistura eclética de personalidades. Aqui estão algumas das pessoas que dominam a cruzada antiadoçantes: dra. Janet Starr Hull, dra. Betty Martini, dra. James Bowen e dr. Joseph Mercola. Vamos conhecê-los.

A dra. Hull realizou seu doutorado em nutrição no Clayton College of Natural Health, uma escola por correspondência não credenciada. Ela oferece cursos em desintoxicação e terapia, iridologia, homeopatia e campos energéticos humanos. Convenientemente, a instituição vende produtos terapêuticos on-line. Não apenas os alunos, mas qualquer pessoa pode comprar uma variedade de suplementos homeopáticos e herbáceos, e até se abastecer de suplementos para seus animais de estimação. A faculdade oferece de fato um curso de química básica (e ela provavelmente fez algumas cadeiras dessa disciplina enquanto estudava para obter o diploma em ciência ambiental), mas a dra. Hull não mostra nenhuma evidência de conhecer o assunto quando faz declarações como "Splenda é 1/4 de açúcar e 3/4 de substâncias químicas", ou "o cloro encontrado na natureza é diferente do cloro feito pelo homem e adulterado". Hull explica também que para que o cloro volátil fique "preso", fabricantes de sucralose recorrem a acetona, benzeno, formaldeído e metanol, todos os quais são "usados" na gasolina e no petróleo. Que cacofonia de disparates!

Hull está tentando sugerir que a sucralose é tóxica porque contém uma "substância química mortífera", o cloro. Sim, sucralose contém cloro; de fato, cada molécula tem três átomos dele. Mas eles estão ligados à estrutura de uma molécula de açúcar e não têm absolutamente nada a ver com gás cloro. Portanto, Hull está redondamente enganada quando diz que para compreender os problemas de saúde "causados" pela sucralose "devemos procurar sintomas de envenenamento por cloro". Nenhum gás cloro é liberado da sucralose; na verdade, cerca de 85% de uma dose não são absorvidos em absoluto pelo corpo. O resto é decomposto em componentes mais simples, mas não há nenhuma descloração e nenhum cloro é retido no organismo.

A dra. Betty Martini, cuja missão é livrar o mundo de substâncias deletérias como aspartame e sucralose, também trata da questão do cloro. Parece que ela sabe mais química que o fabricante de sucralose, pois opina numa carta à companhia: "Se o senhor não compreende os perigos do cloro, precisa renunciar à condição de fabricante ou começar a chamar seu produto de DDT-Lite. O senhor pensa que o público consumidor é estúpido a ponto de não compreender que sucralose é um clorocarbono venenoso?" Martini chega a se oferecer para enviar sua documentação sobre os efeitos adversos da substância aos executivos e pesquisadores da companhia em braille, uma vez que eles devem ser cegos, incapazes que são de ler as evidências sobre os efeitos de produtos clorados como o DDT. Sim, o DDT é um composto clorado, mas isso não tem *absolutamente nada* a ver com sucralose. A toxicidade é determinada pela estrutura tridimensional exata de uma molécula, não pelos átomos de que ela se compõe.

A dra. Martini tenta respaldar suas idéias com referências ao trabalho de outros. Repetidamente, ela traz à baila o estudo do dr. James Bowen, descrito como um eminente "médico, pesquisador e bioquímico". Não há nenhum registro de que esse pesquisador tenha publicado alguma coisa na literatura científica, mas ele "pesquisou adoçantes durante 20 anos após descobrir que desenvolvera a doença de Lou Gehrig em conseqüência de envenenamento por aspartame". Ele considera o cloro um "cão de guarda da natureza, um elemento atômico feroz usado como biocida, como um gás venenoso na Primeira Guerra Mundial e como um reagente para fazer ácido hidroclórico". Nada disso tem a ver com sucralose, mas o dr. Bowen revela mais que ignorância química. Parece que substâncias como aspartame e sucralose estão sendo despejadas sobre o público americano para efetuar "controle mental". Quem está por trás disso? Segundo Bowen, sionistas. "Eles vêem como seu dever patriótico para com o sionismo e Israel assegurar que sucumbamos ao aspartame! Maçons e satanistas fizeram igualmente todo o possível para destruir a mim e ao meu ministério." Continuando, Bowen vocifera que o "marketing do aspartame por [Donald] Rumsfeld (antigo presidente da companhia que vendia o adoçante) era um crime organizado, protegido por sionistas, pelo Mossad, a B'nai B'rith, a maçonaria e outras organizações satânicas". Ele também sustenta que o afundamento do *Titanic* foi fruto de um complô para matar cristãos influentes e que as Torres Gêmeas vieram abaixo por força de explosivos numa engenhosa trama de satanistas como o presidente Bush.

Bowen é mencionado ainda como uma autoridade em toxicidade pelo osteopata dr. Joseph Mercola, que mantém um popular website sobre saúde e vende uma variedade de suplementos. Verdade seja dita, duvido que Mercola esteja ciente do anti-semitismo tóxico de Bowen, e quero crer que eliminaria qualquer referência a esse indivíduo perturbado após fazer uma pequena verificação. Mercola baseia seus argumentos anti-sucralose em relatos anedóticos não documentados, no batido argumento de que a substância, assim como os PCBs, contém cloro, e na alegação de que os estudos usados para provar a segurança do adoçante foram inadequados. A mensagem é que todo composto clorado é mau. (Imagine se ele tivesse algum dia ouvido falar da vancomicina, um antibiótico que contém cloro.) Mas, afinal de contas, a osteopatia talvez não seja a preparação mais apropriada para uma análise de estudos científicos complexos. Ou, a bem dizer, de conceitos nutricionais. Recentemente, Mercola recebeu duas cartas da FDA admoestando-o a parar de fazer afirmações ilegais sobre a capacidade de seus suplementos de curar ou mitigar doenças. Em resposta, ele mudou o fraseado das afirmações para se ater à letra da lei.

Não sou um grande fã de adoçantes artificiais, principalmente porque eles desviam o foco da promoção de um estilo saudável global. Eles não são a resposta para nosso problema de obesidade. E em casos raros podem, como qualquer substância, ter efeitos adversos sobre a saúde. Mas quando se trata de avaliar sua razão risco–benefício total, em quem você prefere acreditar: na literatura científica revista por pares ou nas diferentes lengalengas dos drs. Hull, Martini, Bowen e Mercola?

Conclusão: Há como escapar da confusão?

Ufa! É muita coisa para digerir, não é? Em que pé ficamos depois de todas essas ruminações sobre alimentos? Parece que, com a pletora de estudos científicos que vêm sendo desenvolvidos atualmente, é possível encontrar evidências para apoiar praticamente qualquer ponto de vista. Mas devemos ter sempre o cuidado de não dar demasiada ênfase a estudos isolados; eles raramente produzem saltos gigantescos na ciência. A verdade pouco romântica é que a ciência avança com dificuldade, numa série de pequenos passos, na esperança de finalmente produzir um consenso de opiniões abalizadas. No caso da nutrição, isso mais ou menos aconteceu. E o consenso está muito claro. Coma frutas, bagas e hortaliças em quantidade, se possível oito a dez porções por dia. Lave-as bem e não se preocupe muito em saber se foram cultivadas organicamente ou da maneira convencional. Procure variedade: quanto mais colorido, melhor. Coma peixe umas duas vezes por semana, ficando atento ao fato de que mulheres em idade de engravidar e crianças pequenas precisam limitar o consumo de espécies como peixe-espada e atum fresco ou congelado, que têm sabidamente alto teor de mercúrio. Carne vermelha deveria ser um prazer ocasional; carne de aves é melhor. Em qualquer dos casos, elas deveriam cobrir um pequeno pedaço do prato, o resto ficando repleto de hortaliças, arroz integral ou massa integral. Comece a maioria dos dias com aveia, linhaça e bagas. Não é preciso ter medo de ovos: é improvável que mesmo cinco por semana tenham qualquer efeito sobre o colesterol sanguíneo. Minimize os alimentos processados, particularmente os que contêm muito sal e gordura hidrogenada. Laticínios com baixo teor de gordura são uma excelente fonte de cálcio e deveriam ser incluídos na dieta. Os refrigerantes não têm nenhum valor nutricional que os redima. Chá verde é uma excelente bebida, embora haja poucos problemas com o café, se consumido com moderação. Castanhas são um ótimo lanche. Use óleo de canola ou azeite de oliva, mas evite frituras e churrascos freqüentes. Chocolate escuro é uma sobremesa melhor que bolo de chocolate. Uma bebida alcoólica por dia é ótimo. Não é preciso dizer que o consumo total de calorias deve ser contrabalançado com gasto de energia. E lembre-se de que não há alimentos ou bebidas "milagrosos" por aí.

Não é assim tão complicado, é? Mas outros fatos entram em jogo. As papilas gustativas da maioria das pessoas votariam por hambúrguer de carne em vez de vegetariano, por batatas fritas em vez de lentilhas, por queijo brie em vez de queijo cottage com baixo teor de gordura, e por uma tortinha de maçã em vez da maçã em si. E se ocasionalmente você se sentir inclinado a satisfazer suas papilas gustativas, vá em frente. Afinal de contas, como eu disse antes, a vida não é apenas preocupação com cada bocado de comida que pomos na boca. O que importa é o conjunto da dieta. É possível comer maçãs todos os dias e ainda assim ter uma dieta nutricionalmente terrível, assim como é possível comer uma rosquinha de vez em quando mantendo uma boa dieta.

Exatamente o que constitui uma boa dieta está sendo constantemente ajustado. Embora as normas sugeridas acima se baseiem em ciência sólida e provavelmente não sejam drasticamente alteradas por pesquisas futuras, o refinamento é certamente possível. Recentemente aprendemos, por exemplo, que embora a canela possa ter alguma utilidade para ajudar diabéticos tipo 2 a controlar o açúcar no sangue, ela não funciona para o tipo 1. Por outro lado, as maçãs podem ser até melhores do que pensávamos. Um estudo recente mostrou que mulheres que as comem durante a gravidez podem proteger os filhos contra o desenvolvimento de asma mais tarde na vida. Ouvimos falar também sobre a possibilidade de desenvolvimento de um tomate modificado por engenharia genética que é particularmente rico em ácido fólico, o que tornaria sensata a recomendação de seu consumo.

Quando examinamos com cuidado os estudos científicos produzidos quase diariamente, vemos que a maioria deles nada faz além de girar em torno dos princípios nutricionais que tentamos estabelecer aqui: coma principalmente alimentos baseados em hortaliças, frutas, grãos integrais e laticínios com baixo teor de gordura, e não coma demais.

É por isso que amanhã vou comer meu mingau de aveia de manhã, polvilhado com linhaça moída, coroado com bagas e acompanhado com suco de laranja. No almoço, comerei um sanduíche de tomate, alface e queijo no pão integral com um pouco de *homus*, uma banana e uma pêra. (Se eu não fosse alérgico a peixe, provavelmente comeria um pouco de atum ou salmão em lata.) Lanches? Castanhas não salgadas, tiras de cenoura e iogurte com microrganismos vivos. Bebidas? Água, café ou chá. Para o jantar, estou pensando em sopa de feijão e cevada, salada de espinafre, frango com páprica, juntamente com meu recém-desenvolvido prato de arroz integral com brócolis e tomates ao forno. Sobremesa? Morangos e uvas. Talvez mergulhados em chocolate escuro. E depois vou dormir e sonhar com um sanduíche de carne defumada, batatas fritas e picles de aneto. (Vez por outra, vou até fazer com que esse sonho se torne realidade.) Ah, sim, quase me esqueci de uma coisa, uma coisa que como todos os dias: uma maçã.

Índice remissivo

Este livro foi composto em Minion e Legacy Sans
e impresso pela Geográfica Editora em setembro de 2008.